ヒトとイヌが
ネアンデルタール人
を絶滅させた

Pat Shipman
パット・シップマン

河合信和［監訳］
柴田譲治［訳］

原書房

THE INVADERS
How Humans and Their Dogs Drove
Neanderthals to Extinction

捕食者と獲物の関係を教えてくれたゼルダに
そしてオオカミとして生きることについて教えてくれた
識別番号「06」のオオカミに本書を捧げます

〔……〕は翻訳者による注記である。

序章

　本書は多様な分野のまったく異なる多くのアイデアとわたしを啓発してくれた経験とをまとめたものである。そうしたアイデアのなかで最も重要なもののひとつが形になり始めたのは、ミーチェ・ジェルモンプレとその同僚による注目すべき論文を読んだ2009年のことで、その論文にはイヌとオオカミを頭蓋の統計的分析にもとづいて区別する方法を開発したことが報告されていた。ジェルモンプレらにとって、そしてわたしにとっても驚きだったのは、この申し分のない手法を使って約3万2000年前のものと判明した頭蓋が初期のイヌの頭蓋と同定できたことで、それまでイヌの家畜化が始まったと考えられていたより約1万8000年も遡ることになったのである。この論文を繰り返し注意深く読んで、わたしはジェルモンプレらの主張が正しいものと確信した。家畜化したイヌを手に入れたことがわたしたちの祖先である初期現生人類にとって何を意味したか、また当時はネアンデルタール人が絶滅してから数千年以上後にイヌが出現したと考えられていたが、ジェルモンプレらの研究によって、わたしはイヌの家畜化がネアンデルタール人の絶滅と関係しているのではないかと考えるようになった。それからわたしはイヌとオオカミの生物学的、行動学的そして遺伝学的相違に関する魅力的な研究をくまなく読みあさった。

複雑に絡み合うこの仮説の検証にもうひとつの要素が加わったのは、幸運にもカリブ海の島リトルケイマンで短い休暇を過ごせたおかげだった。リトルケイマンの実質的に唯一の自慢は、素晴らしいビーチと他所にはない自然のままの珊瑚礁だ。当然スキューバダイビングやシュノーケリングのメッカとなっていて、ダイバーにとっては、この島の少ない人口（定住人口は175名ほど）、わずかな陸地（幅1・6キロ、長さ16キロ）、少ない商店、そしてエコツーリズムに力点を置いていることもうれしかった。夫とわたしもまさにこうした点でこの島が気に入っている。ところが2008年、初めてハナミノカサゴ（学名 *Pterois volitans*）がこの珊瑚礁に姿を見せた。ハナミノカサゴは美しい魚だが、本来はインド洋から西太平洋にかけて生息している。他の魚類や甲殻類を貪欲に食べ漁るきわめつけの捕食者で、美しいトゲには毒があり、ダイバーがこの魚に出くわせばぞっとするほど危険な存在だ。またハナミノカサゴは非常に急速に繁殖するため、カリブ海の珊瑚礁に生息する魚類や甲殻類などハナミノカサゴを捕食者と認識できない生物を大量に殺してしまう。

リトルケイマンの美しい自然と観光産業美を保護するため、この侵入生物には何らかの対策をうつ必要があった。そこでリトルケイマンでは、毎週ハナミノカサゴを捕らえては除去するボランティアだけによる駆除活動が始まった。この取り組みをリゾート全体で分担した。この活動に喜んで加わってくれるダイブマスターが集められチームを組み、盛り場のシェフはハナミノカサゴを使ったメニューを計画し始め、資金調達の催しも開催され、ハナミノカサゴの大きさ、生息密度、餌に関するデータもまとめられた（たとえば T. K. Frazer, C. A. Jacobi, M. A. Edwards, S. C. Barry, and C. M. Manfrino, "Coping with the Lionfish Invasion: Can Targeted Removals Yield Beneficial Effects?" *Reviews in Fisheries Science* 20 (2012): 185–191 参照）。このきわめて現実的な問題に奮い立たされ、わたしは侵入生物種と侵入生物学という発展中の分野について独学を始めた。

海洋生物学によってわたしの興味がかき立てられたわけだが、すぐに侵入生物学の視点からなら、なぜネアンデルタール人が絶滅し、初期現生人類は絶滅しなかったのかという人類学の大問題を、有効に分析できることに気がついた。それでこの古くからの問題にいくつか新たなアイデアを導入できるようになった。

侵入生物学について突っ込んで調査したとき、徹底的に勉強したのがイエローストーン国立公園に再導入されたタイリクオオカミについてだった。厳密に言えば、これは自然な侵入ではなく人工的なもので、イエローストーンに定住者やハンター、牧場労働者が入ってきてオオカミを絶滅させる前の、自然な状態の生態系へ戻すことが目的だった。しかしこの事業は長期的な予測と十分に練り上げられた復活計画だったおかげで、オオカミほど恐ろしくないその他の哺乳類や植物、鳥類、およびそれらの公園全体と周辺部における分布に関する非常に優れたデータが大量に収集されていた。１９９５年と１９９６年にタイリクオオカミが導入された過程と、大イエローストーン生態系（Greater Yellowstone Ecosystem）の多くの側面でみられた導入の影響が考慮され、まとめられ、観察され、映像に収められ、報告され、分析された。オオカミの導入は十数年前のことだが、それと約４万５０００年前に現生人類という捕食者がユーラシアの生態系へ侵入したことは、非常によく似た状況なのではないかと、わたしには感じられた。

2012年に古くからの友人のひとりであるメアリー・ステイプルトンが、イエローストーンで開催される「公共地の管理――政治学とイエローストーン生態系」(The Stewardship of Public Lands: Politics and the Yellowstone Ecosystem)という素晴らしい講座へ招待してくれた。米国州立大学協会によって組織されたこの講座には、大学職員や高等教育の理事、そしてわたしとメアリーが参加した。わたしたちは野生生物の専門ガイドにイエローストーン中を案内してもらい、公園周辺地域に住む牧場経営者やパークレンジャー、生態学者、動物行動学者、経営者など、さまざまな議論についてあらゆる立場にある人々から指導を受けた。イエローストーンは世界で最も素晴らしい場所のひとつで、いつ訪れてもわくわくさせられる。イエローストーンを訪れこうした多様な利害関係者の視点を学べたことは、わたしにとって目の覚めるような経験だった。イエローストーンで進行していることを目で見て、耳で聞き、さらに短期間でもそこで生活したことで、危険な頂点捕食者が存在する生態系の衝撃的なシーンを垣間見ることもできた。

2013年には、ポーランドのクラクフで開催された素晴らしい会議に出席し、マンモスの骨が何千も出土した遺跡について大量の情報を得ることができ、さらにその非常に壮観な遺跡を実際に訪れることもできた。またネアンデルタール人や初期現生人類、遺伝学、考古学、年代測定法、イヌ、オオカミ、マンモス、動物行動学その他さまざまな分野の最先端の研究に携わっている新旧の友人と連絡を取ることもできた。いろいろとご教示いただいた方、議論していただいた方、わたしの意見に賛成してくださった方、未公開あるいは新しく出版された資料を送っていただき、そのイラストの使用を快諾してくださった方、まったく異なる種類のデータをひとつに総合する支援をしてくださった方、これらのみなさんひとりひとりに感謝してもしきれないくらいだ。サヴァンナ・バリー、オファ・バー＝ヨセフ、エルヴェ・ボシャラン、ジョージ・チャプリン、スティーヴ・チャーチル、シルヴァナ・コンデミ、ニコラス・コナード、カテリーナ・ドウカ、ドロティ・ドルッケア、ホリー・ダンスワーズ、クライヴ・フィンレイソン、ダン・フィッシャー、ジェニファ・フレンチ、ミーチェ・ジェルモプレ、ブライアン・ヘア、クリスティーネ・ヘルトラー、トーマス・ハイアム、ジェフ・ホフェッカー、ニーナ・ジャブロンスキ、マルチナ・ラズニチコヴァ＝ガレトヴァ、ジェフ・マティソン（天才的地図制作者）、ジョージ・メハフィ、ポール・メラーズ、ディック・モル、スザンネ・ミュンツェル、ニール・ヴァン・ニーカーク、ロレンツォ・ルーク、クリス・ラフ、ベス・シャピロ、ジョン・シー、ダグ・スミス、メアリー・ステイプルトン、オルガ・ゾファー、ジリ・スヴォボーダ、オラフ・タルマン、サラ・ティシュコフ、エリク・トリンカウス、ブレア・ヴァン・ファルケンバーグ、リベッカ・フォルマー、ボブ・ウェイン、ピオトル・ヴォイタル、そしてヤロスラヴ・ヴィルチンスキのみなさんには寛大な対応とご支援に感謝します。どなたかのお名前を失念しているかもしれませんが、わたしのつたない記憶力のせいですのでご容赦ください。

第7章で示したテーマとアイデアは先に２０１２年にアメリカン・サイエンティスト誌に発表した論文 "The Cost of the Wild"（*American Scientist* 100:254-257）を発展させたもの。同様に第14章は、２０１２年に発表した "Do the Eyes Have It ?"（*American Scientist* 100:198-201）にもとづいている。

最後にわたしの編集者をつとめてくれているエリザベス・ノルとマイケル・フィッシャー、代理人のミシェル・テスラー、そしてかわらぬ援助とインスピレーションを与えてくれた夫（アラン・ウォーカー）に感謝します。

第1章　わたしたちは「侵入」した

世界で最も敬愛されている科学者たちが間違いを犯していると、冒頭から断言するような科学書はほとんどないが、本書ではそうしよう。彼らは間違っている。侵入生物が生態系を改変し、種を絶滅させ、多様性を縮小させ、深刻な問題となっていることは科学界ではほぼ例外なく認められているが、侵入生物のカタログには明らかな漏れがある。読者自身がチェックすることもできる。ウィキペディア http://en.wikipedia.org/wiki/List_of_globally_invasive_species を参照すれば、「グローバル侵入種データベース」から引用された侵入生物ワースト100の一覧を見ることができる。その一覧は国際自然保護連合（IUCN）の侵入生物専門家グループによって管理されている。つまり世界で最も見識があり、有能で、この問題を憂慮しかつ精通している人々が侵入生物とそれらが世界を改変しつつある状況を心配しているのである。専門家らはデータをまとめ、一覧を作成し、侵入生物による影響を報告している。

ではその一覧にどんな生物が掲載されているのか？　生物保全学や生態学（英語では ecology の

他にwhole organism biologyともいう）に関心があれば、ずらっと並んでいるのはおそらくおなじみの生物の名だろう。ハツカネズミ（学名*Mus musculus*）やトウブハイイロリス（学名*Sciurus carolinensis*）、フクロギツネ（学名*Trichosurus vulpecula*）のような侵入哺乳類もいるし、インドハッカ（学名*Acridotheres tristis*）やホシムクドリ（学名*Sturnus vulgaris*）などの鳥類、クズ（学名*Pueraria montana var. lobata*）やミソハギ（学名*Lythrum salicaria*）、センニンサボテン（学名*Opuntia stricta*）などの植物、昆虫ではマラリアを媒介するハマダラカ（学名*Anopheles*）やマイマイガ（学名*Lymantria dispar*）、コカミアリ（学名*Wasmannia auropunctata*）、またカワホトトギスガイ（学名*Dreissena polymorpha*）やスクミリンゴガイ（学名*Pomacea canaliculata*）、アフリカマイマイ（学名*Achatina fulica*）などの軟体動物、その他にも両生類のオオヒキガエル（学名*Rhinella marina*）、魚類ではナイルパーチ（学名*Lates niloticus*）、爬虫類のミナミオオガシラ（学名*Boiga irregularis*）、菌類ではニレ立枯病の原因菌のひとつ（学名*Ophiostoma ulmi*）やカエルツボカビ症を引き起こすカエルツボカビ（学名*Batrachochytrium dendrobatidis*）など数多くの生物が掲載されている。一覧はまだまだ続き、掲載されている生物の多様さと地理的分布範囲の広さは驚くほどだ。ところがこれほど充実した一覧に、きわめて重大で由々しい欠落項目がある。

あらゆる生物のなかで最も激しく侵入し、最も環境を変容させている存在であり、何千もの生物絶滅の一因を担い、直接原因ともなっている存在で、考え得るほぼすべての生息地を改変した侵入生物がこの一覧には掲載されていないのである。「グローバル侵入種データベース」のウェブサイト（http://www.issg.org/database/welcome/）にゆき、ワースト侵入生物を１００件ピックアップしたものだけでなく一覧全体を検索して、わたしたち人類を意味する"Homo sapiens"と打ち込んでみる。すると検索結果に「侵入生物種としては記載されていない」と出てくるではないか。

どうしてだろう？

この一覧を製作したのがホモ・サピエンスつまりわたしたち人間なので、おそらく自らの責任を認めたくないからなのだろう。ウォルト・ケリーの漫画に出てくる賢いフクロネズミで漫画のタイトルにもなっている「ポゴ」も1971年のアースデーのポスターで「敵とは顔見知りさ、ぼくたちのことだからね」と言っている(1)（図1-1参照）。

確かにわたしたちのことなのだ。

わたしが言いたいのは、現生人類は生物史上最も侵入的な生物だということだ。約20万年前アフリカでおずおずと進化の一歩を踏み出して以来、わたしたち現生人類は世界中に広がり、地理的領域を次々と侵略し、新たな土地に定着しては新たな生息地を開拓し、いまでは全大陸に生息している。遠くはうだるような暑さの熱帯や北方の寒冷地から山の頂上、深い渓谷、島嶼《とうしょ》、大陸、島大陸、砂漠、熱帯雨林や温帯林、さらに開放的な環境から閉鎖的な環境まで生息している。そんな人間でもさすがに水中には、潜水艦のような人工的生息地を除き生息していないが、湖や河川では船上や水上村で多くの人々が生活している。わたしたちはこの地球上のほぼすべての生息地に定着しているのだ。まったくすさまじくもあり、畏敬の念さえ起こさせる記録である。

現生人類はその適応能力と巧みさと技術によって広大な地理的分布を果たせたわけだが、他の生物種でこれほどうまく各地に侵入できたものはいない。わたしたち現生人類は信じられないほど多

図1-1　1971年のアースデー向けに、ウォルト・ケリーがマンガの主人公「ポゴ」を使って製作したポスターで、人類が地球に破壊をもたらしたことを示している。

様な生息地、生活様式、食事、気候に適応している。また卓越した言語能力のおかげで、知識を記憶し互いに共有することでも適応もしてきた。つまり生物学的な適応だけでなく、衣服や火の扱い、住居、水の確保と運搬、作物の栽培などの文化的バッファーも開発、利用しながら適応してきたのである。これらには用途を考えて意図的に製作された道具と考えられるものと、行動とがある。進化的変化によって資源と技能を拡大させる過程は非常に長い道のりになるが、現生人類は道具を使うことによってそうした長い過程をうまくすり抜けたのである。たとえば、わたしたちは食物を切り裂くような鋭い歯は進化させてこなかったが、まず石器を発明し、それから金属器など、考えられるほとんどあらゆる素材を使って物を容易に切れる多種多様な道具を発明してきた。

　さらにわたしたちは他の動物を家畜化することによって生きた道具〔傍点訳者〕を発明し製作することもしてきた。繁殖を制御することで、動物の遺伝子から望ましい形質が現れるようにしたのである。そうすると家畜動物と飼い主である人間との間にはある種の契約、あるいは協定が形成されることになり、わたしたちは家畜化した生物の解剖学的、行動学的能力の助けを得ることができる。たとえば優れた視力や聴力、移動速度、強大な力、肉や骨を剪断する裂肉歯《れっにくし》、素早い動きの手足、鋭い爪、きわめて特異な嗅覚などだ。こうして並べてみると、わたしたちにとっては役立ちそうなことばかりだが、ここで注意しておかなければいけないのは、実際には協定関係にある相手と微妙な見解の相違があることだ。ウマやイヌ、ネコ、ウシ、ブタなどの「生きた道具」は受動的な協定の相手ではなく能動的な利害関係者だ。だから動物が人間とともに作業することを望まなかったり協力が得られなければ、わたしたちにとって有益な仕事はまったくしてくれない。家畜化とはふたつの種の間で継続的に交渉が続く協定であって、一方の種による他方の種の奴隷化ではない。[2]さらに家畜化されること自体を断固として拒否する種も存在する。

植物を栽培する場合は、植物と交渉することはあまりないかもしれないが、植物が提供してくれるものは、人類が種として世界中で繁栄し、その増加し続ける人口を支えるために不可欠なものだ。だがそれはやはり一方通行的な関係ではない。人間が土地を肥沃にし、大きい種子を選抜し、他の動物から保護し、灌水《かんすい》といった簡単な世話による栽培であっても植物にとっては利益があったのである。

世界規模での人類の繁栄には深刻な代償もある。現生人類ホモ・サピエンス（*Homo sapiens*）はかつて生産的だった何百万ヘクタールもの土地を荒廃させ、土壌を海へ流出させた。そうした行為は今も続いている。かつて酸素を生産し大気を補給してくれ、人間をはじめ多くの生物に果物や葉、根、ナッツを食物として供給してくれた森林や草原。その甚大な面積をわたしたちは伐採してきた。貪欲で止《とど》まるところを知らない欲求、そして有毒化学物質や膨大なゴミの排出により、ただ人類のみが単独で世界に無数にある水資源を汚染して有毒にし、枯渇させたてきた。さらにわたしたちは数え切れないほど多くの生物種を絶滅させてもきたのである。

自らの種を非難するのはわたしだけではない。２００５年、生態学者デイヴィッド・バーニーとティム・フラナリーは「人類との遭遇後5万年に及ぶ破局的絶滅」というレビュー論文を発表した。[3]表題からおおよその内容は理解できる。現生人類は、何度も繰り返しこちらと思えばまたあちらへと新たな地域へ生息範囲の拡大を続け、新たな生息域に現生人類が出現すると間もなくして他の多くの生物種は絶滅していった。バーニーとフラナリーが主張しているように、「現生人類の登場の後には例外なく動物相の崩壊をはじめとする生態学的変化が生じるという、世界的な「パターン」が存在するのである。[4] そのこと、つまり動物相崩壊という世界的パターンについて考えてみよう。多くの場合、絶滅してしまった動物群には大型の哺乳類や鳥類そして爬虫類が多く含まれている。大型動物は小動物より繁殖が非常にゆるやかなため絶滅しやすく、生殖年齢に達した個体を失うことは種の生存上きわめて深刻な事態となる。また大型になるほど生きていくためにずっと広大なテリトリーが必要となるため、大型動物は生息地の消失に対しても脆弱だ。ポール・マーティンが1967年にこのパターンについて詳細に執筆し始めて以来、この現象は「大型動物相の絶滅」(megafauna extinction)と呼ばれている。[5] わたしたち人類の破壊活動は動物に止まることなく植物にも及んでいる。卓越した生態学者チームが最近の論文で次のように述べている。「現代の絶滅の大部分は、単一の種であるホモ・サピエンスによるもので……更新世の終わりに始まる……〔この〕大絶滅は一般的に大型動物、とくに頂点消費者の消滅に特徴があり……この頂点消費者の消滅は、おそらく人類が自然界にもたらした最も大きな影響だろう[6]」。頂点消費者(apex consumer)とは〔食物連鎖の〕頂点に位置する生物で、直接あるいは間接的に生態系のあらゆる被食者バイオマス〔捕食される生物のこと〕を消費している。わたしたち人類はもちろん頂点消費者で、これまで人類が侵入してきたあらゆる生態系で、競合する可能性のある他の頂点消費者を意図的にであれ無意識的にであれ、ことごとく抹殺してきた。

歴史的事実としては、気候変動によって生態系が崩壊し、大型哺乳類の個体数が明らかに低下し始め、それによって大型哺乳類はとくに人間の活動に対して脆弱になっていたということはあるにしても、人間による侵入が主因となって（必ずしも唯一の原因というわけではないが）、ユーラシアやオーストラリア、アメリカ大陸といった大きな陸域、さらに極地や数多くの島々、そして島大陸マダガスカルでの絶滅を引き起こしたことは間違いない。[7] 現生人類の到着が唯一の原因となって多くの絶滅をもたらしたと主張するつもりはないが、人間が定着した後にはたいてい絶滅が多発しているのである。

頂点捕食者は生態系を形成するうえでとくに影響力を発揮する。メーン大学の海洋生態学者ロバート・ステネックは次のように述べている。「多種多様な生態系の調査でわかったことは、生態系内の生物の分布や個体数の多さ、個体の大きさ、生物の多様性が単一の捕食者によって制御されているということだ」。[8] 絶滅に人間が影響を与えていることは小さな島で最もはっきりわかる。島では在来種の生存に欠かせない資源の制約がはっきりしているからだ。しかし大陸であってもマンモスやマストドンの絶滅、オーロックス〔家畜化されていない野生のウシ〕やノウマ、さらにマダガスカルの大型キツネザル、モーリシャスのドードー、ニュージーランドのモアの絶滅に関しては人間の影響の明らかな証拠が存在する。わたしたち人類が絶滅へと後押しをしたのは、驚くほど大きな有袋類、巨大な捕食鳥類、さらにかわいらしい伝書バト、巨大なオオナマケモノ（学名 *Megatherium*）、ケブカサイ（学名 *Coelodonta antiquitatis*）、恐ろしいダイアウルフ（原狼）や剣歯虎《けんしこ》などで、どれも人間が現れるまではなんとか気候変動を凌いでいた動物たちだ。人間による捕食がこれらの絶滅の唯一の原因というわけではないが、わたしたち人類がこれらの絶滅に重要な役割を果たしてきたという結論から逃れることはできない。
本書は人類史上とくに重要な時期、現生人類以外の最後のヒト族（ネアンデルタール人）が絶滅した時代に注目する。わたしが本書で論じるのは、ネアンデルタール人の絶滅は彼らの生息域に現生人類が出現したことが引き金となったという仮説で、かいつまんで言えば、現生人類はこのうえなく適応能力の高い侵入生物であり、現代のわたしたちもこの絶滅が生じた時代の現生人類とまったく同じように行動しているということだ。うれしいのは、他にも同様の見解を発表している人類学者がいることで、本書では当然必要と思われる部分ではそうした人々の功績を記しておきたい。[9]
なぜわたしたちの近縁にあたるネアンデルタール人が絶滅したのか、それは１８５６年に初めてネアンデルタール人が確認されて以来、古人類学者を悩ませ続けてきた問題だ。化石の採取、最新の研究、新たな分析手法が増えるにつれ、ネアンデルタール人も火をおこし、道具を使い、社会的な協力をし、大型哺乳類を仕留め、限定的ではあれ象徴や芸術、コミュニケーションを操ることがわかってきて、これほどわたしたちとよく似た特徴をもつ種がなぜ絶滅したのか、ずっと謎とされてきた。しかし侵入生物が繁栄する理由と侵入した生態系への影響を決定する因子がわかれば、その謎も解消するはずだ。

第2章　出発

「侵入生物」とは正確には何だろう？　最も簡単に定義すれば、それまで（過去に）生息したことのない新しい地理的領域へ移動した生物ということになるだろう。一方、侵入された側の生物、つまり人間の介入のない地域に生息してきた生物は、その土地の「在来種」と考えられる。「固有種」（endemic species）というのは在来種のなかの一部の生物のことで、特定地域で進化しその特定地域でしか見ることのできない生物のことだ。侵入生物はそのどちらでもなく、侵入する土地とは縁もゆかりもない生物だ。侵入生物は在来種でもなく固有種でもない外来種で、しばしば侵入した生態系を破壊してしまう。

合衆国政府では外来種を「特定の生態系においてその生態系の在来種ではない生物のことで、その生物を繁殖することができる種子、卵、胞子、その他のあらゆる生物学的物体を含む」と規定している。[1]　同じ大統領令では「侵入種」を「導入によって経済的にあるいは環境にとって有害であるかその可能性があるか、あるいは人間の健康に害を及ぼすかその可能性がある外来種のこと」と定義している。[2] この定義によれば、生態系を混乱させず人間にとって有害でない生物であれば、法律上は侵入生物ではないことになる。こうした定義は近視眼的かつ人間中心的な見方であることは否めない。

生物の侵入は生物の生息域の拡大とどう違うのだろうか？ その違いはタイムスケール、移動距離、そして影響力の点にある。[3] 種のテリトリーが数キロ拡大してもおそらく生態系に対する全体的な影響は無視できるだろう。しかしある生物の分布がひとつの生息地あるいは生態系あるいは大陸から、山脈など厳しい地理的障壁を越えて別の生息地や生態系、大陸へと拡大した場合、その分布の変化は広範囲に影響を与える可能性が大きいため「侵入」と考えられる。

生態系は複雑な存在で、協力、共生、相互依存が縦横に絡み合うことで結束している。ひとつの生態系内における種間の緊密な関係は、競争や相互排他的な欲求、相補的欲求さらに共存の不確実性によって緊張し、よじれた複雑な関係だ。この複雑な関係のなかにまったく新しい生物を放り込めば、適応能力が低く新たな生態系で生存可能な個体数を維持できないまま消滅する場合を除き、その生物は生態系全体の機能を混乱させる。

侵入種、つまり非在来種を理論的に定義することは簡単だが、実際に侵入種かどうかを判断するのは難しい。自生種、つまり在来種が、非常に長い時間その土地の生態系の部分を構成してきた種ということを意味するのであれば、問題は長い時間とはどれくらいなのかだ。ある生物が生態系の一部となり自生種（在来種）と考えられるようになるには何年、何百年、あるいは何千年かかるのだろうか？

合衆国では特定の生態系において500年という時間が、在来種を非在来種や外来種、あるいは侵入種と分かつ境界線としてよく使われている。現存する生物を研究している生態学者は、非常に短い時間スケールで考える傾向があり、おそらく人間の寿命の数倍程度で現象をとらえているため、この500年という時間も彼らにとっては都合のいい境界線なのだろう。こうした短い時間枠では、有力な学問分野にとって弱点となるとわたしは考えている。侵入生物学は創設されて以来、生物保護活動や保護戦略に深く関わっているため、比較的短い時間で生じる変化に多くの人々が注目する。短期間に生じる変化なら人間にも観察でき、測定し報告することもできるからだ。ところが時間枠が何千年、何万年にもなる侵入の原因を実際に観察して理解することはほとんど不可能だ。

生態学者とは対照的に、わたしのような古生物学者や古人類学者は、何十万年という単位で考えることが当たり前になっている。長いタイムスパンで考える長所は、大きな進化と生物学上の事実、トレンドをはっきりととらえられる点にある。アジアで進化しアメリカに移動してきた動物、たとえば人類やマンモス、ウマそしてオオカミは、このアメリカ大陸に2万年生息していれば在来種と考えられるのだろうか？　では1万年ではどうか？　わずか500年では、ごく短期間で世代交代する生物を除き、進化的視点から大きな影響を見るには時間が短すぎる。進化の研究に関係するような非常に長い時間枠にわたしがこだわるのは、侵入生物とその影響によって生じる絶滅という現象を、多くの侵入生物学者とはわずかに違う視点から考えているからだ。一方、地質学的時間スケールで考えるときの弱点は、数百年間持続するかもしれない変化や個々の種に生じる大惨事など多くの短期的揺らぎの検出が非常に難しくなることだ。場合によってはわたしたち古生物学者や進化生物学者は長い目で見すぎることもあるだろう。しかしこうした長所や短所を考慮したうえで侵入生物学の原理を理解することは、長いあいだ未解決だった進化生物学上のいくつかの問題を解く助けになるとわたしは確信している。折りに触れて短期的な影響にも目配りしておけば、長期的影響を理解するヒントにもなる。

本書の基本的な仮説と結論について適切に説明するには、「侵入生物」という概念でわたしが意味しようとしていることをはっきりと示しておく必要がある。わたしの侵入生物の定義には、「過去に生息したことのない新しい地理的領域への移動」ではおさまらない内容が含まれている。生物が侵入生物かどうかを決定するひとつの基準は、たいていその影響の大きさにある。「侵入」とは全か無かという事象ではないのだ。ある生物が侵入生物の定義を満たすには、その生物は一連の段階を経て繁栄する必要がある。

第1段階はまず新しい生息地に到着すること。外来生物は何らかのメカニズムにより新たな生態系へ到着しなければならない。現代であればその移動に人間が関係していることが多い。侵入生物はヒッチハイクをし、船や飛行機、車に乗り、船底の水だまりやコンテナ、手荷物、衣服の織り目、あるいは人間の体内にまで潜んで移動する。大型の侵入生物になると一種の保険として人間が意図的に持ち込む場合もある。人間が生きていくために欠かせない動物を新しい生息地でも得られるようにするためだ。たとえば、人間は家畜化した動物だけでなくオジロジカやヘラジカ、ウサギ、さらには世界中の無数の植物も移動させてきた。また無意識のうちに、多くの昆虫や寄生虫も拡散させてきた。人間はそもそもひとり旅が苦手なのである。

第2段階として、侵入生物は存続可能な野生集団とならなければならない。哺乳類の最も小さな個体群つまり「最小存続可能個体数」（MVP）は、大雑把にいって通常1000個体と考えられている。1000個体以下になると近親交配のせいで遺伝的多様性が消失し、有害な突然変異が高頻度で生じるようになる。また小規模集団は大きな集団よりもハリケーンや伝染病、干ばつといった偶発的な事象に対しても脆弱になる。したがって小規模な創始者集団だと、これらの事象により非常に短期間のうちに消滅する可能性がある。しかしこのテーマに関して2007年に発表されたある論文では、MVPは1000個体以下でも十分に危険かもしれないと述べられている。[4] わたしが懸念するのは、このMVPが従来通り約100年後に95パーセントの確率で生存していることを条件に定義されている点だ。100年？　そんな時間は古生物学では検出不可能な一瞬のことであり、人間の感覚では長いかもしれないが（人間の1世代は一般的に20年として計算されるから、100年では5世代が経過することになる。しかし家系図を5世代も遡れる者などほとんどいない）、とても長期的な生存とは言えない。わたしの見方では、長期的な生存について評価するには個体数1000では少なすぎる。偶発的な事象や地域的あるいは世界的な破局、あるいはまた小さな変動でも、1000個体では簡単に消滅しうるからだ。

現生人類がユーラシアに侵入した状況を類推できる事例について考えてみよう。オーストラリアへの現生人類の定住である。オーストラリアを選ぶ利点は、オーストラリア大陸には現生人類が到着するまで人類、つまりどんなヒト族もまったく存在しなかったため、ヒト族のある種が残した遺跡や考古学的道具と他のヒト族が作ったものとを混同してしまう問題が生じないことにある。ユーラシアではこうした混同がしばしば問題になっている。また、オーストラリアへの定住は4万8000年前〜4万6000年前にかけての時間枠内で生じていて、ちょうど現生人類が初めてユーラシアに到達したのと同じ頃にあたる。オーストラリアに到着した最初の現生人類の能力は、大雑把に言ってユーラシアに最初に到着した現生人類の能力とさほど差がないものと推定できるが、[5] さらに言えば、航海手段を持ち、船を操る豊富な知識を持っていたに違いないという但し書きもつく。[6]

それで結局どうなったのか？　オーストラリアで定住を成功させるにはヒト族は何人必要だったのか？

オーストラリア国立大学のアラン・ウィリアムズは最新の研究で、およそ4万5000年前にオーストラリアに侵入した現生人類の数をうまい方法で算出している。[7] これまで人類学者は、最初にオーストラリアに入ってきた現生人類は50から100名くらいの少数だったと考えていた。ウィリアムズはこの憶測を数学的に検証してみたのである。まずウィリアムズは、18世紀になってヨーロッパ人が接触する以前のオーストラリアの考古学的遺跡の中から、放射性炭素年代測定され、十分に裏付けのある5000件あまりについてデータベースを構築した。次に、個体数が多ければ残される遺跡も多くなるという妥当な前提の元に、個体数の代理指標として時間の経過に伴う遺跡数の推移を利用した。この手法でウィリアムズは、創始者集団の個体数がどのくらいの規模だったかわからなくても、時の経過に伴う相対的な人口の増加速度が計算できた。創始者集団が2倍、3倍、あるいは10倍に増加するのに要する時間が計算できるのである。ひとたび人口の成長速度がわかれば、ヨーロッパ人が接触した年代（1788年頃）のオーストラリア先住民の人口規模から逆算して、創始者集団の規模がどのくらいでなければならないかがわかる。1788年のオーストラリア先住民の人口推定は77万〜120万と幅がある。ヨーロッパ人との接触によりヨーロッパの疾病がもたらされ、多くのオーストラリア先住民の集団がわずか数年の間に壊滅し、それに加えてヨーロッパからの移住民によって多くのオーストラリア先住民が意図的に殺害されたため、その数字は正確ではない。さらに全大陸にわたる体系的な人口調査も行われなかった。それでもさまざまな地域で正確な人口密度が推定できたことで、初期のヨーロッパ移住者はオーストラリアの先住民の人口についておおよそ納得のいく数値を得ていた。

オーストラリアの創始者集団の個体数がそれまで仮定されていたように50〜150であったとすると、ウィリアムズの計算方法によれば驚いたことに、ヨーロッパ人が到着した時点でオーストラリア先住民の人口は1万9000以下にしかならないはずなのである。1788年頃のオーストラリア先住民人口の推計は正確ではなかったかもしれないが、2万人弱であった人口を50万以上あったと間違えるほど異常に不正確だったことになる。しかしこれは、ヨーロッパ人が接触したときに観察された77万〜120万というオーストラリア先住民人口が生じるには、創始者集団の個体数を50〜150とした仮定がむしろ不適切だったのである。実際、ヨーロッパ人接触当時の歴史記録と整合性のあるオーストラリア先住民人口が生じるには、創始者集団の規模はもっと大きくなければならず、逆算してみれば1000〜3000人くらいだったはずなのである。

創始者集団の個体数がこれほど大きかったということから、ウィリアムズによれば計画性と優れた船の存在が示唆される。「それは浮遊物に載ってたまたま漂着した一家族ではない」とウィリアムズはいう。「移住し開拓する意図を持った人々だった」のである。[8]オーストラリアは隣接する最も近い陸地から80キロ以上も外洋で隔てられているので、これだけの数の移民を輸送するには船を使わなければならなかったはずだ。おそらくオーストラリア先住民はオーストラリアに侵入する以前から、食物を得るために日常的に海上を移動していたのだろう。オーストラリアに到着した先住民の数の推定値は、生態学者が推定するMVP（1000個体程度）とくらべてそれほど多くはないが、それまで仮定されていた50～100という数よりはかなり大きい。ヨーロッパ人が接触したときに観察した先住民のボートでは小さすぎ、強度も十分ではなさそうだったので、これほど多くの人々を外洋を航海して遠くまで輸送することはできそうにない。先住民はオーストラリアに侵入してからヨーロッパ人が到着する数千年の間に、航海に関わる技能の一部を失ってしまったのだろうか？　どうやらそのようだ。考古学的記録によれば、大陸に到着したオーストラリア先住民はその陸上資源に多くを依存するようになり、創始者集団が身につけていた漁法や海上を移動する習慣はほとんど忘れ去られてしまった。人間の巧妙な狩猟法で簡単に捕まえられる豊富な動物群を目の当たりにして、おそらく造船の必要性がなくなったと同時にその技能も失われたのだろう。

もちろんすべての侵入生物が意図的に侵入するわけでもなければ、独力で移動するわけではないが、人間の場合は数少ない機会にそうした行動をとってきた。（オーストラリアの場合のように）実際に新たなテリトリーに侵入すること自体、それが意図的であれ偶然であれ困難なことだが、新たなテリトリーで定住に成功することは単なる挑戦とは次元が違う。侵入生物として繁栄するには、新たな集団は到着地点からさらに遠くまで分散しなければならないのである。[9]この点こそオーストラリアの遺跡に関するウィリアムズの膨大なデータベースによって立証された重要なポイントだ。オーストラリアにおける初期の遺跡はオーストラリア大陸の広範囲にわたって広がっていて、現生人類は上陸地点からおそらくは海岸線や河川沿いに移動し、新しい大陸のあらゆる生息適地へと分散していったことを示している。これほどの分散が生じていたということは、人口増加が伴っていなければならない。3000人では大陸全体にこれほどの居住地を展開することはできないからだ。ユーラシアへ侵入した現生人類もまた新しい大陸中に分散したわけだが、その分散の速さは人間の寿命とくらべるならともかく、地質学的な時間からすればほとんど一瞬にすぎない急速なものだった。

非在来生物種であればすべてが上述した段階を踏み、上陸から生存、分散、個体数の増加、そして長期的な生存が可能になるわけではない。実際、侵入生物学においてよく引用される考え方に「10分の1法則」がある。簡単に言えば、この概念は全生物の10パーセントだけが原生地のテリトリーを越えて、自らの行動あるいは他の種の行動を介して分散するということで、こうした生物を「移動生物」(traveling species) といってもいいだろう。これら新参者のうち野生種となるのはわずか約10パーセントだ。それらは移動してしかも分散できる生物種ということになる。さらに分散できた生物種のうち存続可能な野生群として定着するのはわずか10パーセント。最終的にこれらのうちのわずか約10パーセントが生態系を破壊する有害生物となり、生物保護的な視点からすれば、在来種と競合し在来種の存在を脅かすことになる。

たとえば地球が100万種の生物で始まったとすれば、そのうち10万種だけが新たな領域へ移動し、1万種だけが野生にとけこみ、さらに存続可能な個体群となるのはわずか1000種だけで、有害種となるのはわずか100種にすぎない。つまり非常に困難な過程を耐え抜いたごく少ない生物のことでわたしたちは大騒ぎしているわけだ。

なぜだろうか？　この地球に残された記録から、ごくわずかな生物種がきわめて重大な変化のきっかけとなることがわかるからだ。そして多くの生態学者が侵入生物を絶滅の5大因子のひとつと考えている。その他の因子には気候変動、生息地破壊、汚染、疾病、そして（人間による）乱開発がある。実際これらの因子は相乗的に生態系に作用しているので、ひとつの因子が単独で作用して絶滅という事態が生じることはめったにない。たとえばこれらの因子のひとつがまず作用することで、その生態系は別の危険因子、とくに侵入生物からの影響を受けやすくなるだろう。こうした相互作用と複合的な脆弱性があることで、侵入生物が絶滅の原因にどの程度関係しているか、その分析を難しくしている。

火山の噴火や恐竜絶滅のきっかけとなった小惑星の衝突など、巨大自然現象によりこれまで地球規模の大絶滅が5回起きている。そして今まさに人類が6番目の大絶滅を引き起こそうとしていると主張する人もいる[10]。

侵入生物がいまも日常的に次々と絶滅を引き起こしている証拠はあるのかと聞かれれば、その答えは「イエス」だ。たとえばワシントンDCにある環境防衛基金（Environmental Defense Fund）の主任生態学者デイヴィッド・ウィルコウヴが同僚とともに1998年に発表した影響力のある論文では、自然保護団体のネイチャーコンサーヴァンシー（Nature Conservancy）や合衆国魚類野生生物局（USFWS）そしてアメリカ海洋漁業局の調査によって、「危険にさらされている」「絶滅の恐れがある」あるいは「絶滅に瀕している」と判定された総計1880の合衆国内の生物について検討している。ウィルコウヴのグループが個々の種や個体群の具体的な情報を収集してみると、絶滅が危惧されるようになった原因について、収集した生物種全体に占める割合の多い順にランク付けすることができた[11]。最も広範囲にわたってみられる原因が生息地の消失あるいは破壊で、85パーセントの生物に影響を与えている。これは非常に納得がいく。生物は生息できる土地が十分になければ生きてゆけないからだ。次に生物の49パーセントが外来生物や侵入生物が同じ資源を利用することで競争圧力がかかり生存の危機にさらされている。さらに24パーセントは生息地の汚染による脅威にさらされているが、これは実際には生息地破壊の特殊なタイプにすぎない。そして17パーセントの生物が絶滅に瀕している原因が人間による乱開発で、たとえば大西洋のタラの個体数の推移からそのことが立証できる。またこの研究によると疾病による絶滅の脅威にさらされている生物はわずか3パーセントにすぎない。

もちろん、過去数百年における生息地破壊の一番の元凶は人間で、（森林伐採や漁業、鉱業などの）採取産業（extractive industries）、農業や放牧業、さらに道路や建物、パイプライン、ダム、貯水池などインフラストラクチャーの発達が生息地に悪影響を与え、破壊している。したがって、生息地の消失や劣化の根本的原因の多くは単一の生物に帰することができる。それはわたしたち人間、すなわち現生人類である。

ジローナ大学のミゲル・クラベーロとエミリ・ガルシア＝ベルソーも絶滅の原因について分析をしている[12]。ふたりは「ＩＵＣＮ（国際自然保護連合）レッドリスト」に掲載されている絶滅動物、あるいは絶滅に瀕している動物全680種に関する統計をまとめた。そのうち170種（25パーセント）には、それぞれ特定の絶滅原因が関係していた。そのうちIUCNが54パーセントの種（91例）に影響を与えているとして最も一般的な絶滅原因のひとつにあげているのが、侵入生物だ。この結果や他の研究からもまったく同じ一般的結論が導かれた。つまり多くの絶滅、おそらくはほとんどの絶滅の主要原因は侵入生物にあるということだ。そして長い時間をみわたす古生物学的視点に立てば、わたしたち人類はアフリカを除くあらゆる地域の侵入生物と見なさなければならないのである。

ホモ・サピエンスを侵入生物と認識できれば、わたしたち人類の過去、そして現在の進化的位置づけについて多くのことが説明できるようになる。こうして侵入生物学は、わたしたち人類の進化史を紐解き、さらに自然界における人類の未来の行方を解き明かす新たなツールを提供してくれる。

侵入生物学は、オックスフォード大学の生態学者チャールズ・エルトンが1985年に画期的著作『侵略の生態学』〔川那部浩哉ほか訳。思索社。1988年〕を出版して以来発展してきた研究分野のひとつだ[13]。この著作は非常に興味深いパラドックスを明らかにした。生態系内に新しい生物が出現すると、その生態系に広範な影響を及ぼすか、まったく影響しないかのどちらかであるというのである。侵入がどう機能するのか、どちらの結果が生じるかを研究するために、研究者らは海洋付着生物から昆虫、植物、魚類、鳥類、哺乳類にいたるまで、それらの侵入に対する反応を徹底的に調査した。

その過程で用語が洗練され、原理が明確になって検証され、論調にも変化がみられるようになった。エルトンははじめ「エイリアン生物」とか「外来生物」「侵入生物」などと記していたが、現在の生物学者はより中立的に「移住生物」(colonizer) や「種導入」(species introductions) あるいは「非在来種」(non-natives) と呼んでいる。わたしは情緒的言葉遣いは情報の客観的評価の妨げになる場合があることは理解しているが、本書であえて情緒的用語を使うことにしたのは、こうした用語によって単一の新しい生物種が生み出した変化の過酷な現実をはっきりと伝えられるからだ。当たり障りのない中立的な用語では、侵入による現実の衝撃がぼかされてしまう恐れがある。

異なる習性、摂食、繁殖能力、運動能力を持つまったく異なる生物であれば侵入の際にその新たな環境に対してまったく同じ影響を及ぼすとは考えにくい。たとえば新しく侵入した線虫は、新たに侵入した哺乳類の危険な捕食動物とくらべれば、短期的には生態系に劇的かつ広範な影響を与えることはないはずだ。しかし一般的に侵入現象が進行していく過程を支配するいくつかの基本原理が次第に明らかになってきていて、それらの原理はわたしたち人類が種として存続できるかどうかを考えるうえでも有益なものとなるはずだ。

慎重さと注意力、知識をもてば、侵入生物学の方法を利用してわたしたち自身についての理解を深め、人類の進化史を見通すことができる。この比較的新しい学問は、人類進化の研究におけるいくつかの大きな問題に新たな展望を提供してくれている。なぜヒト族 (hominin) の特定の系統がホモ・サピエンスとして存続したのだろう? 広範に分散していた別のヒト族であるネアンデルタール人は新しく到着したホモ・サピエンスが繁栄したのとまったく同じ生息地でなぜ、どのようにして絶滅したのだろうか?

わたしが本書でネアンデルタール人をホモ・ネアンデルターレンシス（現生人類とは別種。学名 *Homo neanderthalensis*）と呼び、ホモ・サピエンス・ネアンデルターレンシス（現生人類の亜種。学名 *Homo sapiens neanderthalensis*）としていないことを心地よく思わない古人類学者もいる。わたしがそうした理由は、分類学的論争を買って出るためではなく、わたしがどちらのグループについて述べているのかがいつでも読者にはっきりわかるようにするためだ。確かにネアンデルタール人と現生人類では形態学上、身体の多くの部分が異なる。現生人類の頭蓋とネアンデルタール人の頭蓋の違いは教わればすぐにわかるようになる。とくに関心のある読者なら、骨格の別の部分でも難なく区別し同定できる。またネアンデルタール人と現生人類の間には文化的相違もあった。したがって両者が別種であるのか、あるいは特徴をはっきり区別できる単なる亜種なのかは、本書でのわたしの議論にとって最も重要な問題というわけではない。

もうひとつ混乱を招くもとになりそうなのが、綴りと発音だ。ネアンデルタール人（Neanderthals）の通称名はそのままNeanderthalsだが、ひょっとするとNeandertalsと綴る場合もあるだろう［"h"の有無に注意］。わたしが本書で利用している前者（Neanderthals）は1861年に化石に与えられた種名 *Homo sapiens neanderthalensis* に由来する。のちにドイツ語の綴りが発音を反映するように改訂され、ドイツ語で厳密には"neanderTAL"と綴る。種のラテン名はこの新しい綴りに合わせて変えるわけにはいかないが、それでも考古学者によってはNeandertalとしている場合がある。いずれにせよ重要なのは、どの生物について話したり書いたりしているのかを、はっきりさせることなのだ。

ネアンデルタール人の骨から得られた遺伝的証拠から、非常に近しいふたつのグループを分類するうえで、いくつかのやっかいな問題が明らかになった。「種」とはひとつの生物学的個体群で、その集団内では交配して子孫を残せるが、他の類似した個体群とは生殖的に隔離されているものとして一般に定義される。つまりある種に属する個体と他の種の個体との間では交配ができず生殖能力のある子孫を残せないということだ。ところが実際には、この定義を適用するのが非常に難しい場合がある。

わたしの博士論文の指導教授だったクリフ・ジョリーは、一般的に種と認められているヒヒの5つの種のうち2種が共存する「交雑帯」(hybrid zone)〔異なる形質を持ち、分布域が異なる複数の生物集団が混在する境界域のこと〕の研究に取り組んでいた。その交雑帯と交雑の程度が長期的に見てほぼ変化しなければ、その2種のヒヒは確かに個別の種として成立しているのだろう。逆に交雑がもっと頻繁に生じ、しかも生存に否定的な影響が出ていないのであれば、そのふたつの想定種は、これから互いに分離し真に独立した種を形成する過程にあるのかもしれない。

こうした交雑帯の存在はとくにめずらしいわけではなく、ヒヒ以外にもヒキガエルやサンショウウオ、鳥類、そして多くの哺乳類で交雑帯の存在が知られている。しかも実際には野生状態では出会うこともないし、交雑もすることのない種の間であっても、人間の介入によって捕獲され意図的に交雑が行われる事例も多く存在する。ライオンとトラの交雑種ライガーの存在をどう考えたらいいのか？　野生のライガーが存在する証拠はないので、未解決のままお蔵入りとなるだろう。十分に長い時間枠で見れば、生物学は種が絶えず形成され、変化し、絶滅してゆく実に複雑で扱いにくい科学だ。

そもそもひとつの種に属する各系統のゲノムは時間とともに変異し変化するので、種の間にはっきりとした厳密な線を引くのは微妙な問題なのである。多くの霊長類の属にはそれぞれに複数の種が含まれ、たとえば南米産のサル（新世界ザル）のティティ属（学名 *Callicebus*）には、29の独立した種がある。しかし今日使われている分類の状況は、なかばどの集団が生存してきたかに依存する。一方で種が生存していくには、その適応能力、生息地の特性、食物の好み、種にとって欠かせない生息地の消失あるいは生成、気候変動、他の種との相互作用、その他にも多くの複雑な因子の影響を受ける。人類の場合、現存するのは一属一種のみという特異な存在で、ゴリラやチンパンジー、オランウータン、テナガザルといった類人猿にはそれぞれに種が複数存在する。しかし他の霊長類はやはり単一種である。

一部で熱烈に期待されていたのは、遺伝的研究の進歩によりこうした種の同定問題が解決されるのではないかということだった。最初に立ちはだかった問題は古代の骨から完全なDNAを抽出することがきわめて難しいことだった。そこで最初に試みたのはミトコンドリアDNA（mtDNA）の分析で、このmtDNAは個々の体細胞中に100～1000個の複製が存在する。これだけ多くの複製が存在すれば無傷のmtDNA鎖を回収し、それらをつなぎ合わせて完全なミトコンドリアのゲノムが得られる確率は高くなる。もうひとつの大きな問題は資料汚染（コンタミ）の可能性だった。古代の骨を取り扱う発掘者や遺伝学者自身、また技術者やキュレーター、そして古人類学者の「現生人類mtDNA」が紛れ込んでしまうのである。

結局、細心の注意を払って、資料は分割してふたつの研究所で独立に分析が進められた。ネアンデルタール人から得られたmtDNAゲノムの大部分（400塩基対）が復元されたのは1997年のことだ。まさにブレイクスルーだった。遺伝学者はどんどん技術を磨き、多くのゲノムが抽出され公表されるようになった。最初に分析されたmtDNAゲノムはおよそ10個体分くらいのものだが、ネアンデルタール人と現生人類のミトコンドリア・ゲノムにはまったく重複する部分がなかった。マックスプランク進化人類学研究所の遺伝学者マティアス・クリングスがネアンデルタール人の遺伝学について最初に発表した論文で述べているように、「これらの結果はネアンデルタール人のmtDNA遺伝子プールは現生人類とは異なる存在として十分な時間をかけて進化したことを示している。ネアンデルタール人が現生人類とmtDNAを共有した痕跡はまったくなかった」[14]。つまり、ネアンデルタール人のミトコンドリアのゲノムと現生人類のそれは間違えようがなかった。こうした初期の結果にもとづけば、ネアンデルタール人と現生人類はまったく別の異なる存在だったことになる。

mtDNAは核DNAより短いという利点があり、母系でのみ受け継がれてゆく。あなたやわたし、あるいは他の誰かがどんなmtDNAをもっていようと、それは母親から受け継いだものだ。父親はわたしやあなたのmtDNAにはまったく関与していない。これは母親に由来する生殖細胞つまり卵が、核と細胞質の両方をもつからだ。細胞質には細胞にエネルギーを供給するミトコンドリアという細胞小器官が備わっている。そこにはミトコンドリアのDNAもある。胎児に影響を与える男性側の生殖細胞が精子で、それはほとんど核に尾がついたような存在だ。つまり父親の精子の細胞質は非常に小さいため、父親から子孫へｍｔＤＮＡが受け継がれることはまずありえないのである。

技術が改良され、２００８年にはネアンデルタール人のｍｔＤＮＡ全体の配列が公表された[15]。著者らはこの論文で、ネアンデルタール人のｍｔＤＮＡが、現存する現生人類のｍｔＤＮＡの変動範囲には「明らかに」納まらないことがはっきりしたと発表した。もちろんｍｔＤＮＡが親から子へと受け継がれるメカニズムにより、ｍｔＤＮＡの系統は母親、娘、娘の娘……によってのみ受け継がれる。男子は実母と同じｍｔＤＮＡをもつことになるが、男子には子孫にそのｍｔＤＮＡを受け渡す能力がない。したがって元の母親の娘たちが誰も娘をもうけることができなければ、その系統は失われ、絶滅する。これは大部分のｍｔＤＮＡ系統の運命だが、だからといって、ネアンデルタール人のｍｔＤＮＡ系統が現生人類に見られないから両種の間で異種交配がなかったということにはならない。異種交配はあったが、ネアンデルタール人女性のｍｔＤＮＡが生き残らなかっただけかもしれないのである。

ネアンデルタール人のｍｔＤＮＡと現生人類のｍｔＤＮＡが分岐したと推定されるのは、64万6000年前～80万年前だ。ふたつのゲノムが分岐した年代を推定すると簡単に言っているが、実はそう簡単ではない。基本的な考え方は、ｍｔＤＮＡ（あるいは核ＤＮＡ）を構成しているアミノ酸の塩基対が一定の速度でランダムに変異することを利用するものだ。その変異の速度がわかれば、そしてその後にふたつの種のゲノムの間にどのくらい相違が生じているか計数すれば、両種が互いに遺伝的に分岐した時間を容易に算出できる。しかしすべての遺伝子がまったく同じ速度、つまり長期にわたり一定の割合で変異するわけではない。たとえば世代交代が短い種は世代交代が長い種よりも変異が速い。また他の遺伝子より変異しやすい遺伝子もある。したがってふたつの種の間で遺伝子をなるべく多く比較できれば、それだけ分岐した年代を正確に推定できる。しかし実際には何も年代測定していないのだから、年代測定としては不正確な方法だ。分岐年代の推定は、ふたつの種の間の「遺伝学的な距離」が生じるのにどのくらい時間がかかるかを計算している。

やがてさまざまな研究所で染色体をもとにしたネアンデルタール人の核DNAの配列同定が始まった。染色体は核細胞の核内部にあり、そのうちひとつは母親から、ひとつは父親に由来する。ここで核DNAから分岐年代を推定するうえでの問題とは別に、新たな難題が持ち上がった。多くのキュレーターが貴重なネアンデルタール人の化石の断片を渡すことを渋ったのである。しかし、遺伝学者がネアンデルタール人の骨が出土したのと同じ遺跡から発掘された哺乳類の骨を使い、そこから核DNAを回収できることを実証することでようやく納得してもらえることになった。

スヴァンテ・ペーボ率いるライプチヒのマックスプランク研究所などのトップクラスの研究所では、古代の骨からmtDNAを抽出する正確で信頼性の高い方法をすでに開発していた。標本を必要以上に傷つけずなるべく多くのゲノムのサンプルを採取させてもらえるようキュレーターを説得するため、ペーボのチームはまずは他の哺乳類の骨で実証してみせることにし、まずクロアチアにあるヴィンディアの遺跡で出土したホラアナグマに手を着けた。ところが何度繰り返してもホラアナグマからは何も抽出できなかった。そこでチームは、保存状態からみてDNAがあまり破壊されていないことに期待し、永久凍土から回収されたマンモスの核DNAの抽出に取りかかった。結果は期待通りだった。また数年の間に、さまざまな技術上のブレイクスルーがあり、非常に寛大な基金提供もあって、古代の核DNAの配列分析に面倒な手順も必要なくなり、分析は急ピッチで進んだ。科学者がDNAと言うときはたいてい核ゲノム（nuclear genomes）のことで、核ゲノムを構成する対になった染色体の1本は母親に由来し、母親のDNAがのっている。もう一方の染色体は父親に由来し父親のDNAがのっている。したがって各世代では、新しい個体内で遺伝子の組み換えが起きている。

ペーボのグループがネアンデルタール人の核DNAの配列をどんどん決定していくと、驚くべき事実が現れた。ネアンデルタール人のmtDNAは現代人のmtDNAとは共通するところがなかったが、ネアンデルタール人の核DNAは現代人の既知の核DNAと共通する部分があったのだ。しかしその重なりはわずか1〜4パーセントで、DNAに重なりがあるのもヨーロッパと東アジア人を故郷とする現代人に限定されるようだ。ネアンデルタール人の遺伝子はアフリカを故郷とする現代人にはみられない。この事実から研究者によっては、初期の現生人類がアフリカを出てから、レヴァントかユーラシアでネアンデルタール人と遭遇したときに交雑が起きたのではないかと考えているが、この共通する遺伝情報の正確な意味についてはまだ論争中だ。

リチャード・グリーンはマックスプランク進化人類学研究所のチームのひとりだ。当初、グリーンはサイエンス・ニュースの記者に、共通部分の割合は非常に小さいので交雑によって「遺伝的に重要な」内容はまったく伝達されなかっただろうと述べていた。「その信号はゲノム中にまばらに分布していて、過去に起きた事象に関するヒントがパン粉状に振りまかれているようなものだ……

それで何か適応上有利なことがあったとすれば、おそらく複数のヒトゲノムが比較された段階ですでに発見されていただろう」[16]。もうひとり同じチームでカリフォルニア大学バークレー校のモンゴメリー・スラトキンは次のように述べている。「かつて交雑が起きたのかどうか、どこでネアンデルタール人のグループが現生人類と交雑したのか、ネアンデルタール人と現生人類の出会いは一度だけだったのか、グループは隣り合って生活していたのか、長期的に交雑が続いたのかはわからない」[17]。ネアンデルタール人と現生人類の遺伝学についてはまだ多くの謎が解けないまま残っていた。そしてさらなる驚きが待ち受けていた。

理論的には、別種が交配しても繁殖能力のある子孫を産むことはできない。したがって、一見するとネアンデルタール人と現生人類が異種交配した証拠は、種レベルの生殖隔離に反している。しかし誰がどう仮定しても交雑の程度は高くて1～4パーセントの間だ。異種交配のレベルがこれほど低ければ、どちらのグループにとっても本質的な生物学的影響はなかっただろうし、たとえばそれはヒヒの現生種間での異種交配の場合とも似ている。いずれにせよ分析されたネアンデルタール人のゲノムの総数はまだ非常に少なく、遺伝子型を同定された現代人の数も、70億以上になる現在の世界人口とくらべればごく少数だ。

ケンブリッジ大学のアンダーズ・エリクソンとアンドレア・マニカは、ネアンデルタール人のDNAを別の視点から調査してきた[18]。ふたりは、現代人とネアンデルタール人のゲノムの重複は、両種の祖先が遺伝的に分岐した後に交雑したためではなく、両種には古代の共通する祖先の個体群があったことに由来するのではないかと主張している。どちらの解釈を選択するか、これまでのところ確かな証拠は見つかっていない。
最近の2本の論文では、重複する遺伝子配列を利用し、ネアンデルタール人と現代人はゲノム上のどこでどれくらい重複しているのかを分析している。現代人の1004のゲノムを調べたマックスプランク研究所のチームは、ネアンデルタール人のゲノムに由来する部分が現代人のゲノム上でランダムに散らばっているのではなく、DNA上の特定領域に偏在していることを明らかにすることができた。[19] これらの領域は、皮膚や爪そして髪の毛などに関係するタンパク質ケラチンに影響を与える遺伝子が豊富に存在する部分だ。ネアンデルタール人としては寒冷な地域より温暖な地域を好んだだろうが、これらの遺伝子によって現生人類は寒冷なユーラシアの気候にも適応できたのではないかと同チームでは考えている。もうひとつ可能な解釈としては、ケラチンが感染予防にもつながることから、ケラチンに関係するネアンデルタール人の遺伝子はケガの治癒と関係していたのではないかとも考えられる。[20]
ネアンデルタール人の遺伝子すべてが現代人にとって役立ったとは思えない。実際マックスプランク研究所チームが同定したネアンデルタール人の対立遺伝子のうちのいくつかは、皮膚結核や胆汁性肝硬変、クローン病〔消化管全体に原因不明の炎症が生じる〕、喫煙習慣、Ⅱ型糖尿病などの疾病や病状と関係していた。しかしもっと興味深いのは、現代人の遺伝子上にはネアンデルタール人の遺伝子の痕跡のない長い部分が複数存在することで、これはこの部分にネアンデルタール人の遺伝子が存在すると現代人にとって有害であったため、ネアンデルタール人の遺伝子が積極的には選択されなかったことを示唆している。同チームは現代人の遺伝子にみられるこうした部分を、ネアンデルタール人系統の砂漠と呼んでいる。最も大きな砂漠はX染色体上、すなわち女性の性染色体にあり、そこは男性の生殖能力の低下に関連する遺伝子がよく発見される部分だ。この結論の裏付けは、組織特異的な遺伝子に現れるネアンデルタール人の対立遺伝子の頻度から得られた。男性の生殖能力に直接関係する器官である精巣に影響を与える遺伝子には、ネアンデルタール人の対立遺伝子がまったく含まれないことがわかったのだ。このことが示唆しているのは、ネアンデルタール人と現生人類の混血男性は不妊あるいは生殖能力が低かったということだ。つまりこのふたつの種は遺伝的にはほとんど適合性がなかったということになる。ふたつの種間での異種交配が非常に少ないようにみえても当然のことだったのだ。

　ほぼ同じ頃ワシントン大学のふたりの研究者ベンジャミン・ヴァーノットとジョシュア・M・アキーも研究結果を発表した[21]。ふたりは現代ヨーロッパ人３７９人のゲノムと東アジア人２８６人のゲノムを調べネアンデルタール人の遺伝子を探した。その結果このふたりもケラチンと皮膚の色素沈着に関する遺伝子などを発見した。発見されたこれらネアンデルタール人遺伝子すべての機能はわかっていないが、ヴァーノットとアキーの研究の最も驚くべき結果は、現生人類によっては依然としてネアンデルタール人のゲノムの20パーセントもが残存していることがわかったのだ。この発見が意味するのは、ネアンデルタール人と現生人類の間の異種交配の程度が従来推定されていたよりずっと多かったということではなく、異種交配後ネアンデルタール人の遺伝子のいくつかは非常に有害なため自然淘汰の作用によって消滅したが、他の遺伝子は有害でなかったため存続したということだ。

しかしこれらの情報すべてをもってしても、ネアンデルタール人と現生人類を分類学的に分類する方法を決定する助けにはならない。ゲノムは、ネアンデルタール人が現生人類と限定的範囲で遺伝子を交換できるほどには近しいということを教えてくれるだけなのだ。ネアンデルタール人と初期の現生人類との生物学的類似性は顕著だが、完全に一致するわけではない。文化的には、わたしたち現生人類だけの特殊で進歩的なものと思いこんでいた行動の多くが、実はネアンデルタール人の間にも存在した。しかし行為は遺伝子だけで説明できる問題ではなく、遺伝学、学習そして幸運が特異的に複雑に混じり合ったものだ。たとえば矢じりを作ったりマンモスを捕獲したりする遺伝子は存在しない。わたしたちの初期の祖先がユーラシアでネアンデルタール人に遭遇するまで、ネアンデルタール人は賢明で、技術に秀で、環境と生態系にうまく適応していたわけだが、そのネアンデルタール人は絶滅し、わたしたち現生人類は絶滅しなかった。

なぜなのか？　なぜわたしたちは生き残り、彼らは絶滅したのか？　現在のわたしたちはなぜヒト族の種として唯一の存在であり、にもかかわらずなぜほぼ世界中に分布しているのだろうか？　このことはわたしたちとネアンデルタール人との関係について、わたしたちの侵入がこの世界に与えている影響について、どんなことを教えてくれているのだろうか？

第3章　年代測定を疑え

本書を書き始めた頃、古人類学者の間では現生人類とわたしたちの近縁種であるネアンデルタール人はどちらも、5万年前～2万5000年前頃ユーラシアに生息したとされていた。ネアンデルタール人によるものとされる遺跡と現生人類による遺跡が近接して存在することもしばしばで、両者は非常に魅力的な洞窟や岩陰を交互に利用していたこともあったらしい。現生人類とネアンデルタール人は多くの面で非常によく似ていた。身体が大きく、知的で、大きな獲物を狩る名人で、道具を作り、集団で生活をした。どちらも火を使った。両種ともに言語も操っていた可能性もあり（このこと自体が大きな論争になっているが）、ネアンデルタール人より現生人類のほうがはるかに卓越していたとはいえ、両者ともにコミュニケーションや芸術作品ともいえる記号や象徴を生み出している。

このふたつの種を識別するのに役立つのは形態学、つまり解剖学的形態と身体の比率だ。ネアンデルタール人と現生人類の種の頭蓋は、完全な形で残っていれば区別は簡単だ。ネアンデルタール人は眼窩上《がんかじょう》隆起が大きく、頭蓋は細長く、後頭部にはネアンデルタール人の「束髪《そくはつ》」(bun)として知られるずいぶん骨が突起した部分(束髪状隆起)があり、鼻から上顎にかけて顔面が前方に突き出している。これとともに歯も前方に位置し、その大きさや細かい形状にも統計的に有意な相違が見られる。ネアンデルタール人の顔面中央は大きく突起した鼻がおさまるようになっていて、大きな鼻腔がある。身体的にはネアンデルタール人のほうが大柄で筋肉量も多く、関節が大きく骨も太いことから、筋力が強かったことがわかる。ネアンデルタール人の体重は男性がおよそ78キロで、それに対して初期現生人類の男性は平均で69キロ、女性だとネアンデルタール人が66キロで、現生人類の女性は59キロだ。こうした身体的な差は狩猟技術や日常の作業も差があったことを示していて、おそらく体温を保つ手段にも違いがあっただろう[1]。

　この分析をするうえで重要な心構えは、異なる証拠には異なる重要性があることを頭に刻みつけておくことだ。保存状態のよい骨格化石があれば、ネアンデルタール人と現生人類を区別することは難しくはない。しかし化石の保存状態が不十分で、損傷していたり、断片的であったりすると作業は難しくなる。ヒト族(hominin)の化石がなければ、古人類学者はしばしば、現生人類は上部旧石器時代の石器(オーリニャック文化やグラヴェット文化、マドレーヌ文化と名付けられた、明確にそれとわかり、しばしば連続して存在するインダストリー〈industry 石器群〉に分類される)〔考古学で「インダストリー」(industry)とは、形態や製作技術が共通する石器群のこと。「石器製作伝統」とも言う〕を作り、ネアンデルタール人は現生人類とは異なる石器群を生み出し、しばしば異なる技術を選択していたとする前提に依拠することが多い。一般的にこうして分類された石器群のことを「石器インダストリー」と呼び、ネアンデルタール人に典型的な石器インダストリーとしては、ムスティリアン・インダストリーやアシュール伝統を引いた前期ムスティリアン・インダストリーが知られている。これらのインダストリーはその石器製作に使われた技術の詳細や、目的ごとに作られたと考えられるさまざまなタイプの道具が含まれる割合で区別され、ときには独特な道具の存在によって区別されることもある。骨や象牙から作られた道具の存在や、個人用の装身具の存在で区別される場合もある。たとえば穴の開いた動物の歯や貝には紐や繊維が通されていたのだろうが、これらは普通オーリニャック文化かその他の上部旧石器時代の、現生人類によるインダストリーと判断される（図3-1参照）。線刻画や彫刻、絵画、楽器などの芸術作品についても同様だ。

石器をインダストリーに分類することは19世紀に始まり、その識別と分析の方法は必然的に時間とともに複雑化した。重要な問題はシャテルペロニアン・インダストリーにある。この文化は時代的にはムスティエ文化とオーリニャック文化の間にあたり、ユーラシアの一部に存在した。ムスティエ文化の石器が一貫してネアンデルタール人の化石とともに出土し（骨格化石が存在した場合）、さまざまな上部旧石器インダストリーは現生人類の化石と同時に出土するのだが、シャテルペロン文化の場合はどちらの種ともはっきりしたつながりがない。[2] シャテルペロン文化の遺跡には個人的な装身具（宝石）や骨あるいは象牙の道具も含まれている[3]（図3-2参照）。これらの特徴だけでシャテルペロン文化の石器の作り手を現生人類と同定することができるだろうか？ あるいはネアンデルタール人もこのような装身具を製作していたのだろうか？ それはまったくわからない。

いくつかの重要な遺跡で異なる時代の遺物が混在していることが明らかにされ、骨格化石と工芸

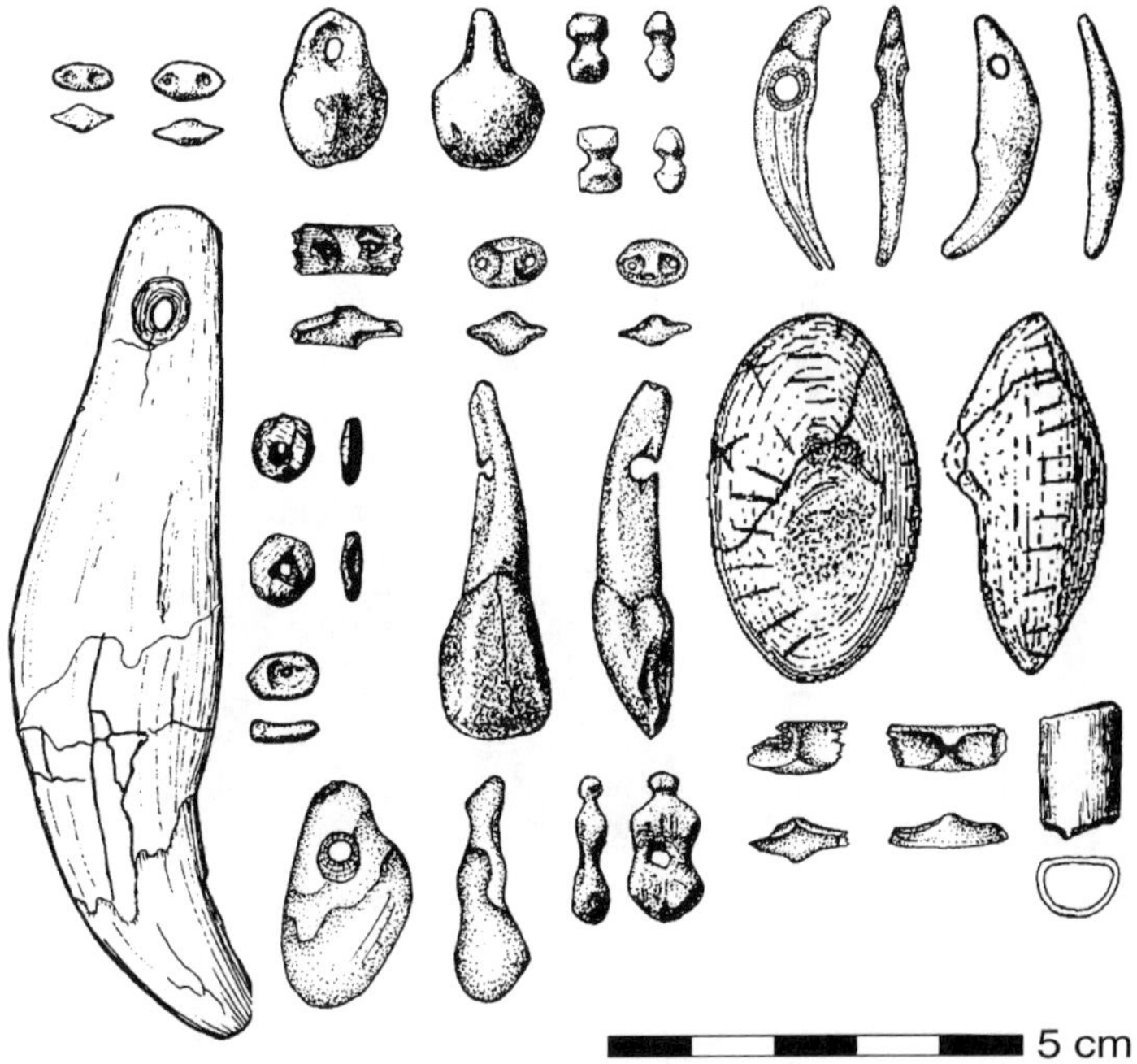

図3-1　上部旧石器時代の遺跡からは、動物の歯から作られた装身具がよく見つかる。それらは穴が開けられたり切り込みをいれられたりして縄や紐で吊せるようにしてある。これらの標本はドイツのシュヴァーベン・ジュラ渓谷のオーリニャック文化の諸遺跡で出土したもの。

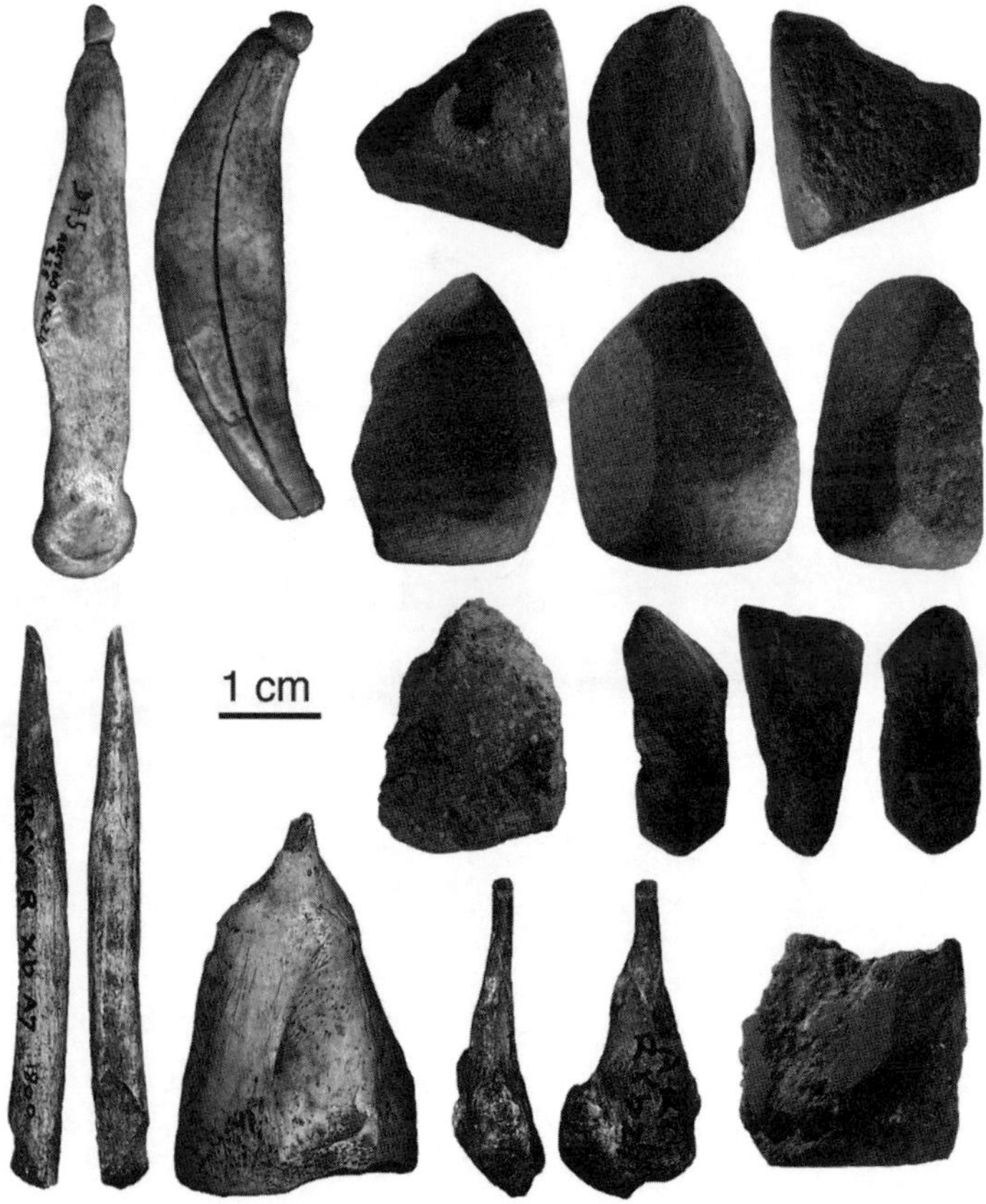
1 cm

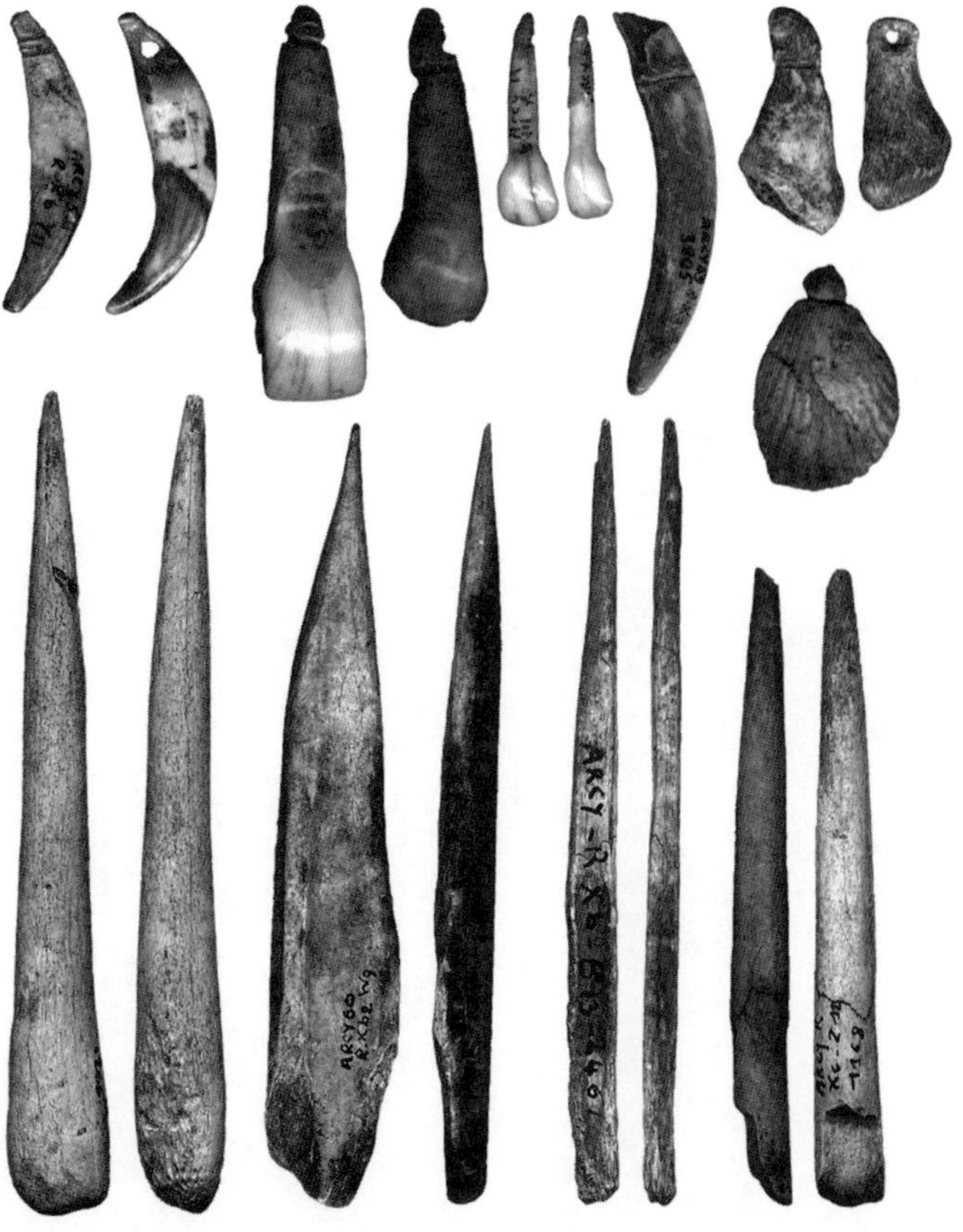

図3-2　トナカイ洞窟出土のこれらの遺物はシャテルペロン文化の製作者が誰であるかをめぐる論争の縮図ともなっている。伝統的な解釈であるネアンデルタール人が製作したものだとすると、これらの遺物は、上部旧石器時代の遺跡で使われていたもの（図3-1参照）と非常によく似た技術と象徴が利用されていたことを示している。

品の関連性がはっきりしなくなった。著名な考古学者のなかには、シャテルペロン文化には現生人類の石器伝統が見られるのではないかと主張してきた者もいれば、ネアンデルタール人による石器伝統だと指摘する者もいる。この論争は当面収まりそうにない。しかしヒト族の化石が出土する遺跡より石器遺跡のほうが数多く存在するので、ある遺跡を現生人類あるいはネアンデルタール人のものと割り振ることができれば、分析に使えるデータは大きく増加する。しかしここでも問題がある。石器にはヒト族のどの種が製作したのかを示すラベルがついているわけではないので、ヒト族のある種は他の種が使っていた道具を借りたり複製したりした可能性もあるのだ。それではどうすればよいのか？　最も無理のない解答は、自分自身が仮定していることについて常に疑い、注意を怠るなということだ。

現生人類とネアンデルタール人が生存した時代と場所が重なることが最初に注目されて以来、古人類学者のみならずアマチュア研究者もこれらの事実の解釈に格闘してきた。現生人類のテリトリーがユーラシアへ拡大したことがネアンデルタール人を絶滅に追いやったのか？　ネアンデルタール人は現生人類が到着するより少なくとも20万年も前からユーラシア地域に定着していたのに、どうして絶滅したのか？　ネアンデルタール人は地形も動物相も知らない新参者より有利だったはずではないのか？

現生人類がネアンデルタール人を絶滅に追いやったとすれば、その過程を裏付けるなんらかの証拠が発見できるはずだし、現生人類が有利だったことを確かめることができるはずだ。それができないならば、では他にどんな因子が作用して、数十万年も生存してきたネアンデルタール人を絶滅させたのか？　これら2種のヒト族の間に激しい競争関係があったとすれば、ともに生存していた期間が2万5000年もあったことは、とくに現代の侵入生物学者が研究してきた事象と比較すれば異常に長く思える。古生物学的視点からすれば、現生人類がどのくらい急速にユーラシア全域に分散したのか、侵入した個体群と在来個体群の規模によっては、この仮説的な両種の共存期間はもっと短時間だった可能性もでてくる。ふたつの種が実際に重複していたのは、もっと短期間だったのかもしれない。時間こそが問題なのだ。

2013年初め、この問題の基本的な年代枠組みが、地震多発域にでもいたかのように大揺れとなった。この年、ユーラシアの多くの古人類学的遺跡の年代を再評価する大がかりな計画の結果が初めて発表されたのである。オーストラリア国立大学のレイチェル・ウッドとオックスフォード大学考古学・美術史研究所のトーマス・ハイアムが先導するチームは精度の高い分析技術を開発し、イベリア半島にある11の考古学的遺跡の資料の年代について再測定を試みた。(4)これらの遺跡がとくに重要なのは、現生人類の到着と同時に気候条件が悪化してから、ネアンデルタール人は何千年ものあいだ居住していたユーラシアの広範に広がるテリトリーの大部分を放棄し、気候が比較的温暖な地中海沿岸の避難所〔レフュジア。寒冷期に一部の生物が生き残った避難地域のこと〕まで後退したという説の根拠となっていたからだ。この説とかつての年代測定技術での測定結果から、イベリアでネアンデルタール人は他のどの地域よりも長く、およそ2万5000年前～2万6000年前まで生存していたとされる。ジブラルタル博物館のクライヴ・フィンレイソンとバルセロナ大学のホアン・チルハンは気候変動と環境の変化がネアンデルタール人の絶滅と現生人類の生存に果たした役割を強調した。どんな説にせよ、現生人類とネアンデルタール人が共存していた北方地域とその後の温暖な地中海地域の正確な編年〔地質学・考古学用語で、遺跡や遺物を時間的に順序づけること〕を得ることが重要になる。

どのように遺跡を年代測定するのか？　年代測定するために骨や木炭、木、貝殻などのサンプルを遺跡から採取し、それらを年代測定するのである。問題のサンプルが5万年前より新しい可能性が高ければ放射性炭素による年代測定が適当だ。放射性炭素年代測定の根拠となる考え方は、大気圏の上層で常に生成されている炭素の放射性同位体（炭素14）が時間とともに崩壊して別の安定同位体である炭素12に変化するので、生物の試料に含まれるこのふたつの同位体の割合から、その生物が最後に大気中から組織中に炭素を取り込んだ時代がわかるというものだ。サンプルが約5万年より古くなると、正確に測定できるだけの十分な炭素14が残存していない可能性が高いため、他の放射線年代測定法が利用される。そのような状況はネアンデルタール人の絶滅に関する研究ではめったに起きない。

残念ながら、大気中の炭素14と炭素12の割合は数千年以上の期間となると完全に一定とはいえず、わずかだが変化する。生の炭素14年代測定値は炭素14と炭素12の割合を測定することで、その試料が現在から何年前（Before Present ＝ BP）のものかを推定する。「現在」（present）とは1950年のことと規定されている。しかしいま述べたようにもとの大気中に含まれる炭素14がごくわずかに変動するため、生の炭素14年代測定値では試料の本当の古さより10～20パーセント過小評価する可能性がある。この問題を回避するには、生の年代測定値に時間とともに微妙に変化する炭素レベルに応じた較正《こうせい》（調整）を施さなければならない。たとえば樹木の年輪、石筍《せきじゅん》、花粉分析あるいは深海底コアと照らしあわせることで生データを暦年と関連づけるのである。こうした較正基準は絶えず改良されていて、よく「較正年」（英語では"cal."）と記される。放射性炭素年代測定は規定にしたがって誤差範囲の推定と合わせて、たとえば3万2000年前±430年といった具合に記述される。誤差が大きい場合はそのデータが不確実であることの警告となり、試料の汚染を除去する手続きをしても劣化や汚染が残っている可能性が高いことを示している。

放射性炭素年代測定にはあと2点注意しておきたいことがある。第一に、年代測定に使用された試料が現在の炭素で汚染された場合、測定結果はすべて非常に新しいものと評価されてしまう。ウッドとハイアムが引用しているひどい事例では、5万年前の試料が現在の炭素でわずか1パーセント汚染されただけで、測定年代は3万7000年前と評価されてしまうのである。これは人類が生存してきたタイムスケールで起きた事象を追跡しようとする場合には、大きすぎる乖離だ。第二に、保存という単純な要因次第で、古代の骨化石に含まれる主要なタンパク質であり、炭素を含むタンパク質でもあるコラーゲンの大部分が劣化し破壊される可能性があることだ。十分なコラーゲンが残っていない試料ではタンパク質が不足し、正しい年代が得られなくなる。こうした保存の問題をチェックする手段として、コラーゲンの主成分である窒素の濃度を調べる方法がある。骨に含まれる窒素がきわめて低いレベルであれば、同じ試料に残っているコラーゲンの総量では年代測定できない可能性が高い。たとえば、スペインのエル・シドロン遺跡で発掘されたネアンデルタール人の骨化石はコラーゲンの水準が低すぎて試料として信頼性がなく、その骨を年代測定すると1万前〜

5万年前という範囲にばらけてしまう。このあまりに大きい測定値のばらつきは、保存の悪い資料では年代測定の意味がないことを十分すぎるほど示している。[5] オックスフォード研究所では最近大量の試料を年代測定あるいは再年代測定し、試料から現代の炭素を除去する汚染除去手法と、試料が十分良好に保存され年代測定が可能かどうかを判断する手本を示した。[6] ひどく劣化したり汚染されたりした試料を年代測定して収集した情報では、まったく信頼できない。

ウッドとハイアムが再年代測定しようとしたとき、イベリアの遺跡に問題がある兆候は、窒素レベルの調査で最初に現れた。ウッドとハイアムのチームが再年代測定のためにチェックした215の骨の試料のうち、測定に利用できるのはわずか10パーセントしかなかったのである。しかも11の遺跡のうち9遺跡は、測定に適したコラーゲン量が残っていなかったため、年代測定から外さなければならなかった。こうした状態の資料から得た骨化石すべてをもとに年代を推定してしまえば、算出された年代は意味をなさなくなる可能性が高いため、避難所仮説はわずかふたつの遺跡から得られる証拠にかかっていた。

このチームが年代測定に適していると判断したふたつの遺跡は、イベリア中央部のハラマⅣ遺跡(以前はおよそ3万較正年BPと測定されていた)と、ネアンデルタール人の遺跡としては最も新しい約2万6000較正年BPと測定されていたクエバ・デル・ボケテ・デ・サファラヤ遺跡だった。汚染除去と前処理を施してから再年代測定を行い、ハラマⅣ遺跡の3つの試料から得られた年代は、4万7000年以上前、5万年以上前、4万9400年前で、誤差±3700年だった。つまり、新しい年代測定結果はそれまで考えられていたより概ね2万年近く古く、もっと古い可能性もあることがわかったのである。3つの試料すべてが、それ以上の過去になると放射性炭素年代測定が当てにならなくなる5万年前という閾値に近い。サファラヤ遺跡から出土した骨も考えられていたよりずっと古いもので、各々試料は3万3300年前±1200年から4万6300年前±2500年の間という結果になった。約2万6000年前という年代を示す結果はひとつもなかった。

年代測定できるコラーゲンを含むこのふたつの遺跡から、ネアンデルタール人がイベリア半島の南部に後退し2万6000年前くらいまでそこで生活したとする仮説は覆された。最後のネアンデルタール人が地中海の海岸沿いで細々と生活していたという仮説もかなり心許なくなった。そして、この年代測定チームの結論がそのことを決定づけた。ハラマⅣ遺跡についてウッドとハイアムは「この遺跡から出土した骨化石の放射性炭素年代測定の結果はすべて……厳重に注意して扱うべきだ」と述べている。サファラヤ遺跡については「ネアンデルタール人に関するこの年代値群はもはや、イベリア南部のネアンデルタール人最後の避難所だという証拠を提供するものとして引用されるべきではない」と結論づけたのである。(7)

この再年代測定は、ネアンデルタール人の絶滅の時期に関するかつての結論に疑問を投げかけた。(8)つまり、ネアンデルタール人は4万年前以降はおそらく生存しておらず、生存していたとする主張はすべて誤った年代測定にもとづいていると明白に結論づけたのである。

当然のことだが、これらの遺跡を調査し、疑問の余地を残しながらも新しい時代のものと測定してきた科学者らは、こうした結論に懐疑的だ。ジブラルタル博物館の古生態学者クライヴ・フィンレイソンは、再年代測定されたイベリアの2遺跡はどちらも過酷で寒冷な環境なため、そのことが年代測定をゆがめている可能性があると述べている。[9] しかし温度や湿度が炭素同位体の割合に影響を与えるという証拠はない。[10] フィンレイソンは、再年代測定されたふたつの遺跡だけでは、イベリア半島の多くの遺跡やその他の遺跡によって支持されている理論を覆すほどの証拠にはならないと考えているが、この年代測定結果は決定的だ。測定チームはコーカサス山脈北部のメツマイスカーヤ遺跡など他の遺跡の再年代測定からも同様の結果を得ている。

メツマイスカーヤは2体のネアンデルタール人骨格が出土したロシアの遺跡だ。メツマイスカーヤ遺跡のそれまでの年代測定では、最も新しいネアンデルタール人とその石器の層から最も初期の現生人類層への遷移は約3万3000年前（BP）に起きたとされていた。[11] これがコーカサスのネアンデルタール人が遅くまで生存していた証拠とされ、その値はイベリア半島で遅くまで生存していたとする仮説（もはや十分な裏付けがあるとは言えない）の値と近い。しかし、発掘現場で最も上の層（地表に最も近い）で見つかったネアンデルタール人の骨格の汚染を除去したうえで再年代測定した結果は、生の年代測定値で3万9700年前±1100年（BP）、これを較正すると4万2960〜4万4600年前（BP）となった。[12] こうした重要な遺跡の再年代測定は本質的であるだけでなく、少なくともいくつかの事例では、古人類学者が不正確な年代測定をもとに誤った結果を信じてきたことを証明してみせた。

この問題の影響は大きく、イベリア南部の遺跡やコーカサスの遺跡だけの問題ではなかった。旧世界のムスティエ遺跡（ネアンデルタール人の遺跡）から上部旧石器時代の遺跡（現生人類の遺跡）への遷移過程におけるユーラシアの大部分の編年記録はおそらく間違っているだろう。ハイアムは次のように述べている。

> 残念ながら、過去60年にわたって積み上げられてきた放射性炭素年代記録には大きな不備があり、これらのモデルを厳密に検証するには不適切であることは、いまや明らかだ。汚染の除去が不完全であることと測定試料が測定限界に非常に近かった困難が組み合わさったことがその原因だ……この問題は測定した当時は認識されておらず、そのため適切に取り組まれなかった。さらに、中部から上部旧石器時代で利用できる年代測定の多くは測定が不正確なため、編年的にかなり大雑把な意味でしか使えない場合が多い。高性能な測定法が開発されたことで、年代測定の精度は大きく改善されてきた。骨の年代測定に「限外《げんがい》濾過」(ultrafiltration)〔骨から抽出したコラーゲンを分子量によってふるいわけ、資料の汚染を除去すること〕を適用し、さらに「汚染除去の前処理をし」……木炭の年代測定法により、いくつかの遺跡では最近測定されたものであっても、その年代測定はかなりの割合でおかしい結果のものがあることを明らかにした。[13]

ハイアムのチームが信頼できる年代測定として使った基準はきわめて厳密で、絶対的に根幹的な技術と呼ぶにふさわしいものだ。ヨーロッパにおける現生人類の最も古い年代測定値は、およそ3万6000年前(BP)で較正すると4万4000年前(BP)となる。[14]この現生人類が出現した事象とネアンデルタール人の最終的な絶滅との間に関係があるとすれば、現生人類の個体群が地理的に分散し、人口が増大する時間を計算に入れなければならない。現生人類がこれほど古い年代にユーラシア中に分散していたとは考えにくい。最後のネアンデルタール人が4万年〜4万2000年前（較正）であることが信頼できるなら、現生人類とネアンデルタール人が共存した期間はかつて約1万年とされたものが、数千年あるいはそれ以下にまで縮むことになる。

40の重要な遺跡からサンプルを採取する大がかりな再年代測定プロジェクトがオックスフォード大学研究所のハイアムとその同僚らによって実施され、ムスティエ文化の終わり、つまりネアンデルタール人が絶滅した時期の信頼できる編年が確定された。[15] その結果はネアンデルタール人の絶滅の謎を解くうえで重要なものだ。きわめて明快かつ圧倒的な正確さで、ハイアムらはヨーロッパ中のムスティエ文化が95パーセント以上の確率で較正年代で4万1030年前〜3万9260年前の間に終焉したことを示した。さまざまなネアンデルタール人の個体群を絶滅させた唯一の事象や出来事というものはないとされているにもかかわらず、彼らはきわめて短期間のうちに消滅していたのである。加えて、もし絶滅が単一の事象に対する反応だとするならば、ムスティエ文化はユーラシア全体で同時に消滅することが予想されるが、実際には同時に消滅したわけではなかった。

ムスティエ文化の消滅に関するデータと、現生人類がヨーロッパに到着した最も古い年代を比較してみると、このふたつのヒト族の生存が重なる期間は2600年〜5400年ということになる。現生人類がヨーロッパに拡散し、アジアに広がっていくのにかかる時間を考慮すれば、ネアンデルタール人の絶滅は現生人類が各地域に到着してからきわめて早い時期に生じていることになり、現生人類の到着がネアンデルタール人の絶滅の重要な要因となっていた可能性を強く示唆している。

また、現生人類が有能な侵入生物であることは明らかなので、次に侵入生物学に視点を移し、そのアプローチによってこの絶滅について何が解き明かされるのかを見ていこう。

第4章　侵入の勝利者は誰か

侵入の結果は無数の因子に依存する。

まずはじめに、新生息地への到着の仕方だが、生物の拡散の形態によって、少数の個体でいちどに到着することもあれば、何度かに分かれてとびとびに到着したり、あるいはまた複数の集団でいっぺんに到着したりすることもあるだろう。このとき、創始者集団の規模が大きいほど新しい地域で存続可能な集団を確立する可能性も高くなる。人口圧が高まり新たにテリトリーを拡大できなくなれば、多くの生物は各々が自力で途方もない旅に乗り出すのである。

侵入する新たな生物が、食糧などその生存に不可欠な資源の選択幅が狭かったり特殊である場合にも、侵入の障害となる。とくに特化した生存条件をもつ哺乳類にコアラがいる。コアラは主にユーカリの葉を食べるが、ユーカリとして知られる350種のうちロにするのはわずか20種の葉だけだ。樹冠もコアラにとっては安全で捕食者から逃れる場として重要だが、樹冠についてはとくにユーカリにこだわっているわけではないようだ。いずれにせよユーカリの林がコアラに食物と避難場所を提供していることは言うまでもないだろう。コアラは動作が緩慢で、捕食者に狙われればきわめて脆弱で、繁殖も遅い。たとえばオスが交配するのは4歳くらいになってからで、メスは2歳くらいからだ。しかもメスは普通1年に1頭しか子をうまない。こうしたコアラの性質はどれをとっても侵入種としては不向きだ。

対照的に、コヨーテのように俊敏で、狩りも含めた摂食の自由度が高く、死肉も食いあさる雑食性の種は侵入種として有能だ。もともとは先コロンブス期〔アメリカ大陸の先史時代で、コロンブスが上陸してヨーロッパの影響を受けるまでの時代〕の合衆国南西部と現在のメキシコに隣接する地域にある乾燥した大草原に生息していたが、そのうちに北はカナダ、東は大西洋岸、南はメキシコのユカタン半島まで、ゆっくりとだが着実に合衆国全域に生息するようになった。もともとの生息地である乾燥した南西部から分散し、いまやコヨーテは森林地帯から大草原、沿岸地域、さらにいくつかの主要都市や郊外地域でも普通に見られる。またコヨーテは摂食の自由度がコアラより高いだけでなく、その繁殖能力も侵入種として好都合だった。1年で性的に成熟し、毎年5～6頭の子供を産むからだ。

しかし生物の分散は個々の種の能力によるだけではない。ランナー〔イチゴなどが元の茎から出して増殖する匍匐茎〕を出して繁殖する植物はもともとの生息地から拡散しにくいだろうが、種子をつける植物なら風に乗ったり、動物の身体についたり、他の動物に食べられて体内に入ったまま移動できる。風や水の流れ、大嵐や津波に乗っても分散するし、他の生物を利用した分散としては、泥のなかでトリの脚にくっつくカタツムリや、爬虫類あるいは鳥類に飲み込まれ体内に入ったまま輸送され新たな生息地で排泄される種子、そしてさまざまな哺乳類の毛にくっつくいがのある植物などがよい例だ。

分散のメカニズムとして最もよく引き合いに出されるのが現代のホモ・サピエンス、つまりわたしたち人類の存在だ。わたしたちはこれまで20万年もの間、ときには偶然、そしてときには意図的に生物を新しい生息地へ移動させてきた。意図的でない導入で極端な影響をもたらした事例としてペスト菌がある。菌をもったネズミとノミが交易品に潜んでいて、14世紀のヨーロッパ中に黒死病を蔓延させ、多くの人間が命を落とした。他の事例としては体内の寄生虫やシラミがある。

また、人間は新しい生息地でも好みの植物や動物を栽培したり飼ったりしたがるものだ。これまで過去数百年の間に、人間は意図的にウシやラクダなど大型の家畜を世界中で移動させてきた。植民者に狩りの獲物を供するためにニュージーランドに導入されたヘラジカやオジロジカ、オーストラリアに導入されたウサギもおなじようなものであり、これらの移入動物は現在進行中の大問題になっている。18世紀の船乗りは、長い航海でたまたま見つけた島にヤギを残してくることが多かった。うまく生存できれば将来の航海で食糧源となってくれることを期待したのである。先史時代にオセアニアの大部分に植民した人々は、航海中の食糧源と残飯処理の手段としてブタとイヌも積んでいた。同じようにインド亜大陸の人々が半分家畜化したディンゴというイヌ科動物をサフル〔オーストラリア、ニューギニアとタスマニアの総称〕に持ち込んだ。[1] しかし人間はディンゴが到着するより何千年も前からオーストラリア大陸に定着していた。

侵入生物学の大部分の教科書や論文では――多少とも現生人類について取り上げていればだが

――現生人類そのものを強力な分散メカニズムととらえている。要するに人間とは長期にわたり高度に侵入的な生物であり、その大きな特徴のひとつとして自らの生息域の地理的拡大に伴って「ヒッチハイカー」のような他の生物を道連れにする傾向が強いということだ。

現生人類はその生物学的特性のおかげで侵入者として成功したのだろうか？　現生人類は少なくとも20万年前にアフリカ東部で古代型の人類から進化し誕生した。これら初期の現生人類は霊長類としては比較的身体が大きく完全二足歩行をしていた。現生人類は有能な捕食者であり、石器を製作し、しかもそれを利用して不可欠な資源を獲得する能力を高め、ほぼ確実に腐りやすく遺物としては残りにくい樹木などの植物も使って道具を作っていた。

最古の現生人類は今日のわたしたちとほぼ同じ大きさの脳をもっていた。多くの石器を後世に残したし、貝殻に穴を開け、紐や糸を通して数多くの装身具も作っている。炉もあったし、動物の骨には石器を使った痕《あと》のカットマーク〔切り傷跡〕がある。およそ260万年前に石器が登場するとすぐにその石器を使って動物を処理し、肉や脂肪、獣皮、腱や骨髄などの有用物を取り出していた。(2) やはり石器が登場してすぐか、わずかに遅れてさまざまな植物を利用したり植物を処理する道具も作られたが、植物性の食品を利用した証拠はほとんど得られていない。骨とくらべると植物は腐りやすく、遺物として残りにくいからだ。

驚くのはこれら最も初期の現生人類は、ハリネズミからゾウにいたるまで実にさまざまな大きさの動物を狩猟し、あるいはその死肉をあさっていたことだ。なかでもお気に入りの獲物はインパラやヌーなどの中型草食動物だったようだ。それがわかるのは化石化した動物の遺骸のなかに骨が異様な形に破壊されているものがあったり、カットマークが残っていたりするからだ。現生人類を傑出した存在とさせている特徴のひとつは、捕食者と被捕食者の間の大きさの原則を破っている点にある。

哺乳類捕食者は動物学的に何科に属すかにかかわらず、その体型の大きさから好みの獲物の大きさが予測できる。小型の捕食者は自分より軽量の獲物を好み、中型の捕食者は自分の体型の約66パーセントまでの獲物を狩る傾向がある。そして自分より大きな獲物を捕獲するのは大型の捕食者だけだ。

捕食者の狩猟スタイルもまた重要だ。群れで狩りをする捕食者は、1頭で狩りをする場合よりも大型の獲物を捕らえる。したがって、群れで狩りをするライオンやブチハイエナ、そして絶滅した捕食者である剣歯虎《けんしこ》（サーベルタイガー）などは「超捕食者」（superpredators）と言えるかもしれない。ドールはアジアに生息する体重20キロほどのイヌ科動物だが、そんな体型でも大きな群れで100キロもある獲物を仕留める。初期の現生人類が仕留めた動物の大きさは飛び抜けて多様であることから、現生人類もおそらく集団で狩りをしていたことが強く示唆される。

大型で機動力があり、摂食の自由度が大きいことからみると、現生人類は侵入者として成功して当たり前のようだが、繁殖の点では非常に緩慢である。他の同等の大きさの哺乳類とくらべて性的成熟が遅い。しかも数年の間をおいて生まれる子は複数ではなく多くの場合ひとりだけだ。こうした現生人類の特徴の多くはネアンデルタール人も共有していた。捕食者であり、社会性があり、火をおこし道具を製作する。現生人類と同じようにネアンデルタール人も日常的に狩りをし、自分の体型よりずっと大きい動物を仕留めていた。

さて、ネアンデルタール人が絶滅した一方で現生人類が生存できた原因を知るには、もうひとつの重要な因子にも注目する必要がある。長期にわたる地球規模の気候変動だ。気候変動も種の生死を分ける大きな影響を及ぼしたはずだ。

初期の現生人類がアフリカから世界へと未曾有の大規模な侵入を始めたのは13万年前頃だ。それ以前の初期現生人類はアフリカでしか発見されていない。一方現生人類の近縁種であるネアンデルタール人はその頃レヴァントとして知られる中東地域を含むユーラシアに生息し、アフリカには存在しなかった。13万年前頃から、レヴァントの遺跡は現生人類とネアンデルタール人が交互に占有していた形跡が見られ、その時期がおおよそ気候変動の時期と重なる。

長期的な気候変動の追跡には多くの代理指標が使われる。古代の花粉サンプルからは、とくに繁茂していた植物やほとんど生息していなかった植物がわかる。洞窟に形成される石筍や鍾乳石などの二次的な鉱物堆積層からは、それが形成される間にどれくらい降雨があったかがわかる。古代の海底堆積物には有孔虫という海洋微生物が保存されていて、その石灰質の殻部分に取り込まれている酸素同位体の比率は当時の海水温の違いによって異なる。さらにハツカネズミやクマネズミ、トガリネズミ、リスなどの微小哺乳類は限られた温度範囲でしか生息できないため、その個体数や割合が気候変動の目安になる。こうしたさまざまな分野の情報を総合することで、過去の雨量や気温、さらに長期的な気候の安定性といった研究の土台が得られる。

古人類学者と古生物学者は「海洋酸素同位体ステージ」（MIS: Marine Isotope Stages）を気候の

指標として利用する。酸素同位体ステージ（OIS: Oxygen Isotope Stages）と呼ばれることもあり、有孔虫などに保存されている酸素18と酸素16というふたつの同位体の含有比率から、古代の気温が推定できる。寒冷期には質量の小さい酸素16を含む水分子（H_2O）は気化しやすくなり、そのぶん海水と海洋性有孔虫に含まれる酸素18の濃度が高くなる。気化した酸素16を含む水分子は寒冷期に雪や氷となって陸地に降って固定され、極地の氷床は増大し海面は下降する。MISに振られた数字が偶数のステージは酸素18の比率が大きい期間で、寒冷な氷河期に対応し、奇数ステージは酸素18の比率が小さく、温暖な間氷期だったことを意味する。

本書に関係するのは最後の5つの海洋酸素同位体ステージだけだ。そこでごく簡単にこれらの同位体ステージについて、現在から過去へ段階的に遡る形で解説する。MIS1は現在の気候ステージで1万1000年前（暦年）から続いている。1万1000年前に生じた気候の変化により「ヤンガードライアス期」として知られる現在より寒冷だった期間が終わった。MIS1ステージでは人類の影響が重大なため、従来「完新世」とか「現世」と呼んでいた地質学的時代を「人新世」（Anthropocene "Anthropos" はギリシャ語で「人類」を意味する）と呼ぶことが提案されている。この提案は議論を呼んでいるが、気候段階をこのように改名する提案は重要な指摘だ。その人新世に生息する人類つまりヒト族は現生人類のみだ。[3]

MIS2はMIS3の直前のステージで、2万4000年前から1万1000年前にあたる。「最終氷期の最寒冷期」（LGM: Last Glacial Maximum）と呼ばれる時期で、史上最後の大氷河期だ。ネアンデルタール人はすでに絶滅し、インドネシアのフローレス島に生息した「ホビット」とも呼ばれる小型ヒト族のホモ・フロレシエンシス（*Homo floresiensis*）を除けば、ヒト族で生存していたのは現生人類だけだった。このホモ・フロレシエンシスという風変わりなヒト族と他のヒト族との関係は論争となっていているが、ホモ・フロレシエンシスの化石で最新のものは1万7000年前のものだ。[4]

6万年前から2万4000年前まで続いたMIS3は、現生人類がユーラシアに入った時期だ。ユーラシアは長い間ネアンデルタール人の生息地でもあり、今はもう絶滅した剣歯虎（サーベルタイガー）やマンモス、ケブカサイ、ホラアナライオンなどの多くの哺乳類とともにネアンデルタール人は数十万年のあいだ繁栄していた。このMIS3を知ることが、ネアンデルタール人の絶滅を理解するうえで必須となる。気候がきわめて不安定な期間で目まぐるしく変化し、数百年のうちに温暖期から短期的な寒冷期へ、そしてまた温暖期へ戻るといったことが生じていた。MISのステージ内におけるこうした突然の変動を「ハインリッヒ・イヴェント」（HE: Heinrich Event）と呼んでいる。最も厳しい寒冷期はHE4でおよそ3万9300年前のことだった。

MIS3ステージのなかで約3万9300年前、ナポリ近郊で大規模な火山が噴火し、中央、東ヨーロッパの大半がカンパニアン・イグニンブライト（CI）と呼ばれる特有の火山灰で覆われた。[5]巨大な火山灰の雲が広大な地域を覆い、肉眼では見えないが地球化学的に検出できる微細な細粒火山灰が堆積した。この火山灰の雲が生態系と気温に大きな影響を与えたことは間違いない。ロンドン大学ロイヤル・ホロウェイ研究所のジョン・ロウのチームはこの噴火で噴出した火山灰を編年の鍵層《かぎそう》として利用し、ネアンデルタール人の絶滅が4万年前より前なのか後なのか、現生人類が現れたのはこの巨大噴火の前なのか後なのかを推定した。ロウのチームは「CIの噴火は過去［20万年で］地中海域最大のもので……250〜300立方キロの火山灰を放出して中央および東ヨーロッパの広大な地域を覆い、莫大な量の灰と揮発性物質（亜硫酸系のガスを含む）が大気中に放出されたことで「火山の冬」が生じていた可能性が高い[6]」と説明している。CIの火山灰は広く拡散しただけでなく、地球化学的に独特なものだった。

この噴火が環境に与えた影響でネアンデルタール人はヨーロッパから消滅し、現生人類の侵入に好都合となったか、あるいは環境ストレスによりネアンデルタール人と現生人類の交代劇が加速されたのではないか、と推測する研究者もいる。しかし、CI火山灰の堆積した地域を北アフリカからヨーロッパの広大な地域、さらにロシアまで注意深く特定した結果、そうではないことがわかった。

イタリアの6つの地点と北アフリカ、バルカン半島、ロシアの5地点で、現生人類の遺跡がこのCI火山灰層の下になっている。つまり現生人類のヨーロッパ到着のほうがCIより古かったということだ。またギリシャとモンテネグロの2地点と北アフリカの1地点では、ネアンデルタール人の遺跡も火山灰層の下にあった。ロウらは次のように結論づけている。「われわれの調査結果が示唆しているのは、この［ネアンデルタール人の］絶滅はCI噴火のずっと以前に起きていた可能性が高いということである……［現生人類］もまた、CI噴火以前にヨーロッパの大部分に拡散していたようだ。したがってネアンデルタール人と［現生人類］個体群の交流は［4万年前（BP）］までにあったはずだ[7]」。CI噴火後、現生人類は生存していたがネアンデルタール人は生存していない。オックスフォードでの年代再測定プロジェクトでも、多くの遺跡から採取し年代が同定された標本からこの結論が裏付けられている。しかし巨大火山噴火は、ネアンデルタール人絶滅の直接的原因にはなり得ない。なぜならこの噴火は1日あるいは2日程度のタイムスケールで起きた出来事だが、ネアンデルタール人の絶滅は数百年から長くて数千年かかっているからだ。またCI火山灰の分布地図から、現生人類は当時すでにユーラシアにいたことが裏付けられ、これほどの大災害も乗り越えられる能力を持っていたことがわかる。

次のステージは寒冷なMIS4で、7万1000年前あるいは7万4000年前から6万年前まで続いた。このステージではユーラシアにネアンデルタール人は生息していたが現生人類は存在せず、この時代の現生人類はアフリカと中東の地中海地域（レヴァント）にだけ分布していた。

MIS4からもう一段階過去へ遡ると13万年前に始まった温暖なMIS5となる。MIS5が始まった頃、現生人類はアフリカからレヴァントへ進み、このとき初めて現生人類がネアンデルタール人と接触した可能性がある。

13万年前頃に現生人類がアフリカからレヴァントへと地理的領域を拡大させたのは、気候変動により降雨や植生、そして動物相が変化したことがきっかけだったのだろうか？　そうかもしれないし、そうでないかもしれない。良好な環境であっても初期のホモ・サピエンスのアフリカ個体群は、丘の向こうに何があるのか確かめるために新しい地域を探検していたかもしれない。そうだとすると丘の向こうにあったのは、東側ルートを通ったとすればレヴァントだ（ジブラルタル海峡を渡るのが西側ルートだが、これまでのところ西側を通ったとする考古学的記録は少ない）。ここで注意しておきたいのは、現生人類の地理的拡大が意図的な行動だった可能性は低く、彼らはアフリカ大陸を離れていることもわからなかっただろうということだ。陸上を移動していて大陸の端を認識するのは難しいものだ。海岸線はわかったとしても、どの大陸の海岸かはわからない。おそらく現生人類はただ獲物を追っていたか、テリトリーの端で新しい未踏の生息地でも探していたのだろう。

いずれにせよMIS5の始まりから、中東におけるヒト族の遺骸はイスラエルのカフゼーやスフールなどの遺跡で発見される初期現生人類のものだけになる。タブーン遺跡のレベルCで唯一ネアンデルタール人の遺骸が見つかっていて、カフゼーとスフールの現生人類とおおよそ同時代を生きていたと思われるが、この化石の正確な出土地点に問題があり、これらふたつの種が実際本当に近接して共存していたかどうかははっきりしていない。

MIS4が始まると、気候が再び変化して降雨がほとんどなくなり、かつて温暖だった地域は砂漠になった。気候の悪化とともに生態系は劇的に変化した。初期の現生人類はレヴァントを離れ、入れ替わるようにネアンデルタール人がレヴァントへ戻りMIS3中期まで生存していた。レヴァントで最も新しいネアンデルタール人の遺骸は4万2000年前±1700年と年代測定されているカルメル山のゲウラ洞窟Bで見つかっている[8]。しかし放射性炭素年代についてはよくあることだが、この年代についてはいまだに論争中だ。残存個体群が散在して細々と生存していたかもしれないが、レヴァントに限ればネアンデルタール人はおよそ4万5000年前に絶滅し、再び初期現生人類がレヴァントに戻ってくると、現生人類はさらにユーラシアへ拡散していった。こうした全体像から見えてくるのは、レヴァントの居住に適した地域は現生人類とネアンデルタール人の間で交互に占有され、どうやらレヴァントの気候が温暖なときには現生人類が占有し、寒冷期にはネアンデルタール人に入れ替わっていたらしいことだ。

気候変動の枠内で、ネアンデルタール人の絶滅の原因についてもっと確実なことは言えるだろうか?

ニューヨーク州立大学ストーニー・ブルック校の考古学者ジョン・シーはレヴァントの専門家で、ネアンデルタール人の絶滅にはいくつかの因子が相互に作用したと考えている。(9) シーは、レヴァントにおけるネアンデルタール人から現生人類への最後の交替は明らかに激変だったととらえ、ひとつの種から別の種へ、ひとつの石器インダストリーから別の石器インダストリーへと徐々に変化したのではなく、急激に変化したと考えている。シーはレヴァントで得られたデータから、ネアンデルタール人が衰退したときに、過酷な条件下でもうまく対応できる侵入的な現生人類との交代劇があったと解釈している。

シーの推定によると、MIS3のあいだ気候は不安定で悪化を続け、地中海沿岸の森林生息地はおそらく75パーセントも収縮し、替わって広々としたコールドステップ〔大陸性気候のステップ〕が拡大した。連続的な居住適地を失ったネアンデルタール人には、存続可能個体数を維持できる資源は得られなくなったのだろう。シーの結論は他の研究とも矛盾しない。クライヴ・フィンレイソンが示唆したように、ネアンデルタール人が待ち伏せ型のハンターで、身を伏せながら獲物に接近するのに身を隠す植物が欠かせなかったとすれば、シーの結論にも納得がいくだろう。植被の消失はネアンデルタール人にとってきわめて不利に働いたはずだ。とくにデューク大学のスティーヴン・チャーチルの解剖学的研究で示されたように、ネアンデルタール人は投げ槍を放ったり弓矢を射るのではなく、槍をもって獲物に突き刺したり、獲物と組み合って倒していたとすれば、なおさらだったろう。こうした猟法は「接触型狩猟」(close-contact hunting) といってもいい。もちろん危険な猟法であり、強靭な体力と超絶的な技量が求められたはずだ。

気候変動のせいで、それまでの狩猟法では獲物を仕留められなくなったとしたら、それだけでネアンデルタール人は絶滅するだろうか? おそらくそれだけでも絶滅していただろう。MIS3ステージの気候の急激な悪化は4万5000年前頃に起きているが、これはちょうど現生人類がレヴァントへ再侵入した時期と重なるので、現生人類はあっさりとレヴァントを支配し、ネアンデルタール人と入れ替わったか打ち負かしたのかもしれない。

弓矢やアトラトル(投槍器)で飛ばす槍などの複合的な投擲狩猟具を駆使できたことが現生人類のかなりの強みになったとシーは革新をもって論じる。確かにホモ・サピエンスの故郷であるアフリカの南部、北部、東部では5万年以上前からそうした狩猟具が使われていた。南アフリカで新たに発見された投擲狩猟具は7万1000年前のもので、複合的な狩猟具の起源はさらに過去へ遡る。[10] しかしこうした投擲狩猟具はネアンデルタール人の遺骸や考古学遺跡からは出土しない。シーは次のように述べている。

手投げ槍と非刺突《しとつ》型狩猟具(ブーメランや投げ棒など)と違って、投擲狩猟具は軽量で単独のハンターでも一度に多量に携帯できる。速度が大きいので、大型の動きが緩慢な動物はもちろん、小型で動きの速い獲物にも使えた。発射後もエネルギーが減衰しにくいので、大型の危険な獲物、あるいはまた他のヒト族に対しても、小さな負傷リスクで立ち向かうことができた……一言で言えば、投擲狩猟具はニッチを拡大するテクノロジーである。［5万年前以降の］ユーラシアでの（実質的にすべての）ヒト族の適応において生じた最も独特な道具のひとつで、わたしたちの広範で自由度の高い生態的ニッチを支えたのである。他の生存上の適応とは違って、この複合的な投擲テクノロジーはホモ・サピエンスを典型的な生態的ジェネラリストとした。そして進化的競争では、ジェネラリストが必ずスペシャリストに勝利するのである。(11)

初期の現生人類がユーラシアの中心部に侵入してからまもなく、最後のネアンデルタール人が息を引き取る。現生人類がユーラシアにまさに初めて到着した事実を確定するうえで、石器や炉の存在だけでは編年の構成にあまり役立たない。現生人類が到着する前からネアンデルタール人はヨーロッパ中に拡散し、多くの地域で炉を築き、道具を落とし、多くの屍を残していたからだ。現生人類はユーラシアに到着したあと、ネアンデルタール人と同じような行動をとり、居住した場所や通りすがった場所によく似た証拠を残した。

特定のヒト族と石器インダストリーの対応関係はそもそも確実ではないため、誰がどこでいつ生活したかの時間的空間的な位置づけとして頼れるのは化石、なかでも年代測定がしっかりした化石だけになる。編年を構成するひとつの方法としては、明瞭な石器インダストリーをともなう考古学的遺跡から出土した骨獣を年代測定するというものがあり、焼いた痕跡や石器で切るなどの人工的な痕跡がはっきりした骨獣を選んで年代測定する。難しいのだがもっと良い方法は、現生人類のものとはっきり同定できる骨格化石を年代測定すればいい。オックスフォードのチームはこの両手法を用いてムスティリアン・石器インダストリーの終わりを特定した。

なぜ骨格の遺物を直接年代測定するのが難しいのだろうか？　何より第一に、骨格のすべての部分がネアンデルタール人あるいは現生人類のものと、はっきり同定できないこと。第二に出土する骨格は期待するほど多くはないこと。第三に、研究者が貴重な標本から試料を採取する（さらに粉砕する）場合、必要な骨の総量はごくわずかなのだが（約1グラム程度）、それを快く思わないキュレーターもいることだ。したがって最新技術を使って直接年代測定されたヒト族の遺骸はほんのわずかで、最初あるいは最後のヒト族の個体となれば分析された骨格はさらにずっと少ないのである。

そのひとつがラオスのタン・パ・リン遺跡から出土した現生人類の特徴を持った頭蓋である。初めて発表されたのは2012年で、4万6000年前（BP）から6万3000年前（BP）の間のものと測定された[12]。4万5000年前（BP）以上前にラオスに現生人類が存在したとすれば、現生人類はもっと以前に中央ヨーロッパを横断していたことになる。しかしこの放射性炭素年代測定にはタン・パ・リンから出土した炭化した小さな試料が使われ、しかも炭素14年代測定の限界ぎりぎりの年代にあたる。別の年代測定法でタン・パ・リンの土壌と堆積物の試料も測定された。しかしこれらの測定で標本の大まかな古さは確認できるものの、正確な年代が得られたわけではなく精度はきわめて低い。またすべての年代測定法で得られた全データと層序《そうじょ》断面（層序とは地層の形成された順序のこと。一般には古い地層ほど下になる）を照らし合わせてみると、いくつかの年代測定値が層序からずれてしまう。つまり別々の地層が混じっていたか、いくつかの試料が汚染されていた可能性があり、正しく測定できていなかったかもしれないのだ。こうしたことから、この標本の古さについては疑問が投げかけられている。[13]

もうひとつ、広西チワン族自治区にあるルナ洞窟から2本の歯が発見され、中国に初期ヒト族が存在したことが示唆されている。[14] ヒト族の歯であることは確かで、論文の著者はネアンデルタール人ではなく現生人類のものと考えている。しかし歯だけでそれがヒト族のどの種のものかを同定するのは難しい。この2本の歯が現生人類のものであるとすれば、それぞれ12万9000年前と7万年前と同定される地層の間から出土しているので、この地層年代にもとづけば、これまで考えられていたよりずっと昔に現生人類が中国に到着していた可能性がでてきた。しかしこの遺物は非常に古いので放射性炭素測定の限界を超えてしまい、直接年代測定することはできない。

もっと確固とした事例として、イングランドのケンツ洞窟で出土した現生人類の顎の一部がある。限外濾過と汚染除去の前処理をしてから年代測定され、4万5000年前（暦年BP）～4万1000年前（暦年BP）と判明した。レヴァントからイングランドに至る間に現生人類はまずユーラシアの中央部を通過したはずだ。この年代はヨーロッパの最初期のオーリニャック文化遺跡（現生人類の遺跡）の約4万2500年前（暦年BP）という年代とも非常によく符合する。

このケンツ洞窟の顎は、イタリアのグロッタ・デル・カヴァロで出土した2本の孤立した乳歯とほぼ同年代で、こちらの乳歯はそれぞれ4万5000年前（暦年BP）と4万3000年前（暦年BP）と測定されている。[15] ここで重要なのはグロッタ・デル・カヴァロの歯が、最近までネアンデルタール人のものとされていたウルッツァ文化という過渡的な石器インダストリーと関連していることとだ。再年代測定によって、このグロッタ・デル・カヴァロの歯が実は現生人類に由来するものとわかり、ウルツァ文化とネアンデルタール人とのつながりは否定された。さらにイタリアでネアンデルタール人と現生人類が共存していた期間はおそらく3000年であることも明らかにされた。

4番目に、直接年代測定されたヒト族の化石のなかでもとくに重要な事例が、ルーマニアにある約4万6000年前のペシュテラ・ク・ワセ(骨のある洞窟の意味)の遺跡から出土した顎の骨だ。石器は伴っていないが、この遺跡が3万9300年前のカンパニアン・イグニンブライト(CI)火山灰層より下(より古い)の地層から発掘されていることから、遺跡の古さについては概ね立証されている。(16)

ヒト族の出現に関する(現在までのところ)最後の証拠は、オーストラリアでの現生人類の移住に由来する。前にも述べたように、5万年前~4万5000年前に初期現生人類が到着するまでオーストラリアにヒト族の種は生息していなかった。したがってオーストラリアの石器や炉、その他の考古学的証拠は、ユーラシアのものより現生人類存在の目安として信頼できる。デヴィルズ・レア、レイク・ムンゴ、ナウォルラといった遺跡は4万8000年前~4万4000年前のものだ。現生人類がほぼ5万年前に到着したとすれば、これは旧来どおりの推定だが、彼らはユーラシアを通ってオーストラリアに到達したはずだ。しかしこの頃のオーストラリアとアジア本土は陸続きではなく、近いところでも80キロに及ぶ海が広がり、この海を渡らなければオーストラリアには到達できない。オーストラリアの多くの研究者によれば、当時の現生人類がオーストラリアへ到着できたということは、彼らが船と豊富な航海知識をもち、優れた技術があったことを示唆している。これほど進歩し、現代的な人々であれば、ハンターとしてもネアンデルタール人より優れていたのではないだろうか？　そう考えるのは思い上がりの戯れ言にすぎないだろうか？

しかし大きな疑問がまだ残されている。ネアンデルタール人の絶滅は現生人類の侵入が原因だったのか、あるいは主要原因は気候変動だったのだろうか？

第5章　仮説を検証する

仮説が優れているとは、実際のデータによる検証に耐えうるという意味でしかない。これは科学においてはほぼ自明なことだ。アイデアがいかに刺激的で、直感的に魅力的で公正だとしても、そのアイデアが実際に正しいのかどうか判断できるデータが得られなければたいした意味はない。科学における苦労の半分は、仮説から新たに予測できることを見出し、その予測が正しいか間違いかを決定できる方法を構成することにある。古人類学のような歴史に関わる科学では実験ができないため、データによる検証は困難になる。録画したお気に入りの映画のように進化史を再生することはできないし、変数がわずかに変化しただけで同じストーリーの再現は不可能になる。

ネアンデルタール人絶滅の有力候補となる説には現在のところふたつある。ひとつは、絶滅が起きたMIS3ステージに気候が不安化して変動し、ネアンデルタール人を絶滅に追いやったとする説だ。この気候変動仮説の最も重要な支持者のひとりがクライヴ・フィンレイソンだ。フィンレイソンは、西ヨーロッパにおける植生の種類と動物の生態系の時間的推移がわかる「生息地マップ」

の集成に尽力した。フィンレイソンらの主張は、ネアンデルタール人と現生人類が大まかな地域を共有していたとしても、まったく同じ場所、同じ時代に共存したことを証明するのはきわめて難しく、その直接的な証拠は存在しないというものだ。フィンレイソンによれば、ネアンデルタール人も現生人類も気候変動に伴って生息地の地理的範囲を広げたり狭めたりしてきた。それは「勢力バランスの変化のようなもの」で「ある種の半恒久的な地理的共存」だとフィンレイソンはいう(1)。現生人類がユーラシアの平原に到着したとき、ネアンデルタール人はその地域で絶滅していないまでも、すでに稀少な存在になっていたとすれば、絶滅に対する現生人類の影響は現実的意味がなくなる。ネアンデルタール人が地中海沿岸の地域へ後退し、その生息地も縮小し続け、そこから中央および北方地域に再び入植することがなくなれば、現生人類にとっては地理的障壁がないうえ、勢力拡大の障害となる競争者も存在しない。

こうした「動的な共存」は生息地の環境収容力に依存することをフィンレイソンは強調する。「環境収容力」というのは生態学の用語で、特定の生息地が支え続けられる生物の個体数を意味する。便利な概念だが、正確な測定や推定は難しい。フィンレイソンは、ユーラシアの生態系はこの環境収容力の点から完全に「満員」の状態ではなかったという。哺乳類の生息数は限界ぎりぎりではなく、新たな種も維持できたはずで、ネアンデルタール人と現生人類は互いに直接的な競争関係にはなかったというのである。フィンレイソンは彼らの生活様式は互いに補い合う適応関係があったと考えている。ネアンデルタール人は待ち伏せ猟をする捕食者であり、獲物に近づくときには低木や背の高い草を隠れ蓑として使い、手で持って使う狩猟具で仕留められる距離まで接近したとフィンレイソンは考えている。こうした猟法の解釈が正しければ、ネアンデルタール人が大型の獲物を仕留めていたことは感動的ともいえる。一方で現生人類は長距離狩猟具、つまり投擲狩猟具を持ち、生息地として開けた大草原やツンドラを好んだ。このふたつの仮説は、考古学的、解剖学的証拠によって裏付けられている。

「種間競争は、現存する野生個体群で実証することは非常に難しい現象」だとフィンレイソンは述べ、「ネアンデルタール人と現代人［ママ］が競争関係にあったかどうかを知るのは実質的には不可能だ」とも付け加えている。[2] MIS3での生息地と生態系を注意深くモザイク状に再構築した生息地マップから、フィンレイソンは「絶滅のパターンが生物気候帯と関係していることから、気候による影響が主因であることが強く示唆される」と考えている。[3] ネアンデルタール人が絶滅した原因を究明しようとする場合、おそらくカンパニアン・イグニンブライトとも関係する約4万年前に生じた気候変動をはじめ、この時期に世界の気候が何度も波動を繰り返していた証拠が豊富に存在することを無視するのは確かにばかげているだろう。しかしこうした過酷な気候の波動は何度も起きていて、それでもネアンデルタール人は絶滅しなかったのである。何十万年も生存してきた種が異常寒波ごときで絶滅などするだろうか?

気候変動による絶滅は、競争による絶滅と同様に複雑なテーマだ。ニューヨーク州立大学ストーニー・ブルック校の生態学者アビゲイル・カヒルとその同僚は次のように論じている。「わたしたちの目的は気候変動による絶滅でなにが直接の原因になったのかを知ることにある。しかし、まずはこうした絶滅が現在も生じていることを立証しておかなければならない。ところが世界規模の種の絶滅で気候変動が原因と考えられているのはほとんどないのである。たとえば国際自然保護連合（IUCN）が……全面的にであれ部分的にであれ気候変動による可能性があるとしているのは、864の絶滅種のうち20種だけで……しかもそれらの絶滅を気候変動と結びつける証拠はたいてい非常に稀薄だ」[4]〔カヒルのグループが調査したのは人為的な気候変動と絶滅の関係〕。気候変動が実際にはどのように絶滅を引き起こすのかについてのこの研究は、気候変動説の微妙な点をあぶり出した。IUCNによって気候変動と関係するとされた20の絶滅のうち、哺乳類は島に棲む齧歯類である小スワン島フチア（*Geocapromys thoracatus*）だけだ。つまり今日では気候変動が原因となる哺乳動物の絶滅はほとんど見られないわけだが、だからといって気候変動がネアンデルタール人の絶滅にまったく無関係だったわけではない。

カヒルのグループは地域的な絶滅と気候変動に着目した136件の研究を再検討し、生理学的に決まる温度耐性のぎりぎりに位置する動物個体群が、絶滅に対して著しく脆弱かどうかを調べた。地域的な絶滅と人為的な気候変動を結びつけた研究はわずか7件。そのうち哺乳類に関するものは2件のみで、アメリカナキウサギ（学名 *Ochotoma princeps*）は高温と低温に弱いことで地域的に絶滅し、ビッグホーン（学名 *Ovis canadensis*）は、降雨の減少とそれに続く生息域の植生（食物）の変化が地域的な絶滅の原因とされている。その他に気候が原因で絶滅した生物としては魚類やプラナリア、チョウ、トカゲなどがあげられているが、ネアンデルタール人の絶滅を類推するには適切な事例ではないだろう。

自然によるいっそう大きな気候変化でさえ、絶滅の原因として一般的ではなかった。カヒルらが再検討した136件の研究のうちエルニーニョ南方振動として知られる自然な気候変化と関連づけられた絶滅はわずか4例だ。これらの研究が取り上げているのはチョウチョウウオやセイブヒキガエル（学名 *Bufo boreas*）、サンゴ、ボルネオのイチジクコバチで、またしてもヒト族とは似ても似つかない生物だ。このようにみてくると、ネアンデルタール人の絶滅は気候変動が原因と主張するのは、侵入生物が原因だとするのと同じように難しそうだ。しかし双方が原因とする証拠なら存在する。

ネアンデルタール人が絶滅したのは愚かだったからではないし、不器用だったからでも、現生人類より劣ったところがあったからでもない、とフィンレイソンは断固主張する。論文のひとつで彼は次のように述べている。「よく耳にする説は、新たに到着した優れた現代人［ママ］がネアンデルタール人絶滅の原因となったというものだ。この説の根拠となるのは、現代人のヨーロッパ到着とネアンデルタール人絶滅時期の外見上の関連性だけだ」(5)。しかし、この年代的な一致は重要で、後で示すように、ネアンデルタール人の絶滅において現生人類の存在を示唆する唯一の証拠となる。

確かにフィンレイソンの主張はもっともで、ネアンデルタール人は最初に化石が発見されたときから蔑んでみられ、高度な思考や行動のできない野蛮な原始人と類型化されがちだった(6)。しかし最近になって、知性的な現代性を示すと長いあいだ考えられていた行動の多くが、ネアンデルタール人も行っていたことが明らかにされた。ネアンデルタール人もオーカー（黄土《おうど》）などの顔料を利用したり装身具を着用したりしていたのである。これらはおそらく部族や家族あるいは集団の構成員のしるしだったのだろう。また海産資源や鳥類も利用していた。かつてはこうした行動はすべて、現生人類だけの特徴と考えられていた。

アリゾナ州立大学のカーティス・マリアンは延々と続くリストで現生人類の行動を定義することに疑問を持ち、そうした方法は単純化しすぎたものと考えた。マリアンは、現生人類を現代的にしているのは独特な行動や行動リストではなく、全体的な自由度と対処能力だという。マリアンは現生人類とネアンデルタール人の違いについて自らの見解を次のように述べている。「ネアンデルタール人にはネアンデルタール人独自のやり方があって、解剖学的現代人との競争がないかぎり、非常に優れたやり方だった」。ヨーロッパに侵入した現生人類が遭遇したのは、かつて進化してきたアフリカとは異なる生態系だった。しかし彼らはそんな新たな生態系にもうまく侵入することができた。気候が変動してネアンデルタール人と競争する場面が増えると、現生人類のほうがそうした変化に適応する能力と、行動の自由度があったのではないだろうか。「決定的な違いは、ネアンデルタール人が現生人類とくらべて認知的に進歩していなかったことだけだ」とマリアンは推論する。現在マリアンは、初期現生人類が組織的に海産資源を採取するようになったことで社会性、つまり強い仲間意識や集団への帰属意識が育まれたとするアイデアに取り組んでいて、こうした集団への帰属意識が、ネアンデルタール人には欠けていた利他的行動と協働、そしてコミュニケーションの向上を生み出したと考えている(7)。

こうした主張はネアンデルタール人に対する中傷だろうか、それともまさに事実なのだろうか？

気候変動ではネアンデルタール人の絶滅を説明しきれないとすれば、現生人類とネアンデルタール人の間に競争があったことを示せるのだろうか？　またこの文脈で競争とは正確には何を意味するのだろうか？

「競争」を理解する手掛かりは、ふたつの種が必要とする資源が共通しかつ有限であれば、両種の必要は満たせなくなる点にある。この手掛かりとなる考え方はしばしば「競争的排除に関するガウゼの法則」と呼ばれる。この法則から予測されるのは、長期的にはひとつの種が競争相手の種を追い払い絶滅させるということだ。しかし競争には資源そのものだけでなくその利用の仕方も関係する。[8] 種間競争の古典的概念はもともと統計学者アルフレッド・ロトカが1910年に開発し、1926年にイタリアの数学者ヴィタ・ヴォルテッラが詳しく論じ、その後1960年にロシアの生態学者ゲオルギー・ガウゼが再定式化した。[9] どちらの種が「勝者」となるかを予測するために、両種の個体数規模、生態系の環境収容力、個体数の成長速度、競争の持続時間、両種の競争の程度を加味した連立方程式として種間競争を定式化した。モデルを非常に単純化するため、ロトカとヴォルテッラは両種が共存するか否かに影響を与えると思われる因子を相当少なく絞りこんでいる。ふたりが注目したのは、資源が限定され、侵入事象が一度だけのゼロサム・ゲームだった。このモデルの根拠となる実験は原生動物である2種のゾウリムシを水槽に入れて行われた。ロトカ・ヴォルテッラの方程式は複雑な現実を単純化し明確にした。彼らが示したのは、ふたつの非常に似通った種が共存する唯一の環境は、一方の種の構成メンバー内での競争が2種間の競争より大きな影響を及ぼす場合に限られることだった。その他の場合には競争的排除が起きた。

しかし、生態学者であるデューク大学のジョン・ターボロー、フロリダ大学のロバート・ホルト、カリフォルニア大学サンタクルス校のジェームズ・エスティーズは次のように述べている。「いくら非現実的な理論家だとしても、ロトカ・ヴォルテッラのモデルが文字通り実際の生態系の豊富な振る舞いのすべてを記述していると考える生態学者はいない」[10]。クライヴ・フィンレイソンが述べているように古生物学的記録から競争を証明するのは難しいが、競争とその過酷さにはそれらを示す指標があり、それを見出すことができる。最も明瞭で容易に調査できる競争形態のひとつが食物をめぐる競争だ。それは「わたしのトマトをとるな」的な個体レベルの日常的競争ではなく、生物学的に種のほぼすべてに関わる競争である。

食物を獲得する方法はその摂食に影響するだけでなく、望ましい生息地や世界を移動する方法、繁殖パターンにも影響し、さらに毎年の出産数、繁殖期、養育方法などにも影響する。果樹のようにまとまって大量に分布している食物は、社会的な種が利用する傾向がある。というのも、こうした食物なら社会的集団にいつでも十分な量が得られるからだ。マリアンは、ひとつの集団を賄えるほど豊富に存在し、社会的相互作用を高める食物のカテゴリーに貝類も含める。社会性が獲得されると、今度は捕食者の脅威に対する安全性が高くなる。稀少な食物や少量の単位でしか得られない食物を食べる動物は孤立しやすい。

種の行動に影響するもうひとつの重要な属性は、種内での繁殖、成長、発達と関係する。生態学者はよく生物を極端に異なるふたつのタイプに区別する。ひとつのタイプは出産間隔が長くゆっくりと繁殖し、一度に生まれる子の数も少なく、未熟なまま誕生するため、親による手厚い世話が欠かせない。これがいわゆるK戦略種というタイプで、この名称は環境収容力を示す数式記号Kにちなんでいる。K戦略種にとっては誕生時から「学習」が重要になる。子供は大人と同じように振る舞えるようになって外部世界に出るまで、長期間保護された場所で生活し成長する。肉食動物や類人猿にもしばしばK戦略種が存在し、資源に制約がある場合K戦略種は強力な競争相手となる。

もう一方の極端なタイプがr戦略種だ。こちらは個体数の成長速度の記号rにちなんだ名称だ。r戦略種は多くの子を産み急速に繁殖し、子供は大人と同じように動き、食べ、コミュニケーションをとり、行動する。[11] 良い例がヌーで、誕生後数分で走りだし、乳を飲むようになる。ネアンデルタール人は現生人類より成熟が早かったことについては十分な証拠があるが、どちらもK戦略種で、親が子をしっかり面倒を見なければならず、ひとりの子供を熱心に世話した。[12] したがって基本戦略レベルでは、ネアンデルタール人と初期現生人類はまったく同じタイプだったのである。

食物の獲得は、他の種との関係を友好的にするか危険なものにするかに大きく影響し、また気候や生息地、あるいは降雨などの予測できない気候の変化を耐えしのぐ能力にも影響する。多くの生物にとって主な食物となる資源の種類は少なく、その食物が不足したり不作だった場合の救荒食物も限られていた。生態学者の間では主要な食物あるいは救荒食物が種の解剖学と行動に影響を及ぼす可能性についても議論されている。

よく「食べ物が人をつくる」といわれるが、実はこのわかりきった言い回しは生物学の核心部に思ったよりずっと深く浸透している。ネアンデルタール人の絶滅と現生人類の生存を理解するには、彼らのメニューの内容を調べておく必要がある。

第6章　食物をめぐる競走

食物をめぐる競争は生態系内で最も基本的で強力に作用する力のひとつだ。侵入生物学の開祖チャールズ・エルトンは、生態系の基本的組織形態を「生態系ピラミッド」（ecological pyramid）あるいは「栄養ピラミッド」（trophic pyramid）としてとらえている。

生態系ピラミッドの底辺にあたる最も基本的階層に位置するのは、陸上生態系に太陽光として入射するエネルギーを基本的な「食物」としている一次生産者、植物だ。一次生産者である植物は豊富に存在し、ひとつの種にも多くの個体が存在する。一次生産者にとって太陽光、水、空間の利用が主な制約となる。

生態系ピラミッドのひとつ上の階層は「一次消費者」が占めている。それは草食動物で、さらにグレイザー（草を食べる種）、ブラウザー（木の葉を食べる種）、果実食種に分類される場合もある。一次消費者に属する種は、一次生産者である植物を消費する。食物が枯渇しないよう植物を再生させるには、一次消費者の個体数は一次生産者よりずっと少なくなければならない。実際、太陽光から生態系に流入するエネルギーのおよそ90パーセントは植物の生産に利用され、一次消費者が利用できるのはそのうちわずか10パーセントにすぎない。

ほとんどの生態系の頂上、生態系ピラミッドの第3番目の階層に位置するのは、さらに稀少な生物の「二次消費者」だ。食虫動物や肉食動物である。哺乳類ではライオン、ハイエナ、ジャガー、オオカミなどの肉食動物がこの階層を占め、一次消費者を摂食する。ここでも二次消費者が利用できるエネルギーは、直下の階層である一次消費者が獲得したエネルギーのわずか10パーセントにすぎない。さらに二次消費者である肉食動物を、体重が15キロ以上の大型肉食動物と、それより小型で昆虫やキノコ、植物、果実などの肉以外の食物が60パーセントまで占めるような摂食行動をとる半肉食動物（mesocarnivores）に分類する場合もある。[1] ハイエナは典型的な半肉食動物だ。

ふたつの種間の競争を実証するために、生物学者はまずそれらの栄養段階（生態系ピラミッドの階層）を調べる。食物の獲得は生涯続く行動であるだけでなく、その要求は種全体にも大きく影響する。1904年、カリフォルニア大学バークレー校の脊椎動物学博物館の初代館長でナチュラリストのジョゼフ・グリンネルは次のように述べている。「すべての動物は幾何級数的に増加し、その増加を抑制できるのは食物供給の限界だけだ。複数の種が同じ地域で共存するには、食物を別のものに変えたり獲得方法を変えたりして適応するしかない。ほぼ同じ摂食習慣をもつふたつの種が、同じ地域で長期にわたり十分バランスの取れた個体数を維持することは難しい。必ず一方の種が他方を閉め出すことになる」。[2] 生態学者はよく「同じギルドに属するふたつの種は競争する」といった言い回しをする（レンガ工や織工など中世の商業組織にちなんでギルドと呼んでいる）。別のギルドである織工とレンガ工の間では競争はしないが、同じギルド内の他者とは競争が生じる。化石記録の観点からすると、大型捕食者のギルドや、その獲物にあたるグレイザーのギルド、あるいはブラウザーのギルドということになるだろう。

哺乳類は多くの場合、あるギルド内つまり同じ摂食習性のあるグループのメンバーは、たいてい解剖学的に推定できる。捕食者には強靱な歯と顎があり、切り裂くための鋭い歯が並んでいることが多い。オオカミのように高速で獲物を追いかける種もあれば、ライオンや剣歯虎（サーベルタイガー）のように獲物に近づいて襲いかかる種もある。身体各部の解剖学的な類似性から、絶滅した種がイエネコのようなネコ科動物なのか（あるいはそうではないのか）、イヌ科動物なのか、ブチハイエナのようなハイエナ科動物なのか、ハイイログマのようなクマ科動物なのか、それともクズリのようなイタチ科動物なのかは、普通なら疑う余地なくはっきりとわかる。これらは標準的な動物学分類でネコ目に属する科の動物で、一般には肉食動物と呼ばれている。肉食動物の食餌についてさらに詳しく知るには、体型の大きささやさまざまな歯の大きさや形状、四肢の適応形態といった特徴から推定できる[3]。

現生人類は霊長目に属し、切り裂く歯や強力な顎、強靱な四肢もない非肉食動物で感覚能力も低いが、行動的には間違いなく捕食動物である。捕食動物としてのホモ・サピエンスの能力は道具を作りそれを駆使する能力にかかっていて、肉食動物ならば顎や感覚能力、脚、歯、爪を使う場面で、人間は道具を使う。道具の利用はホモ・サピエンスが進化するずっと以前から始まり、ヒト属の系統の基本的特徴となった。わたしたちの系統とわたしたちに近い多くの種は、最初にはっきり石器とわかる道具が登場したときから捕食動物だったことは豊富な証拠から明らかにされている。ネアンデルタール人と現生人類が道具を作り利用していた考古学的記録は豊富に存在する。丹念に加工され使用された何十万という石器、カットマークが残され、細心の注意を払って割られ、ときには焼かれた何十万という獲物の骨の化石から、ネアンデルタール人も現生人類も道具作りの達人で、大型の獲物も倒せる狩猟技術があったことがわかる(4)。

さまざまな遺跡に保存されている動物化石の分析から、ネアンデルタール人と現生人類の食事に含まれる動物食の割合が本質的に同等であることがわかっていて、とくにノウマ、アカシカ、トナカイ、そしてオーロックスやバイソンなどの野生のウシの仲間に大きく依存していた。これらすべての動物が現生人類によってフランスのラスコー洞窟やショーヴェ洞窟、スペインのアルタミラ洞窟などに洗練された洞窟壁画として描かれたのは、ネアンデルタール人が絶滅してからずっと後のことだった。いくつかの遺跡で化石化した骨を分析してみると、同一地域でネアンデルタール人が仕留めた動物と現生人類が仕留めた動物の間に統計的に有意な差は見られなかった(5)。つまり明らかにどちらのヒト族も生息地で豊富に得られる獲物を食べていたのである。彼らは地理的領域を共有しつつ、やはり同じ領域にいた獲物も共通で、その獲物をめぐって競争もあったのである(6)。

では植物性の食物についてはどうだろう？　化石化した植物は動物の化石とくらべて圧倒的に少ない。葉や果実、種子でさえ、良い保存状態で出土する環境はまれにしかない。しかし幸いなことに、食事に含まれる植物資源と動物資源の割合が、ヒト族の骨に含まれる安定同位体の構成比率から算出できるのである。個体が食べる食物を構成する原子が骨と歯に取り込まれるからだ。炭素と窒素はすべての生物に存在し、各元素の質量の異なる同位体がこの目的に非常に役立つ。骨から分析できる炭素12と炭素13の比率（炭素安定同位体比率）、そして窒素14と窒素15の比率（窒素安定同位体比率）を利用してグレイザーとブラウザーを分離でき、一次消費者と二次消費者の区別もできる。水界生態系では珪藻などのプランクトン類が、陸上生態系の植物に対応する一次生産者の役割を担っている。

安定同位体比率は遺跡ごとに測定、分析しなければならない。土壌化学や降雨など地域に依存する因子がヒト族あるいはその他の動物の骨の分析結果に影響するからだ。標準的な調査では、ヒト族と同じ遺跡から出土し、現存の動物からその摂食内容がわかっている種、たとえばブラウザーならヘラジカ、肉食動物ならオオカミの化石に含まれる同位体を分析する。そして現存動物の安定同位体比率との比較結果を基準にして、各個別の生態系、土壌タイプ、地域によって骨に取り込まれる同位体に生じる差異を較正《こうせい》するのである。

マックスプランク進化人類学研究所のマイケル・リチャーズとセントルイスにあるワシントン大学のネアンデルタール専門家エリク・トリンカウスが、ネアンデルタール人に関する13件の同位体分析と、それと概ね比較可能な14件の現生人類に関する同位体分析の結果をまとめている。(7) ネアンデルタール人の分析結果についてはきわめて一貫した結果が得られた。異なる研究者チームによって行われた約12万年前から3万7000年前（未較正）という古代の成人ネアンデルタール人の分析結果は、まったく同じだった。ネアンデルタール人の食事に含まれるタンパク質は主に大型陸上哺乳類のもので、遺跡付近に生息していたノウマやアメリカアカシカ、トナカイそしてオーロックスなどだった。炭素と窒素の同位体比の値は同地域の肉食動物の頂点に位置するホラアナライオン、オオカミそしてハイエナと非常によく似ていた。また同位体分析からは、ネアンデルタール人が海洋性の食物を多く食べていた証拠は得られていない。ネアンデルタール人は、個体数が減少した期間も含め、その長い生存期間中非常に安定した食習慣を維持し、自らが位置する栄養段階に適応していた。

ヨーロッパの初期現生人類の14件の調査についても、炭素と窒素両方の同位体比について報告しているのは10件だけだった。しかしそれらのすべてがネアンデルタール人と比較できたわけではない。唯一ルーマニアのペシュテラ・ク・ワセ遺跡の報告だけが直接年代測定が行われ、約4万3000年前（BP・未較正）と分析され、ネアンデルタール人と共存していた期間にあたっていた。他の標本はネアンデルタール人が地域的に絶滅した後か、もっと時代が下って世界的に絶滅した後の現生人類に関するものだった。

現生人類の同位体分析から、現生人類もやはり大型陸上動物を食べていたことがわかるが、食物の内容はネアンデルタール人よりずっと多彩だった。ペシュテラ・ク・ワセの現生人類が頂点捕食者であったことは確かで、この遺骸の同位体比測定値から、主にアカシカを食べていたオオカミ、そしてハイエナと食物をめぐって競争していたことがわかる。またとくにペシュテラ・ク・ワセ、イタリアのアレーネ・カンディーデIP、フランスのラ・ロシェットIの3つの遺跡での同位体分析からは、魚類などの水生資源への依存も見られた。出土獣骨の分析から、現生人類は小動物や軟体動物など、ネアンデルタール人より幅広い獲物を採取していたことも示されている。(8) 現生人類が摂取していた食物の幅の広さが優れた知性を意味するのか、また人口圧あるいは単に技術的な相違を反映しているのか、いずれにせよ現生人類とネアンデルタール人はタンパク質が豊富な食事をとる頂点捕食者だったのである。

2006年にはチュービンゲン大学のエルヴェ・ボシャランとドロティ・ドルッケアが、現生人類とネアンデルタール人の摂食に関して当時得られた同位体情報を要約している。ふたりもネアンデルタール人と現生人類は非常によく似た食事をとっていたとし「主に草原の草食動物のタンパク質に依存していた。両種が共存する地域では、食物をめぐり直接競争する状況にあっただろう」と結論している。[9] 実際、ボシャランらはネアンデルタール人の食事は栄養面で硬直的、つまり多様性に欠けると検出され、「ネアンデルタール人について得られた同位体データによれば、森林環境で生活している個体であっても草原環境で生活している個体であっても、ネアンデルタール人の食事に変化はなく、草原環境に生息する草食動物を基盤にした摂食パターンを森林環境のもとでも続けていた」と述べている。[10] 当時ヒト族と共存していたホラアナグマやハイイログマはずっと雑食的だったが、ネアンデルタール人と現生人類はそうではなかった。しかしボシャランはもう少し新しいレビュー論文で、地域を超えて時間的にも空間的にも幅広くネアンデルタール人の食事内容を分析するには難しい点があることも明らかにしている。[11]

またボシャランは西フランスの遺跡群とベルギーのふたつの遺跡から得られた同位体分析の結果を総合している。MIS3ステージにはどちらの領域にも寒冷気候に適応した「マンモスステップ動物相」と呼ばれる哺乳類集団が生息していた［マンモスステップとはステップツンドラともいう寒冷草原地帯のこと」。この動物相にはマンモスやケブカサイ、ヘラジカ、ウマ、トナカイそして大型のオーロックスやバイソン（ここでは集合的にウシ科の仲間）が含まれていた。マンモスとウシ科動物は明らかに草原の草を食べていて、窒素安定同位体比の値が比較的大きく、炭素同位体比はマイナスの値になる。ウマは開放的な草原の植物と閉鎖的な森林の植物を食べていたことがわかる。またトナカイは寒冷な草原が生息地でウマやバイソン、シカとは異なる植物を食べた。トナカイは地衣類を多く摂食し、その結果炭素安定同位体比の値が大きく、窒素安定同位体比は比較的小さい正値が得られた。

西フランスとベルギーの同じ遺跡群から出土したネアンデルタール人とハイエナの骨の安定同位体比を比較すると、ネアンデルタール人がマンモスとケブカサイを非常に多く利用していたのにくらべ、ハイエナは主にトナカイを食べていたことがわかった。このことからボシャランはネアンデルタール人がマンモスとケブカサイの狩猟をしていたに違いないと論じ、ネアンデルタール人が自然死したこれらの哺乳類の死肉をあさっていたとすれば、ハイエナにも人間と同等かそれ以上にマンモスの肉を得るチャンスがあったはずだと自説を根拠づけている。ボシャランはまた、ハイエナなどの肉食動物は獲物の狙いを小型草食動物に変えることでネアンデルタール人との競争に対処し、その結果、ネアンデルタール人はマンモスやケブカサイなどの巨大草食動物を狩猟することができたのではないかとも述べている。

同位体比データを総合したさらに最近の論文でも、地中海大学国立科学研究所のヴィルジニ・ファーブルとシルヴァナ・コンデミ、そしてヨーロッパ・アフリカ先史時代地中海研究所のアンナ・

デジョアンニとエステル・エルゼアのフランス人同僚研究者4人がボシャランと同様の結論に至っている。それまでの研究者が示したように、4人の研究でもネアンデルタール人の食事内容は、気候や生態系の揺らぎがあっても長期にわたり一貫して肉が大半を占めていたことが示され、おそらくネアンデルタール人の摂食スタイルには柔軟性がなく、健康にもよくなかった可能性が高い（「強い安定性のある栄養段階適応」といっていいだろう）[12]。

2012年、ヴァレンシア大学の大学院生だったD・C・サラザール＝ガルシアは、スペインのネアンデルタール人遺跡から出土した4つのヒト族化石の同位体比を分析していた。サラザール＝ガルシアが注目したのはMIS3ステージの遺跡の一部で、中央ヨーロッパや西部ヨーロッパなど他の研究者が行った地域よりもずっと温暖な地域だ。温暖なイベリア半島の気候下ではさまざまな種子やドングリ、ワイルドベリー、野生オリーブなどが食物として利用できたため、サラザール＝ガルシアは、イベリア半島南部では寒冷地帯の遺跡より植物や海洋性の食物にかなり依存していたのではないかと仮説を立てた。その証拠が見つかれば、ネアンデルタール人が温暖な気候を求めて南方へ後退した説を補強できる。ところがサラザール＝ガルシアの報告によれば、同位体比分析にもとづいて食事を再現してみると、他の地域の結果とそっくりで、大型から中型の陸上の獲物に大きく依存し、植物や小型の獲物を頻繁に食べていた形跡はみられなかった[13]。北方の遺跡でみられるのと同じ栄養安定性、いや硬直性がスペインの遺跡でも確認されたのである。ネアンデルタール人の歯石や石器の刃を調べてみると、いくらか植物を処理したり消費した痕跡はあったものの、同位体比分析からはそうした証拠は得られず、ネアンデルタール人は植物はほとんど食べていなかったと考えられる。

サラザール＝ガルシアの同位体分析は、クリス・ストリンガーとクライヴ・フィンレイソンによるヴァンガード洞窟とジブラルタルのゴーラム洞窟の化石生成論にもとづく分析と獣骨群の分析にもとづいた結果と矛盾した(14)。この矛盾から、わたしはオリジナル論文を再度読み直さざるをえなくなったのだが、それらのうち1本については、わたしが解説を書いたこともあって十分理解していたつもりだった(15)。そこで問題のオリジナル論文で報告されていた重要な情報を、当時わたしが十分注意を払っていなかった点も含めてまとめておこうと思う。

ヴァンガード洞窟ではバンドウイルカやマイルカ、魚類、モンクアザラシ（ふたつの骨にはカットマークがあった）、そして149点の貝殻の化石が発掘され、同時にいくつかの炉とムスティリアン石器も出土している。しかしネアンデルタール人の骨はなかった。ひょっとすると、ネアンデルタール人の遺跡で海産資源が利用されていることを発掘者はあまり想定していなかったので、9点の海獣の骨と149点の貝殻が見つかったことが、陸上哺乳類の化石よりはるかに重要だと思えたのかもしれない。ただし、海獣の化石があったとはいってもちらほら散在していたというだけで、骨化石標本の数は陸上哺乳類のわずか4パーセントにすぎず、陸上哺乳類の化石のうち86パーセントが草食動物で10パーセントが肉食動物だった。陸上動物の骨化石の大半はネアンデルタール人が一般的に獲物にしていたイベリア半島のノヤギ（学名 *Capra aegagrus*）、アイベックス（学名 *Capra ibex*）の標本で（121標本）、陸上動物の骨の組み合わせのなかで圧倒的に数が多い。

149点の貝殻の化石は単一の地層の12平方メートルの範囲に密集し、炉、石器を剥離した後の細片、ムスティリアン石器とともに出土している。この貝殻のほとんどがムラサキイガイ（学名 *Mytilus galloprovincialis*）で、おそらく付近の河口部に生息していたのだろう。しかし貝類を頻繁に組織的に採取していた後の遺跡とくらべると、発掘の規模の割にはムラサキイガイの数は少ない。つまり、ヴァンガード洞窟の化石が示唆していたのは、海産資源を頻繁かつ組織的に利用していたのではなく、たまに採取していただけだったということで、この点についてわたしは解説を書いてかなり後になるまではっきり認識できていなかった。[16]

文字通りヴァンガード洞窟の目と鼻の先にあるゴーラム遺跡の分析はヴァンガード洞窟のデータと合わせて発表された。ここでもわたしは、この分析の重要な部分を見落としていた。ゴーラム洞窟は、ヴァンガード洞窟のようにヒト族の遺骸は存在せず、あったのは石器と動物の化石だった。ゴーラム洞窟の２２６点件の哺乳類標本はムスティエ文化層のものと同定されることになるのだが、そのうち1個の骨化石だけが（０・１パーセント以下）アザラシのもので、その他はすべて陸上哺乳類のものだった。最も多く出土した哺乳類はウサギ科の動物で、アナウサギが１４０標本で動物骨の62パーセントを占める。ゴーラム洞窟内のオーリニャック文化層、つまり現生人類が出土する層で同定された標本は１０２６点。そのうちなんと７２３標本（70パーセント）がアナウサギで、１３９標本（14パーセント）がヤギ、そして1標本がアザラシだ。著者も述べているように、ネアンデルタール人が出土する層と現生人類が出土する層に見られる動物化石に大きな違いはなく、わたしも当然気がつくべきだったのだが、どちらも陸上動物に強く依存していたのである。著者らは古人類学者の傑出したグループではあるが、「ネアンデルタール人が海産資源を組織的に繰り返し利用していたことがこの遺跡によって実証された」と主張している。いまのわたしにはもう、同グループの結論が豊富な証拠で裏付けられているという主張には同意できない。海産資源の利用は陸上資源にくらべて非常に少なかったからである。

ジブラルタルの洞窟から得られた結論でもうひとつわたしが見過ごしていた点がある。お恥ずかしい話なのだが、わたしの専門に関係するもので、骨化石に残されたカットマークなどのヒト族に起因する形状の変化が異常に多かったことだ。ヴァンガード洞窟の骨化石のほぼ半分にカットマークや人為的な痕跡が見られたのである。わたしがそれまで分析してきた骨の組み合わせで見られた割合とくらべてみれば、直感的に(約10倍ほど)大きすぎることがわかる。こうした痕跡が付いている骨の割合が多いということは、食べられる部分を最後の小片まで残さず手に入れるため、ことさら徹底して手が加えられていたことを示唆している。もちろん獲物を処理するときに、普通どのくらいカットマークがついたり陥没骨折が起きたりするかを評価するのは難しい。そういった数字は解体された動物によって、また肉を処理する者の技能や道具によっても変わるだろう。また、肉を徹底的にそぎ取るためだったのか、毛皮を剝ぐためなのか、あるいは別の目的で骨髄や骨を利用しようとしたのか、その目的によってもカットマークなどの数は変化するだろう(17)。

しかしこれほど人為的な痕跡が多く見られるのはかなり刺激的な発見であり、資源が減少しつつあるなかでヒト族の個体群が何とか食糧をやりくりしていたことを強く示唆している。最も決定的なのは、これらの洞窟でネアンデルタール人が海産資源を利用していたとする推論は他の遺跡の化石では確認されておらず、資源が類似していたであろう南イベリアの遺跡の同位体分析結果からも裏付けられていないということだ。

実際、食物を得るために大きな獲物を狙うのは危険で見通しの立たない戦略だが、ネアンデルタール人と初期の現生人類はそうした猟に多くを依存していた。アリゾナ大学のメアリー・スタイナーとスティーヴン・クーンは、さまざまな食物を獲得し処理するのに必要なコストと、それらから得られるカロリーと栄養素を比較した。ふたりは慎重に次のように論じている。「大型の狩猟動物は平均的な利益率は大きいが、主食とするには安定していない……［現在の］人間で考えてみれば、子供や妊婦、あるいは授乳中の女性が摂取するタンパク質と脂肪が日ごとに大きく変化すれば、肉食を中心とする集団にとっては繁殖能力の制約となるだろう。旧世界で中部旧石器時代の生活様式が長く存続したことは、これらの社会における成人女性の繁殖成功率〔出生した子供の数に対する、生殖可能年齢に達するまで生存できた子供の数の割合〕が高かったことを示している一方で、摂食が安定せず、しかも女性が狩猟作業にかり出され、常に狩猟現場のそばについている必要があったため女性の出産率は非常に低いままだった、とも言えるだろう。その結果、中部旧石器時代の個体群が大きな集団になることはめったになく、個体群が崩壊することもたびたびあった[18]」。スタイナーとクーンはユーラシア生態系での生存を左右したネアンデルタール人と現生人類の大きな違いは、ネアンデルタール人が食物供給の変化を平準化させる手段をほとんどもっていなかったのに対し、現生人類は平準化を実践していた点にあると述べている。見方を変えれば、ネアンデルタール人は現生人類にくらべて救荒食物の選択範囲が限定的だったということだ。

ゴーラム洞窟の分析では動物化石のなかで海産生物の利用を強調しすぎていたとはいえ、最近までこの洞窟は地中海気候においてネアンデルタール人が遅くまで（2万8000年前BPまで）生存していたことを示す最も良い証拠とされていた。もちろん洞窟の年代測定が正確であればという条件付きだ。しかしハイアムのチームによる最近の研究で、ゴーラム洞窟の骨化石に含まれるコラーゲンのレベルは少なすぎて、それでは信頼できる年代測定はできないことがわかった。ゴーラム洞窟やヴァンガード洞窟から新たな資料が得られれば、あるいはひょっとすると他の新たな遺跡の資料があれば、この地域がネアンデルタール人の最後の避難場所として利用されていたのかどうかがはっきりするかもしれない[19]。しかし現時点では、最新の技術で骨化石を正確に年代測定することができないため、年代測定によってこの解釈を支持することも否定することもできない。ここでも再び年代測定が重要な障害となっている。この点が解決されるまでは、ネアンデルタール人がめずらしく幅の広い食事をしていたことと、南部のネアンデルタール人が遅くまで生存していたという証拠が、正しいものかどうかを判断するのは難しい。食事の幅の広さが重要になるのは、栄養価は低くても容易に得られる獲物を食べられれば、大型動物など高栄養の食物供給が滞る事態をうまく凌ぐことができるからだ。

　では同位体分析を使えばネアンデルタール人と現生人類の摂食についてすべてが明らかになるだろうか？　答えはノーだ。考古学遺跡の植物性の食物がそうであるように、食事の成分のなかには検出できないものもあるだろう。確かに同位体分析の結果は、さまざまな遺跡で保存されていた多様な生物の骨化石にもとづいて理解されたこととたいていは一致するものだ。ところが、ネアンデルタール人の同位体分析で得られる数値からだと、動物の骨化石調査から結論されるより、ネアンデルタール人の食事は大型草食動物の割合が高かったことが示される。これはいわゆる「シュレップ効果」によるものだろう。重くてやっかいな物を運ぶことをイディッシュ語で「シュレッピング」(schlepping)と言うのだが、極端に大型の動物になると運搬するのが難しいため、狩猟民は大きな骨がついたままの肉を運んだり、巨大な獲物をそのまま集落や野営地まで運んだりするのではなく、手際よく解体処理してから運んだのだろう。大きな死体を搬送するのが面倒だというだけでなく、そもそも獲物を仕留めた現場(キルサイト)に残ることは危険であり、肉食動物の競争相手が現れればそんな悠長なことはしていられないからだ。賢いネアンデルタール人であれば、キルサイトで骨から肉をそぎ取り、肉だけを野営地に運んでいただろうから、動物の骨化石分析の結果と、ネアンデルタール人の同位体分析の結果に食い違いが生じたのである。

それでも、ネアンデルタール人が大型草食動物、あるいはもっと巨大なマンモスやケブカサイのような巨大動物を狩猟できる能力をもっていた証拠が、少なくともひとつの遺跡でみつかっている。ベルギーのスピー洞窟(最近の再年代測定で約3万6000年前〈BP未較正〉、較正年代にするとほぼ4万年前)からネアンデルタール人ふたりの成人と子供ひとりの骨が出土し、同時に多くのマンモスの歯や頭蓋、何体ものウマ、ハイエナ(2番目に多く出土した動物)、そしてわずかだがケブカサイ、大型のウシ科動物、トナカイなどの骨化石も発見された。またあまり見られないホラアナグマやホラアナライオン、オオカミの骨も出土している[20]。しかしその場ですべてのマンモスが殺されたとすると、出土したマンモスの骨化石には偏りがある。四肢の骨、脊椎、肋骨が見当たらないのだ。マンモスは文字通りマンモス(巨大)なのだから、キルサイトにはマンモスのすべての部位が残っていなければおかしい。ところがスピー洞窟ではマンモスの化石はほとんどすべて頭部のものなのだ。ベルギーの古生物学者ミーチェ・ジェルモンプレと彼女の同僚は、おそらく肉食に偏っていたヒト族のハンターは頭部だけを持ち帰り、脂質が豊富で消化しやすい脳を抽出して食べたのではないかと述べている。

さらに、仕留めたマンモスの年齢構成をみると、生きたマンモスの群れからランダムに個体を狙っていたとは考えにくい。スピー洞窟から出土したマンモスの詳しい年齢分布はわからないが、マンモスの年齢が推定できる臼歯56個のうちおよそ74パーセントが12歳以下の個体のものだった。しかもこれらの臼歯の少なくとも55パーセントは2歳以下の個体のもので、現存するアフリカゾウならまだ離乳前だ。このことは、意図的に若い個体を狙い、それが長年にわたって繰り返されていたことを示唆している。ユタ州立大学の野生生物生態学者チャールズ・E・ケイは次のように述べている。「捕食者は特定の獲物を捕獲するのが難しくなると、獲物としては質の劣る個体や若い個体を狩るようになり……複数の捕食者が同じ種を狩っていたとすると、最も手際の悪い捕食者は成獣をほとんど仕留められなくなる(21)」。

スピー洞窟では、オオカミやホラアナグマ、ホラアナライオンの骨化石が骨の組み合わせを形成していることから、これらの捕食者とネアンデルタール人の間で食物をめぐる競争が起きていた可能性が高い。実際これほど捕食者の骨化石がでるということは、証明されたわけではないものの、ギルド内競争があったことの証《あかし》である。だが、これほど若いマンモスの骨化石が大量に見つかるネアンデルタール人の遺跡は他にはまだ確認されていない。

ネアンデルタール人にとってマンモスは独占的な獲物でもなければ、日常的な獲物でもなかった。というのも、この長鼻目の動物を獲得するには現生人類と競争しなければならなかったからだ。現生人類は4万5000年前にユーラシアに到着したことで、長く持続してきたその生態系を揺るがしたが、約3万2000年前に第二の異常な変化が始まった。ネアンデルタール人の遺跡では決して見られなかったことだが、現生人類が異常ともいえるほど大量のマンモスを殺し、利用しはじめ、それがおよそ1万5000年前くらいまで続くのである。この頃はグラヴェット文化期にあたり、マンモスのキルサイトも多数存在し、遺跡によっては数頭から数百頭のマンモスの化石が出土する。ネアンデルタール人の個体群規模はほとんどの地域で大きく減少し、最悪の場合個体群によってはすでに絶滅していた頃である。[22]

これらのマンモスメガサイト〔大量のマンモスの骨化石が出土する遺跡〕も、ネアンデルタール人と現生人類が共存していたと思われる時代の他の多くの遺跡と同じように、再年代測定によってはっきりするだろうが、グラヴェット文化期の遺跡はとくに現生人類との関係が深く、かなりの数の遺跡に現生人類の埋葬地が存在する。またこれらの遺跡からは異常なほど多くのマンモスの骨格化石が出土し、マンモスが組織的に解体された処理場が残っている場合もある。またオオカミの骨化石が際立って多く見つかる遺跡もあり、これらの遺跡は生態系ピラミッドの頂点に位置した在来肉食動物とユーラシアに侵入した現生人類ハンターの間に競争があったことを物語っている。侵入捕食種がまず実行することは、侵入前から生息していた在来の競争者を駆逐することだ。ネアンデルタール人による唯一のマンモス巨大遺跡であるベルギーのスピー洞窟とは違い、グラヴェット文化期の遺跡のマンモス猟は若い個体に極端に集中しているわけではない。

最後に、かなりの数のマンモス巨大遺跡に、丁寧に積み上げたマンモスの骨でできた小屋や住居跡がある（おそらくマンモスの毛皮で覆われ、若木の枝で支えられていたのだろう）（図6－1参照）。ほとんど樹木のないステップでは、建材に利用するため、マンモスの白骨化した死骸から拾い集めてきた骨もあったのだろうか？　おそらくその通りだろう。死んだばかりのマンモスの骨と毛皮でできた小屋では、現代人にはとても耐えられないひどい悪臭がしたのではないかと思うのだが、わたしたちの先祖が同じ感覚を持っていたと決めつけるわけにはいかない。マンモスの小屋に使われた骨には、肉食動物が囓った痕、つまり歯跡のついたものがほとんどなく、気温のせいで肉が腐って食べられなくなってしまったか、おそらくは自然に風化してきれいになった古い骨が建材としてよく使われたのだろう。極端な寒冷気候では腐るにも時間がかかっただろうし、腐敗過程が一時的に止まることもあっただろう。マンモスの死骸を建材として使ったほかにも、肉や獣皮そして脂肪を得るために現生人類が大量のマンモスを仕留めていた明白な証拠が存在する。

ネアンデルタール人と現生人類が利用していた食物資源がどの程度重なっていたかを評価できる高精度な方法はいくつかあるが、各々のヒト族に帰せられる遺跡で発掘される獲物の骨化石の数と種類、そしてヒト族の骨の成分の同位体分析からは、ネアンデルタール人も現生人類も圧倒的に肉を中心とした食事に依存していたことがわかる。どちらのヒト族も植物性の食物や海産の食物あるいはその両方を利用した形跡があるとはいえ、ネアンデルタール人と現生人類、そして当時の在来肉食動物とのギルド内競争は避けられなかった。

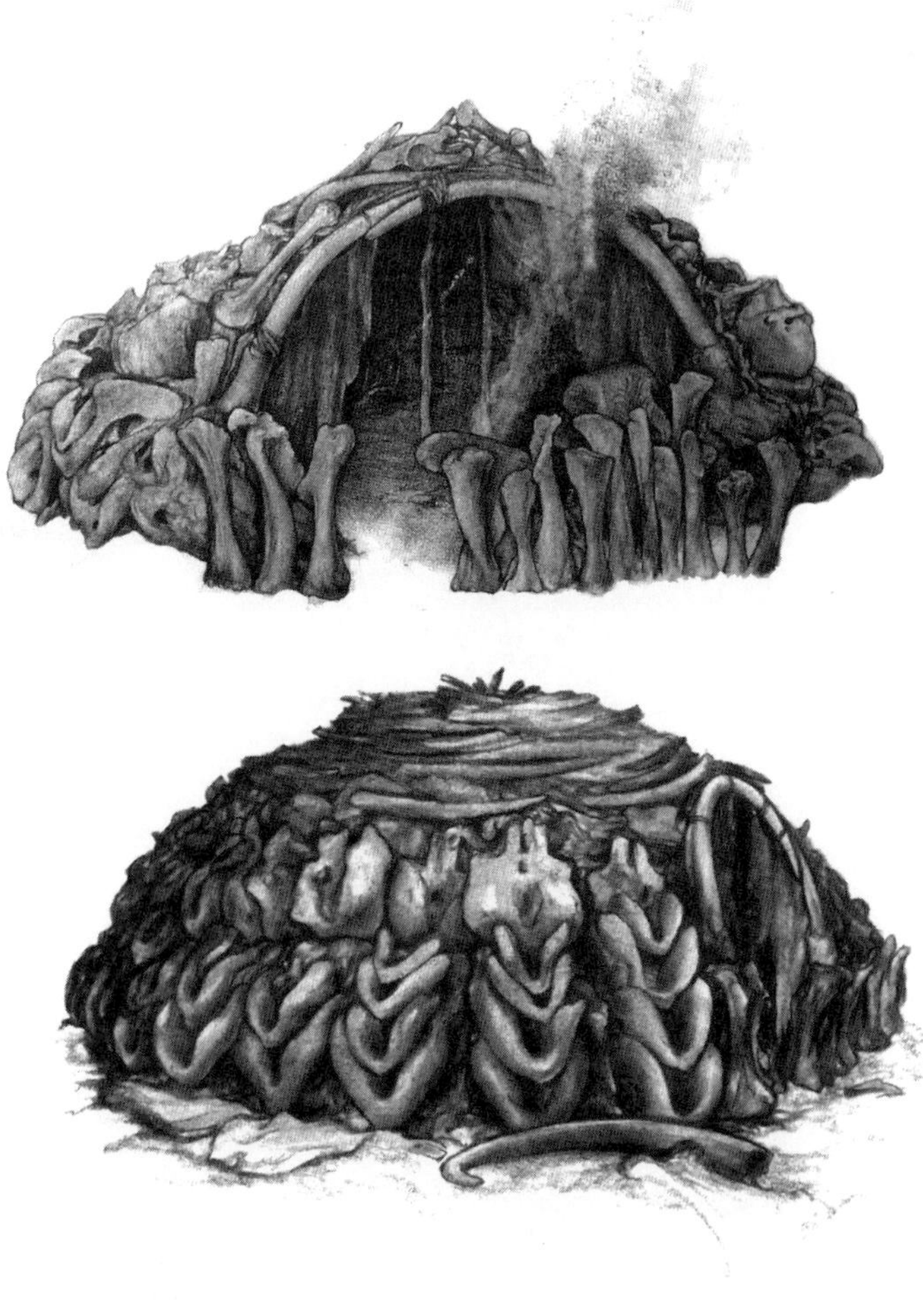

図6-1　上のイラストは、中央ヨーロッパに位置するグラヴェット文化期の遺跡で見つかったマンモスの骨でできた小屋が、3万年前のウクライナのメジリチにあった様子を復原した想像図。こうした小屋の遺構はこれまでに約50件発見されている。上：主な骨組みには木の枝、マンモスの牙や骨が使われている。おそらくさらに毛皮で覆われていたのだろうが、小屋の構造が見えるようにするため、ここには描かれていない。入り口から炉の煙が出ていて、（このイラストではわかりにくいが）彩色されたマンモスの頭蓋が見える。下のイラストは小屋を横方向から見た図で、マンモスの顎の骨を丁寧に配置したジグザグのパターンがわかる。

こうした証拠が得られたところで、さらに次のように問うことができる。「現生人類の侵入によってネアンデルタール人との間に決定的に激しい競争が生じたことを示せる証拠はあるのだろうか？」

第7章　「侵入」とはなにか

このあたりで侵入がどのように生じ、化石と考古学的記録から侵入についてどのような証拠が収集できるかについてみておかなければならない。侵入生物が姿を現したとして、その生物が生存に成功する鍵は、繁殖して個体群として成長する能力と利用可能な資源を（より多く）獲得する能力にある。個体数が劇的に増加すれば、化石や考古学的記録にも反映されるはずだ。確かに捕食者である初期現生人類がユーラシアに現れ、個体数を増加させたことに疑う余地はない。

新たな捕食者が現れれば、生態系全体には大きな揺らぎが生じる。オレゴン大学のウィリアム・リップルと第一線の生態学者グループが世界の大型肉食動物の状況に関する最近のレビュー論文で次のように述べている。「従来、大型肉食動物の影響は食物連鎖を草食動物や植物へと下りながら広がると考えられていたが、わたしたちが現在学んでいるのは、肉食動物が半肉食動物（mesocarnivores）を抑制する作用を介して、下方へ次々と生じる影響が他の種にまで幅広く伝達するということだ……大型肉食動物は、捕食により大型草食動物の個体数を抑制するとともに、ギルド内競争によって半肉食動物の個体数を抑制するという二重の役割を担っていて、重層的な食物連鎖経路を介して生態系を構造化している。これらの抑制機能が協働して生態系の機能の性質と強度に影響を与えている」[1]。

一般に、侵入生物の出現は在来種の絶滅の主要原因と考えられている。獲物となる生物が豊富に存在する生態系であるにもかかわらず絶滅や変動が生じるのは、明らかに捕食者が侵入した結果であり、それは捕食者が増えればそのぶん多くの草食動物が食べられるからだ。草食動物の個体数を抑制すれば、それほど自明ではないが今度は植物の多様性と個体数が増加する。そして侵入生物と生態学的に最もよく似た生物、つまり主要な競争者の間で一方の絶滅という事態にかなりの確率でなるはずだ。捕食生物による侵入が成功するとしばしば生じるのが、生態系ピラミッドの上層から下層へ向かう「栄養カスケード」、すなわち生態系全体に影響がおよぶ変化である。また頂点捕食者が消えると、下から上への栄養カスケードが生じる場合がある[2]。今日の大型肉食動物を含む31の現代の生態系のうち7つの生態系で栄養カスケードが生じていたことが報告されている[3]。

次に、よく知られている生態系での十分調査された捕食者の「侵入」と、それによって生じた栄養カスケードについて見てみることにしよう。まだイエローストーン国立公園へ行ったことがないとすれば、以下に挙げるいくつかの数字がこの事例による説明を理解する助けとなるだろう。公園というと、それが国立公園であっても比較的小さい領域を思い浮かべることが多いと思う。しかしそれは間違いだ。大イエローストーン生態系（Greater Yellowstone Ecosystem）は総面積7万2800平方キロで、ほぼアイルランド共和国と同じ広さだ。そのうち国立公園部分は8991平方キロ。手付かずの広大な生態系で、現在は公園管理方針により人間の介入が抑えられている。

1872年にイエローストーンが国立公園に指定されるまで、この地域にはショショニ族やバノック族、ネズパース族、フラットヘッド族、クロウ族、シャイアン族といった多くの先住民族が生活していたが、インディアン戦争（Indian wars）と総称される一連の残虐な先住民撲滅戦争により殺害されたり、追放されたりした。それでも少数の先住民は公園で生活を続け、公園内や周辺で狩りをしていたが、彼らは「野蛮な反逆インディアン」とレッテルを貼られ、白人入植者とは相容れないとみられ、多くの策略によって根絶されたり特別保留地に封じ込められたりした。

移住してくる白人入植者は侵入捕食者として機能し、すぐに残りの主要な競争者であるオオカミを絶滅させた。放牧や作物栽培に利用するため白人が草原を占有するようになり、連邦政府は公にオオカミを駆除する政策を承認したのである。1915年には議会が生物調査連邦局を創設し、オオカミなどの大型捕食者を連邦全土から駆逐することを目的とした「捕食者および齧歯《げっし》類駆除部」を部局として設置した。当然だがアメリカの探検家や商人、放牧家、アメリカ西部の入植者は喜んだ。タイリクオオカミは数千年にわたりこの生態系の一部となってきたが、1930年代までに実質的に絶滅した。西部に入植した放牧家と農家がこれらの危険な競争者を選択的に殺戮したからだ。

在来の頂点捕食者であるオオカミが駆除されたことで、大イエローストーン生態系は大きな影響を受けることになった。オオカミと先住民が大量虐殺されるまで、オオカミとアメリカ先住民の存在によりワピチの個体数は抑制されていたが、現在では草食動物群の約80パーセントを占めるまでになっている。(4) たとえばユタ州立大学の野生動物生物学者チャールズ・ケイは、1792年から1

872年にかけて大イエローストーン生態系を踏破した26回の個別の探検から記録を引用している。探検隊によって報告された369日の行動日のうち、ワピチが目撃されたのはわずか12回だった。[5] かつては出会うことが少ない動物だったのである。

オオカミが絶滅したとたんにワピチの個体数は1万9000頭まで爆発的に増加した。おかげで放牧地は食べ荒らされて劣化してしまい、今度はワピチが「過剰すぎる」と判断されるようになった。また過去の写真を見ると背の高いヤナギやトネリコの木が生えているのがわかるのだが、オオカミがいなくなるとこれらの樹木もワピチなどに激しくむさぼられ、この生態系内で樹木が残っている地域はかつてのわずか5パーセントとなった。そこで意図的に銃や罠によってワピチやプロングホーン、バイソンの個体数を減らす異論の多い計画が始まった。1960年代までにワピチの個体数は75パーセント減少し、4000頭程度になった。ところがワピチの個体数が減少すると思いもよらない影響がでてきた。かつては人気のあるレジャーで旅行の呼び物だった公園外でのワピチ猟が実質的に不可能になってしまったのだ。1969年には個体数削減計画は中止となり、もっと自然な管理手法がとられるようになった。ワピチの個体数は再び増加に転じ、公園外での狩猟も復活した。[6]

その一方で、かつてオオカミと獲物をめぐり直接競争していたコヨーテの個体数が大きく増加し、生息密度もどこよりも大きくなった。これは大型の優占種だったオオカミの抑圧からコヨーテが解放された直接的な結果である。

主にヨーロッパからの祖先が入植する前の、もともとの生態系がもっていた自然なバランスを回復させるため、1995年から1996年にかけてカナダのふたつの群れから31頭のタイリクオオカミがイエローストーン公園に放たれた（図7-1参照）。2002年にはイエローストーン生態系に216頭のオオカミが生息し、この個体数が環境収容力の最大限に近いと考えられている。ほとんどの草食動物は季節によって移動してしまうが、現在、オオカミは大イエローストーン生態系内（ほとんどは公園内）のテリトリーを年間を通して勇猛果敢に守っている。1995年から2002年にかけて、餌食となった1582頭のうち92パーセントをワピチが占めていた。メスのワピチを狩るとなれば、人間は壮年期の個体を撃つことが多く、オオカミはそれより高齢のメスを倒すが、本来はどちらも狙っているのは壮年期のオスのワピチだ。殺された草食動物のうちバイソンはほんの少数だ。オオカミが放たれてから10年でワピチの個体数は約7パーセント減少した。ワピチのほうも捕食されないよう警戒するようになり、以前のように大きな群れになることはなくなった。[7]

ワピチの個体数が減ったことで、若いトネリコやヤナギがイエローストーンの川沿いに戻ってきた。森林性の生息地になれば公園内の鳥類や小型哺乳類、ヘラジカも生息しやすくなる。オオカミがいないあいだ公園から姿を消していたビーバーも、オオカミが戻ってくると公園内に4つのコロニーを形成するようになった。さらに、冬期にオオカミが食べ残した死骸はワタリガラスやワシ、クマの食物になっている。[8]ある研究によるとイエローストーンのオオカミは年間で1万3000キロもの死肉を他の捕食者や腐肉食動物《スカベンジャー》に提供している。

オオカミが再導入されると、ワピチの個体数はおよそ1万5500頭から約1万1700頭まで減少した（1996年から97年にかけての冬がいつになく厳しかったこともこの減少に寄与しただ

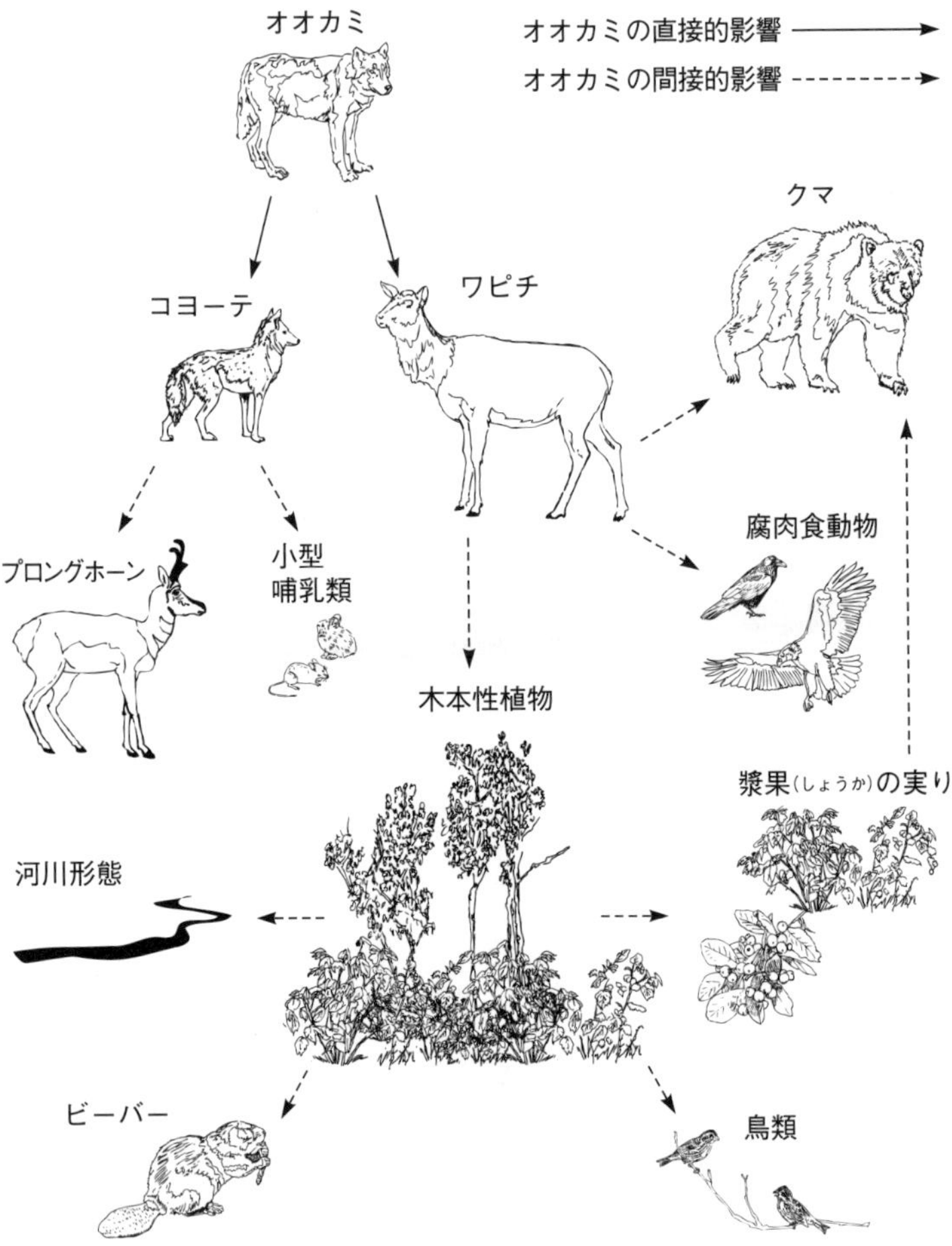

図7-1　イエローストーン国立公園に頂点捕食者であるオオカミを再導入したことで、生態系全体におよぶ栄養カスケードをもたらした。この再導入による生態系の変化は、約45,000年前の現生人類の到着によってユーラシア生態系に起きたかもしれない影響を再現している。

ろう）。オオカミの再導入から10年とたたない２００３年の段階で、ワピチの個体数は約１万４５００頭を数える。[9]

新たに侵入したオオカミから大きな圧力を受けたのは獲物となる生物だけではない。この生態系で頂点捕食者として正統な役割を果たしていたオオカミの座を奪い取っていたコヨーテも圧力を受けることになった。イエローストーンにオオカミが再導入される6年前に始まった調査で、イエローストーン生態学研究センターの生物学者ロバート・クラブトゥリーとジェニファ・シェルダンは、大イエローストーン生態系のコヨーテの個体数と狩猟行動について報告している。[10] 同生態系の北部領域に生息する１２９の個体に無線タグを付け、他に活動時間中の37頭のコヨーテを5年間にわたって合計２００時間追跡した。コヨーテの個体数は非常に増加し、集中的に追跡されていたラマー・ヴァレーの80頭のコヨーテは、オオカミのような社会的な群れをなし、一群平均6個体で全7群になっていた。１９９３年の時点でラマー・ヴァレーのバイソンピークにいた個体群は10頭の成獣と12頭の子で構成されており（子が多いのは、群れに子を産んだ母親が2頭いたため。英語で“double litter”と言う）、北部領域でのコヨーテの平均密度は1平方キロあたり０・45個体だった。

だが１９９５年にオオカミが放たれると間もなく、オオカミがコヨーテを追い払い、駆逐しはじめた（図7-2参照）。あたかも侵入計画の第一項目に「コヨーテを排除せよ」と記されているかのようで、それは放牧者や入植者たちの計画がまず「インディアンを排除せよ」、次に「オオカミを排除せよ」だったこととそっくりだ。ごく単純にオオカミは自分のテリトリーに競争者のコヨーテがいることに耐えられないのだろうし、別の群れのオオカミが縄張りに迷い込んできてもやはり情

図7-2　オオカミがコヨーテを追うこの躍動感あふれる写真から、かつての頂点捕食者と新しい頂点捕食者の競争の様子がうかがえる。

け容赦なかった。コヨーテの数は3年間で一群平均6個体12群80頭から、一群平均は4個体以下となり9群36頭まで減少した。コヨーテの密度はラマー・ヴァレーのような行動中心域では90パーセントも減少、かわってオオカミの群れがほぼ占有し、北部領域全体のコヨーテ密度は約50パーセントまで減少した。コヨーテの個体数が減少したことで、プロングホーンの子の生存率が大幅に上昇した。また捕食者そのものも「犠牲」となり、肉食動物で死因がわかっているもののうち、ギルド内捕食が68パーセントにもなるという[11]。直接干渉型競争は単なる理論上の概念ではなく、非常に現実的できわめて危険な関係である。

一方で、生き残ったか攻撃を受けなかったコヨーテは、冬期にオオカミが殺したワピチの死肉をワタリガラスやワシ、クマなどとともに食べられるようになった。冬期の腐肉食の増加から、コヨーテの子供が春期に生存できる可能性が高くなる

ことが予測でき、コヨーテの繁殖成功度の重要な目安となる。(12)

一生忘れられない経験をしたのは、2012年にイエローストーンのラマー・キャニオンで8頭のオオカミの群れに遭遇したときのことだった。オオカミは死んだバイソンを食べていた。バイソンがそのオオカミの群れに殺されたのか、繁殖期のオス同士の戦いによるケガがもとで死んだのかはわからないが、どちらにしてもよくあることだ。その群れはバイソンをむさぼり食べた後、川へ降りて水を飲んだ。お腹を満たした若いオオカミは有り余るエネルギーで跳びはね、遊び、泳いでいた。年長のオオカミは陽光の下でうたた寝をしている。そのなかに「06」と標識が付けられた堂々としたアルファメスもいた（「アルファ」とは群れのなかで繁殖期に交配できる優位な地位にある個体のこと）。このメスは、その生活誌が長年にわたり報告されてきた個体だ（図7-3参照）。その朝早く、この群れは山の向こう側に生息するモリーの群れから迷い込んだオオカミを殺したと、ガイドが教えてくれた。

そのとき不意にバイソンの死骸に新たな動きがあることに気づいた。ラマー・キャニオン群のオオカミがまだ川縁《かわべり》から一頭も去っていないというのに、一頭のオオカミがバイソンの死肉をあさっているのが見えた。わたしはそのことを連れに教えると、次の瞬間展開した光景に息を飲んだ。わたしが単独のよそ者オオカミを見つけた直後、「06」の目が突然開き、耳がぴくぴくと動いたのだ。それから数秒とたたないうちに「06」は身体を起こすなり死体に舞い戻り、さらに群れのオオカミが続いた。そしてバイソンの死体から何とか肉を盗み取ろうとしていたよそ者オオカミを追い始めた。その追跡劇は執拗で心臓が止まるかと思った。ラマー・キャニオン群が距離を詰めたかと思う

図7-3　米国魚類野生生物局のウィリアム・キャンベルが撮影した精悍な容姿のオオカミは「06」という標識の個体で、突然死ぬまでイエローストーンのラマー・キャニオン群を数年間にわたり統率した。

と疲れが出て、単独行動のオオカミが再びリードを広げる。今度は別のもっと若いオオカミが先導して群れを引っ張ると、ぐっと侵入者に近づいた。群れの一頭がよそ者オオカミの尾にくらいついたところで追跡劇は終わった。ラマー・キャニオンの他のオオカミも追いつき、とっくみあいに跳び込む。この遭遇の最後のシーンは藪の陰になったが、オオカミが飛びかかりとっくみあいになると獣毛が舞った。状況から判断すれば、群れのオオカミがよそ者オオカミをばらばらに食いちぎったのだろう。よそ者オオカミは二度と立ち上がることはなかったし、立ち去りもしなかったからだ。

ラマー・キャニオン群のオオカミは川縁の陽射しのなかでまたうたた寝を始め、若いオオカミはまだ動きの端々にさめやらぬ興奮がうかがえた。それから1時間もしないうちに、ガイドが大きなハイイログマが山の高いところにある森林パッチ〔森林が部分的に崩壊してできた小規模の開放的空間〕に姿を現したことに気付いた。まっすぐバイソンの死体に目を向けては、ときおり意を決したかのように歩き出し、ときには大股で走り出した。間違いなくハイイログマは死体の臭いをかぎつけていた。

ハイイログマがどんどん近づいてくると、「06」は再びよそ者の存在に気がついた。死肉を守るために群れのオオカミが集結する。オオカミがハイイログマに立ち向かう。わたしたちの目は釘付けになった。オオカミの群れはハイイログマを囲い込んだが、両者が接近するとその体格の違いがはっきりわかった。おそらく400キロはあるハイイログマはどのオオカミよりも巨大だ〔オオカミの体重は平均で約50キロ〕。オオカミがハイイログマに跳びかかりひと咬みすると、巨大な足の強烈な打撃が返ってきた。するとすぐさまオオカミたちは囲いを解いた。群れが突然かつ一斉にこの戦いにはリスクを払うほどの価値もないと判断したかのようだった。オオカミたちはさりげなくハイイログマに死肉を明け渡し再び川縁へ戻ると、ハイイログマはその死肉へと向かった。これはハイイログマとオオカミが対峙した場合によくある結果だ。ハイイログマは、最大級のオオカミの群れでなければ、たいていオオカミを圧倒する。

続く光景もやはり興味深いものだった。まずハイイログマはバイソンの死体の周りを歩いてから、脚を突き上げた格好でバイソンの上に何度も寝転がった。おそらく臭いを付けて所有を宣言していたのだろう。そうしたハイイログマの動きには思わず笑いを誘われる。すると今度はバイソンの皮や肉、骨にがぶりとかぶりついてむしりとり、一気に飲み込む。そしてしばらくするとまたのそのそと歩きだし、姿を消した。

オオカミの凜々しさ、遊び好きで社会性があり、こぢんまりとしてぬくもりの感じられる群れでの生活は、侵入者を凶暴とさえ言えるほどすさまじく執拗にかつ無慈悲に追い詰める姿と実に対照的だ。よそ者オオカミに対する凶暴な反応と、ハイイログマに対する思慮深い態度とではまったく異なる行動だが、いずれも同じ死肉をめぐる反応だ。しかもこのふたつの遭遇劇に幕が下りた後には、いずれの場合もバイソンの死骸には食べられる部分がたっぷり残っていたのである。ワタリガラスやワシ、キツネ、コヨーテ（勇気があれば、だが）などの動物が、その食べ残しを幾分かでもありつくことができたはずだ。そしてハイイログマもラマー・キャニオン群も、その後も何度か「おかわり」を頂戴しに舞い戻ってきたと思う。オオカミ「06」は群れの有能なリーダーだ。賢く、体力もあり、単独で成獣のアメリカアカシカを仕留めた数少ないオオカミの一頭だ。「06」には無線発信器が装着されていて、わたしが出会ってから半年とたたない2012年12月6日に死亡するまで、彼女の移動状況のデータは30分おきにオオカミ研究者のもとへ送信されていた。予想できたことでもあったが、「06」はいつもの行動範囲よりずっと遠く、公園から24キロも外へ出たところで、ワイオミングのハンターによって合法的に射殺された。彼女を知る多くの人たちとともにわたしも彼女の死を悼んだ。人間も惚れ込むオオカミだった。

このめったにない遭遇を経験して、わたしは頂点捕食者の再導入が意味することと、頂点捕食者による侵入との類似性を痛感させられた。どこの生態系であれ、主要食糧資源が何であれ、新たに有能な頂点捕食者が加われば旋風が巻き起こる。ここで注意しておきたいのは、大イエローストーン生態系へのオオカミの再導入は、カナダの群れから移動させられただけなのだから、大陸規模の侵入ではないし、人間による干渉が最小限に保たれた保護区域へ地理的に拡散したにすぎないということだ。

しかしかつてイエローストーンからオオカミが姿を消した間も、カナダのオオカミが人口密度が高くオオカミ嫌いがずっと多い合衆国にときおり入り込むことがあった。つまり栄養カスケードは、地理的な制約のないテリトリーでも起きうるし、実際起きているわけで、大きく複雑な生態系でも広範囲にわたって影響が生じるのである。

イエローストーン生態系へのオオカミの侵入によって引き起こされた明らかな影響をいくつか特定してみよう。まず第一に、オオカミは一番の競争者を選択的に殺した。オオカミの再導入のあと、単独あるいは複数のオオカミによってコヨーテが殺された事例はすべて、オオカミが倒した死体をめぐって生じていた。[13] ギルド内捕食は肉食動物によっては確かに主要な死因となっている。

第二の影響は、オオカミのテリトリー内における一番の競争者の密度が減少したことだ。コヨーテは、殺されても埋め合わせされるわけではない。イエローストーンではコヨーテの生息密度が劇的に減少し、全体で50パーセント、オオカミの行動中心域では90パーセントも減少した。ギルド内競争は、ふたつの競合する種の生息数間の強い負の相関としてしばしば現れる。競争的な在来捕食者は、その生息密度が減少しただけでなく、地理的生息範囲も全体的に縮小した。

プラスの影響としては、新しい頂点捕食者であるオオカミの導入によって、腐肉食動物《スカベンジャー》用の死肉が大幅に増加した。オオカミはきわめて狩猟能力の高いハンターなので、イエローストーンの厳しい冬の数か月間、オオカミは食べきれないほどの獲物を仕留めるので食べ残しが多くなり、それがワタリガラスやワシ、ハイイログマ、コヨーテなど腐肉食動物の餌となるのである。ワピチの死肉はこの生態系の多くの生物にとって冬期の主要な食物源で、その成獣ワピチの大半を仕留めているのがオオカミ（存在する場合）だ。[14] オオカミは人間のハンターより多くの死肉と死肉をあさる機会を腐肉食動物に提供したのだ。

個体群規模やテリトリー、資源の取り分を減少させるにせよ、あるいはまさに安全を脅かすにせよ、新しい頂点捕食者はしばしばその一番の競争者である種の繁殖速度を低下させる。そもそも競争者の繁殖速度が落ちれば、これは個体群数の減少をもたらすだろう。

もちろん新しい捕食者の登場は獲物となる種に対してマイナスの影響がある。獲物となる種はその個体数が減少し、さらにイエローストーンでも見られたように、いわゆる「恐怖にさらされる景観」（landscape of fear）が形成されることで、いつ、どこで、どのくらいの時間食べるかといった行動も変化するだろう。

この危険な状況を調査している生態学者らは、わたしたちにネアンデルタール人の絶滅の研究をするための重要なヒントを与えてくれた。頂点捕食者は生態学的に特殊な役割を担い、とくに気候変動のときには生態系の再構成に大きな影響を及ぼすということだ。[15] 他の種に影響が及ぶ栄養カスケードが生じるのは、これらの条件の下で頂点捕食者が気候変動の増幅器のように機能するからだ。

頂点捕食者としての栄養段階に位置づけられる侵入した現生人類が、気候が波動しているときにその機能を発揮させたということで、ネアンデルタール人の絶滅を説明できるだろうか？　気候変動仮説あるいは現生人類侵入仮説を裏付けるさまざまなデータを示すことはできる。しかし忘れていけないのは、このふたつの仮説は、相互に排他的ではないことだ。ここでわたしが提案したいのは、確かにネアンデルタール人はすでに何万年にもわたり生存し、その間にはMIS3ステージ中最悪の寒冷期にも匹敵する厳しい寒冷期もあったわけだが、気候変動と現生人類の侵入の相乗効果により、そんなネアンデルタール人にも凌ぎきれないような状況が生み出されたということだ。

もし現生人類との競争がネアンデルタール人絶滅の主因（必ずしも単独でというわけではない）だったとすれば、発見されてしかるべき数種類の証拠について要点をまとめておくことはできる。競争が起きるということは、在来種と侵入種が同じ栄養段階にあって、しかも食物資源も共通しているはずだ。この点についてはすでに遺跡に残された動物骨の分析と同位体分析から事実として確立されている。この一致によってふたつの種の間にギルド内競争があったことは一応十分に証明されてはいるが、科学的に厳密にするにはさらに具体的な競争の証拠が必要だ。

競争の影響としては、現生人類侵入の後にネアンデルタール人の個体数が減少し、続いて時とともに現生人類の個体数規模がはっきり増加する、ということになるだろう。これからこうした予測が的中するかどうかをはっきりさせる研究について議論する。

ネアンデルタール人と現生人類の間の競争を実証しようとするとき、もうひとつの証拠となるのが、現生人類が生息する地理的領域の拡大とネアンデルタール人の地理的領域の縮小だ。両ヒト族に利用可能な生息適地のうち、現生人類が占有する地域は絶えず拡大し、ネアンデルタール人が占有する利用可能な生息適地の割合は絶えず縮小していったと考えられる。

現生人類がきわめて競争的でしかも強度に侵入的な頂点捕食者だったとすれば、この有能な新参者ギルド構成員による競争圧力の影響として、他の捕食者のなかにも絶滅した種があったはずだ。現生人類がイエローストーンの生態系に侵入したときのことを振り返ってみれば、オオカミはまたたくまに地域的に絶滅したことがわかる。現在その生態系にいる人間は、とくに家畜を飼育している人たちは、オオカミの復活により生業としている事業や子供たちにも深刻な影響が出るのではないかと懸念している。[16] こうした恐怖は現実的なのかもしれないし、そうでないのかもしれないが、こうした根深い感情はオオカミと人間との間に競争が存在することを反映している。オオカミが戻ってきたいま、人間は自らの生活と安全が脅かされていると感じるようになり、そしてコヨーテはほとんど見かけなくなった。

ユーラシアに到着したとき現生人類は、よく似ているようで妙に違うところもあるようなネアンデルタール人の存在に、おそらく恐怖と不安を感じただろう。別のヒト族と遭遇するという経験がどれほど動揺させられるものなのか、想像することしかできないが、それは言葉の通じない外国へ行ったときに、人々の服装や行動、ライフスタイルがまったく理解不能で、カルチャーショックを受けるようなものではないだろうか。今日でも人は見知らない人に会うと恐怖を感じることがある。それが別のヒト族との遭遇だとしたらどれくらい恐怖を感じるものだろう？　資源が限られ、しかも食物競争があるとすれば、恐怖感はさらに高まるしかないだろう。ネアンデルタール人と現生人類の間の競争関係を、彼ら自身は認識していなかったのだろうか、いや、認識していたかもしれない。いずれにせよネアンデルタール人は現生人類が到着した後、おそらくそれほどたたないうちに絶滅した。

　では気候変動はネアンデルタール人の絶滅とは関係なかったということになるのだろうか？　そんなことはない。ふたつの仮説は互いに排他的ではないのだ。しかし、気候変動がネアンデルタール人絶滅の主因であるとするなら、気候変動が生じたという独立した証拠を検討してみなければならない。その証拠は豊富に存在し、MISデータや花粉と植生の変化、寒冷気候に適応した哺乳類と温暖気候に適応した哺乳類の生息域の変化、古代の氷に含まれる酸素16と酸素18の比率（酸素同位体比）から十分に証明されていることは、ご存知の通りだ。

　気候変動に付随する現象として、気候帯あるいは生息域の移動と、ネアンデルタール人とその獲物の生息領域の移動が平行して生じていたはずだ。多くの寒冷期を凌ぎ、長期にわたり生存してきたネアンデルタール人が絶滅するほど激烈な気候変動だったとすれば、その気候変動によって絶滅する前に、彼らは種の生息範囲を縮小させていたはずだ。利用可能な生息適地は気候変動に応じて縮小しているのだから、ネアンデルタール人は新たな生息地に適応するか、その地域を離れたか、あるいは絶滅せざるを得なかったことは明白だ。ネアンデルタール人の生息範囲とその獲物の生息範囲の両方が縮小したことは証明されている。さまざまなネアンデルタール人の遺跡の正確な年代測定については若干不確かな点もあるが、その地理的な生息範囲が減少し、ネアンデルタール人の食事内容は予想通り大筋で変化しなかったことはわかっている。(17)

　もうひとつ確認しておきたい証拠は、ネアンデルタール人の間に徐々に身体的、解剖学的なストレスの兆候が増加していたのではないだろうかという点だ。そうした証拠は骨の形状や歯のエナメル質の障害から得られる可能性がある。骨や歯が形成される時期に栄養失調や感染があったしるしだからだ。実際ネアンデルタール人は歯や骨にストレスあるいは疾病があったことを示す身体的特徴が高い確率で見られる。[18] しかし、こうしたストレスの痕跡が気候変動によるものなのか、現生人類あるいは他の捕食者とのギルド内競争によるものなのかを決定する方法はない。

現生人類が侵入してくる以前から、すでにネアンデルタール人は生態系の環境収容力の限界に近かった可能性もあり、そのことが競争を激化させたのかもしれない。イベリアのエル・シドロン遺跡は最近の年代測定によると4万8400年前±3200年（較正年）の遺跡で、少なくとも12体のネアンデルタール人の骨化石が出土している。成人男性3人、青年期の男子3人、女性3人、幼児3人だ。そしてこの12体すべてに飢餓あるいは疾病による歯のエナメル質形成不全という障害が見られ、さらに歯の形成期にそうしたストレスのかかる時期を複数回経験したと推定される個体もあった。[19] エル・シドロンのネアンデルタール人の遺骸には、頭蓋の皮膚を剥ぐときについたらしい痕などのカットマークもあり、さらに長い骨の関節を折り取ったときの打撃痕が残っているものもあって、石器を利用するヒト族が遺骸の骨を処理していたことが示唆される。この遺跡には現生人類の痕跡はなく、年代測定の結果も、周辺地域に現生人類が存在した頃と重なるかははっきりしない。したがってこの遺跡には、ギルド内暴力、あるいは必然的に種内競争の影響がみられるとする解釈をとくに支持できる要素はない。論文の著者らは、標本に見られる処理痕と高い割合のエナメル質形成不全から、生存のためのカンニバリズム、つまり飢え死にするより同じ種のメンバーを食べたことが強く示唆される、と結論している。[20] フランスのムラ＝ゲルシー洞窟はおよそ10万年前のもので、現生人類がヨーロッパに到着するずっと以前の遺跡だが、ここでの発見に対しても似たようなカンニバリズム説が主張されている。[21]

侵入捕食者が気候変動の時期に存在したとすれば、侵入者による生態系への衝撃は増幅されるため、イエローストーンで見てきたように、生態系の一次消費者つまり草食動物の間で栄養カスケードが激しく連鎖反応を起こしていた証拠があるはずだ。実際、更新世のユーラシアでは現生人類の到着後に捕食者ギルドが大規模に崩壊したことをすでにみてきた。化石記録によれば、ホラアナライオンやホラアナハイエナ、ホラアナグマ、小型の剣歯虎、ヒョウそしてドールなどが地域的にあるいは完全に絶滅し、そしてヒト族の在来捕食者であったネアンデルタール人も絶滅した。こうした大規模な動物相の変化は、侵入と競争によって生じた栄養カスケードの特徴だ。

ほかにネアンデルタール人の絶滅原因を明確にするために利用できる証拠はあるだろうか？　最も興味深く、かつ検証可能な証拠が存在する。それは在来種と侵入競争種の個体群規模と生息範囲について予測される変化だ。

第8章 消滅

ネアンデルタール人と現生人類は狩猟民として生態系ピラミッドの同じ栄養段階に位置すること、そして新たな捕食種の到着が生態系変化の強力な誘因となることもわかった。ネアンデルタール人と現生人類がどちらも大型動物のハンターであったことは多くの基礎的証拠によって示されている。石器や獲物の骨化石（処理や調理によって変形しているものもある）が残っており、少なくとも初期現生人類の場合には、狩りをしたり食べたりした動物を表現した絵や彫刻も残されている。この2種のヒト族を同じ捕食者ギルドに属する存在とすることに問題はないが、両種の間にはもっとのっぴきならない重なり合いの状況があったはずだ。なにしろオオカミやピューマ（学名 *Puma concolor*）が同じ生息地で共存しているし、リカオン（学名 *Lycaon pictus*）やチーター、ハイエナもまた別の地域で共存していたのだ。どれも中型から大型の肉食動物で、地理的領域を共有しながら、通常はお互いにほどほどの競争関係にあった。

どう言えばいいのだろうか？　大まかに言えば、ネアンデルタール人と現生人類はどちらも多くの同じ獲物を仕留めていた、ということになる。ところがこのことが、ネアンデルタール人の絶滅を気候変動に帰する場合に問題となる。ネアンデルタール人にとって狩猟に都合のよい生息地が気候変動のために縮小し、獲物が不足したのなら、なぜ現生人類の生息地と獲物の個体数も減少しなかったのだろうか？　ネアンデルタール人はとくにノウマとトナカイを好んではいたが、同時にオーロックスやバイソン、アカシカ（アメリカでは「ワピチ」とも）、トナカイ、ケブカサイ、イノシシなど現生人類が狩猟していた獲物も狩っていた。「そこにあるものを食べる」と題した論文でハーヴァード大学の考古学者オファ・バー＝ヨセフは次のように述べている。「中部旧石器時代と上部旧石器時代の人類の間に、まれな例外を除いて本質的に違いはないという主張は、現代世界でのわたしたちの日常的行動と似ている。わたしたちは一番近いスーパーで食物を買う。現代的な輸送手段を使えば、住んでいるのが都市であろうと郊外であろうと、たとえ特殊な商品でも専門店から取り寄せることができる（そしてこれらの商品は、旧大陸と新大陸との間で植物や動物を交換した結果のものであることが多い）。しかし、中部旧石器時代の人類世界ではそのようなことは不可能だ。そして上部旧石器時代の人類も、100キロ以上離れた場所の高品質な石材を利用していたというような例はあるにせよ、中部旧石器時代と事情は変わらない[1]」。地域の限られたギルド内競争でネアンデルタール人が死滅したのかどうかを証明するには、さらにデータが必要だ。

フランスのドルドーニュ県（面積7万5000平方キロ）には200か所以上もの考古遺跡があり、発掘遺跡密度が非常に高く、十分な調査も行われている（偶然だが、この地域は規模として大イエローストーン生態系に匹敵する）。ケンブリッジ大学のポール・メラーズとジェニファ・フレンチは、この遺跡群をメタ分析することで、この競争の問題に取り組んだ。[2] ドルドーニュの遺跡群は年代的には約5万5000年前から3万5000年前ということになるが、ここでも数十年前に測定された放射性炭素年代測定には不正確さがあることをいつものように注意しておく必要がある。つまりこの遺跡群はおおよそ現生人類とネアンデルタール人がこの地域に共存していた時期に当たるのだ。しかしこの地域のすべての遺跡から骨格化石が出土するわけではないので、メラーズとフレンチは実用的な仮説を立てた。アシュール伝統を引くムスティリアンとして知られるタイプの石器とシャテルペロン・インダストリーの石器が出土する遺跡は、ネアンデルタール人によるものと仮定したのである。多くの古人類学者はシャテルペロン文化とネアンデルタール人の関連を快く受け入れているが、最近になってふたりのこの仮定が厳しく問われるようになってきた。ひとつの問題は、新たな放射性炭素年代測定によって、シャテルペロン文化とネアンデルタール人を結びつける鍵であるふたつの遺跡、アルシー＝シュル＝キュール遺跡（トナカイ洞窟として知られている）とサン・セゼール遺跡で地層のかく乱が明らかにされたことだ。[3]

メラーズとフレンチは同じように、オーリニャック文化の石器が出土する遺跡も現生人類に帰すことができるとする、非常に一般的で正統と見なされる仮説を立てた。事実、オーリニャック文化の遺跡の広がりは、考古学者によっては、現生人類そのものの広がりの直接的証拠として利用してきた。しかし、ふたりの分析は実に明快な理由で批判された。独特の器種の石器で構成されたすべての遺跡が単独の種によるものかどうかはわからないからだ。

そこで、ネアンデルタール人がシャテルペロン文化遺跡を形成したとする仮定が、メラーズとフレンチの分析結果にどの程度影響するのかを確かめるために、わたしはシャテルペロン文化遺跡のデータを除外して、ふたりの作業を検証してみた。わたしの未発表の再分析から、この仮定はふたりが到達した結論にほとんど影響を与えていないことがはっきりした。[4] つまり、ふたりの結果が否定されたわけではないことがわかったのである。

メラーズとフレンチはそれぞれの種によってつくられた遺跡の数、遺跡の規模、各々の遺跡の石器の存在密度、遺跡に残された獲物の骨の数と種類、そして獲物種からわかる肉の重量を比較していた（図8-1参照）。これらの数値はそれぞれが人口の代理指標となる。ふたりの研究の目的は、個々の種の人口の変化を示す長期的な傾向が存在するかどうかを確認することにあった。

ふたりが得た結果は衝撃的だった。現生人類の遺跡はネアンデルタール人の遺跡よりずっと多く存在し、現生人類の到着後、この地域のヒト族の全人口は約2・3倍に増加していた。遺跡の証拠からみて、ふたつの種のうちどちらの人口の増加速度が大きかったのだろうか？　ネアンデルタール人によるもっと古いアシュール伝統を引いたムスティリアンとシャテルペロン文化の遺跡から判断すると、注目している期間にネアンデルタール人は全体で約42パーセント増加したとメラーズとフレンチは報告している。一方、初期現生人類の遺跡は際立って対照的だ。現生人類が初めてユーラシアに侵入したのは約5万年前で、当然この頃の現生人類の遺跡は存在しない。それが3万5000年前までには147の遺跡が存在するようになった。大規模な増加である。これほど大幅に遺跡数が増加したのは、現生人類の到着によるものだった。

人口が増えれば必要な道具の数も増える。そこでメラーズとフレンチは人口規模のもうひとつの

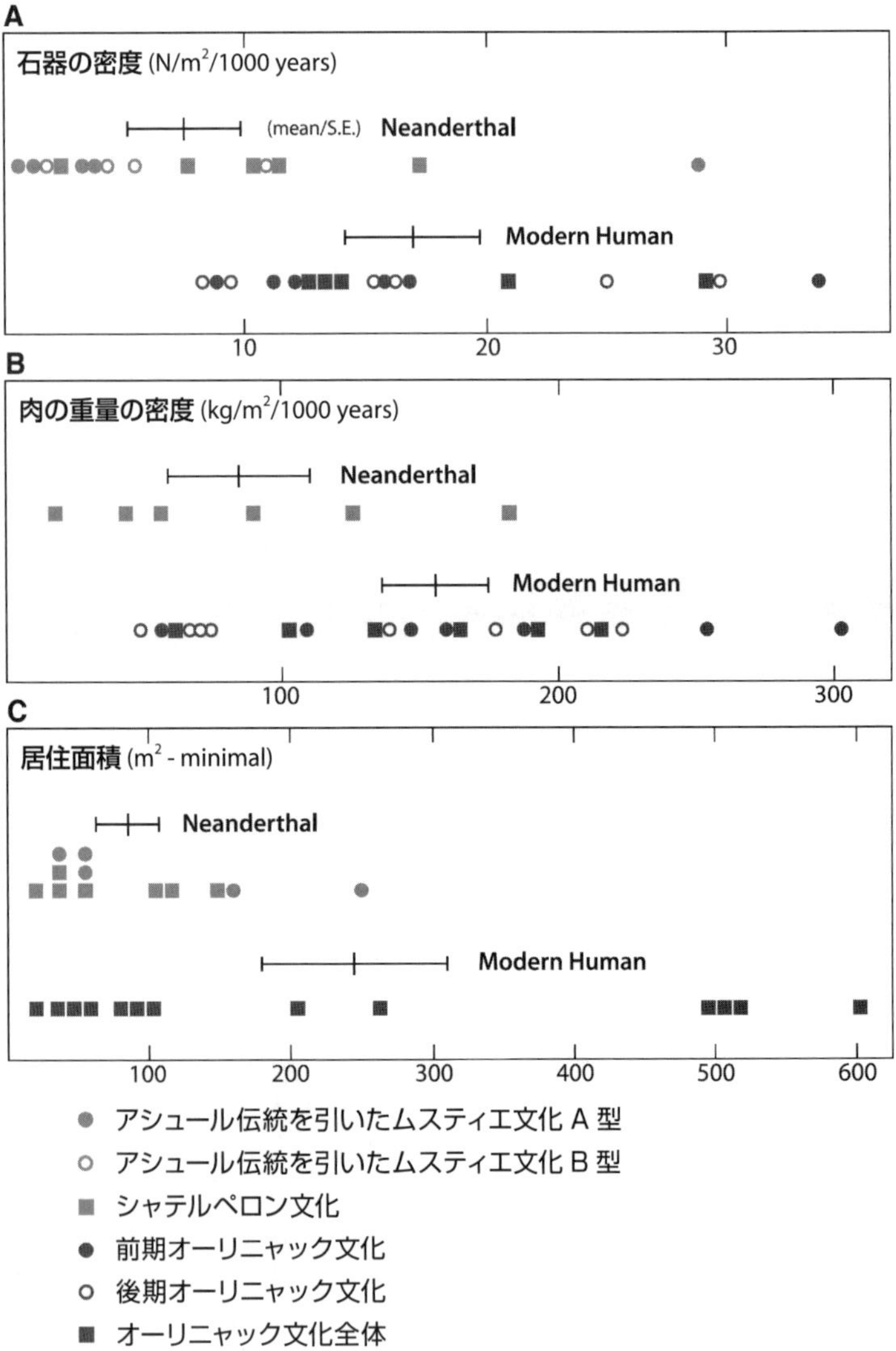

図8-1　ポール・メラーズとジェニファー・フレンチは4万5000年前から3万5000年前にかけてネアンデルタール人と早期現生人類が居住していた遺跡で、石器の密度（a)、骨化石から推定した肉の重量の密度（b)、そして遺跡全体の規模（c）を比較した。個体群の規模に関係するこれらの指標から、現生人類の個体数はユーラシアに到着するとすぐに急激に増加し、その一方でネアンデルタール人の個体数の増加は遅いか減少してさえいたことがわかる。

代理指標として1000年当たりの1平方メートルの石器の密度を利用した。ネアンデルタール人の遺跡では1000年ごとの密度が1平方メートル当たり7個から10個と、石器密度はゆっくりと増加していた。対照的にオーリニャック文化の遺跡では、現生人類の石器の密度は1000年当たり1平方メートルでゼロから18個へと増加していた。このデータからも、この時期の現生人類の人口増加速度はおそらくネアンデルタール人の人口増加より1・8倍も速かったと考えられる。

また、個体数が増えれば肉の消費も増える。メラーズとフレンチはふたつのヒト族の相対的な個体群規模の指標として、異なるタイプの遺跡から出土した動物の骨化石からわかる肉の重量を概算した。アシュール伝統を引いたムスティリアン遺跡には動物の骨の良いデータがなかったため、メラーズとフレンチは単純にシャテルペロン文化遺跡（ネアンデルタール人）から出土した動物の骨化石から概算できる肉の重量と、時間的に後になるオーリニャック文化遺跡（現生人類）で概算される肉の重量を比較した。シャテルペロン文化遺跡では1000年当たり1平方メートルで平均約85キロと推定された。一方オーリニャック文化遺跡ではシャテルペロン文化遺跡のほぼ2倍、1000年当たり1平方メートルで153キロ近くの肉が取れていたことがわかった。この結果は、現生人類の人口がネアンデルタール人の人口の約1・8倍とはじきだした石器密度にもとづく推定とも非常によく一致している。

最後に、メラーズとフレンチは遺跡の巨大さに目を向けた。人々の集団がその場所をどれくらい長く占有するかによって、またその地域の地理的、地形的特徴による制約によって、非常に小さい遺跡から非常に大きな遺跡までさまざまである。もちろん、発掘される遺跡の規模は、研究の熱意と継続期間によるだろうし、遺跡は発掘当初は小規模でも、時間とともに拡大してゆくものだ。メラーズとフレンチが収集したデータから、ネアンデルタール人が残した一番小さい遺跡は、現生人類が残した最小の遺跡と同じくらいだったことがわかる。ところが、現生人類が残した最大の遺跡となると、ネアンデルタール人の最大の遺跡の2・4倍も大きかったのである。

メラーズとフレンチが利用したいくつかの尺度は、人口規模に関する互いに独立した指標なので、〔たとえば個体数密度が2倍になり、生息域が2倍になれば、総個体数は4倍になったと推測できるように、〕ふたりはこれらの結果を総合して考えるべきだとした。この手続きを踏むと、この時期にヒト族の人口規模は9〜10倍増加したと推定できる。この驚くべき人口増加の大部分は、現生人類の繁栄の結果に違いない。メラーズとフレンチの数値が厳密に正しいかどうかはともかく、この研究の重要性は明らかだ。これらすべてのデータが強力に示唆しているのは、かつて初期現生人類がユーラシアに到着するとその人口は急激に増加し、間もなくネアンデルタール人の人口を追い越したということだ。

ネアンデルタール人の個体数は現生人類が侵入する前からかなり少なかったという説も、いろいろな証拠によって裏付けられている。(5) チュービンゲン大学の考古学者ニコラス・コナードは長年にわたりドイツのシュヴァーベン地域での発掘を指揮し、彼のチームは多くの重要な発見をしてきた。そのコナードが「人口真空モデル」(Population Vacuum Model) と呼ぶ説がある。(6)「晩期のネアンデルタール人は、ヨーロッパの多くの地域に到着した直後の〔初期現生人類〕とくらべると、非常に人口密度が低かった。たとえばシュヴァーベンで、動物骨化石や石器、そして実質的にあらゆる種類の人為的遺物の密度は、中部旧石器時代［ネアンデルタール人］の遺物がある地層よりオーリニャック文化層のほうが圧倒的に大きい。この場合の密度とは単位年あたりの出土数か、堆積層の単位体積あたりの出土数を考えている。中部旧石器時代の埋蔵物がオーリニャック文化の埋蔵物に匹敵するくらい豊富に存在する例はほとんどない。また別の証拠から、中部旧石器時代のネアンデルタール人は上部旧石器時代の人類とくらべれば、低い人口密度と低レベルの資源採取を前提としたニッチを占めていたことも示唆されている」(7)。

コナードらの考えでは、カンパニアン・イグニンブライト火山灰を堆積させた巨大火山噴火が少なくとも部分的な引き金となったとりわけ厳しい気候期（ハインリッヒ・イヴェント4）の後に、初期現生人類は中央ヨーロッパに到着した。今では年代測定からこの火山灰は3万9300年前のものとされ、ネアンデルタール人と現生人類はこの噴火以前にすでに中央ヨーロッパに存在したことがわかっているが、この巨大噴火の後にネアンデルタール人が生き残ったことを示す確かな証拠は存在しない。実際、最も新しいネアンデルタール人の遺跡は、最近再年代測定されたムスティエ文化晩期、4万1030年前から3万9260年前のもので、カンパニアン・イグニンブライトの直前から直後の間だ(8)。西部および中央ヨーロッパに他のヒト族がほぼいない状態であれば、現生人類はこの地域にきわめて急速に拡散し、人口規模も大きく増加しただろう。その一方でネアンデルタール人の人口は急落したか、あるいは別の地域に移動した(9)。

クライヴ・フィンレイソンも気候データにもとづいて提起していたように、現生人類がユーラシアに到着したとき、基本的にそこにネアンデルタール人は生息していなかったのだろうか？　コナ

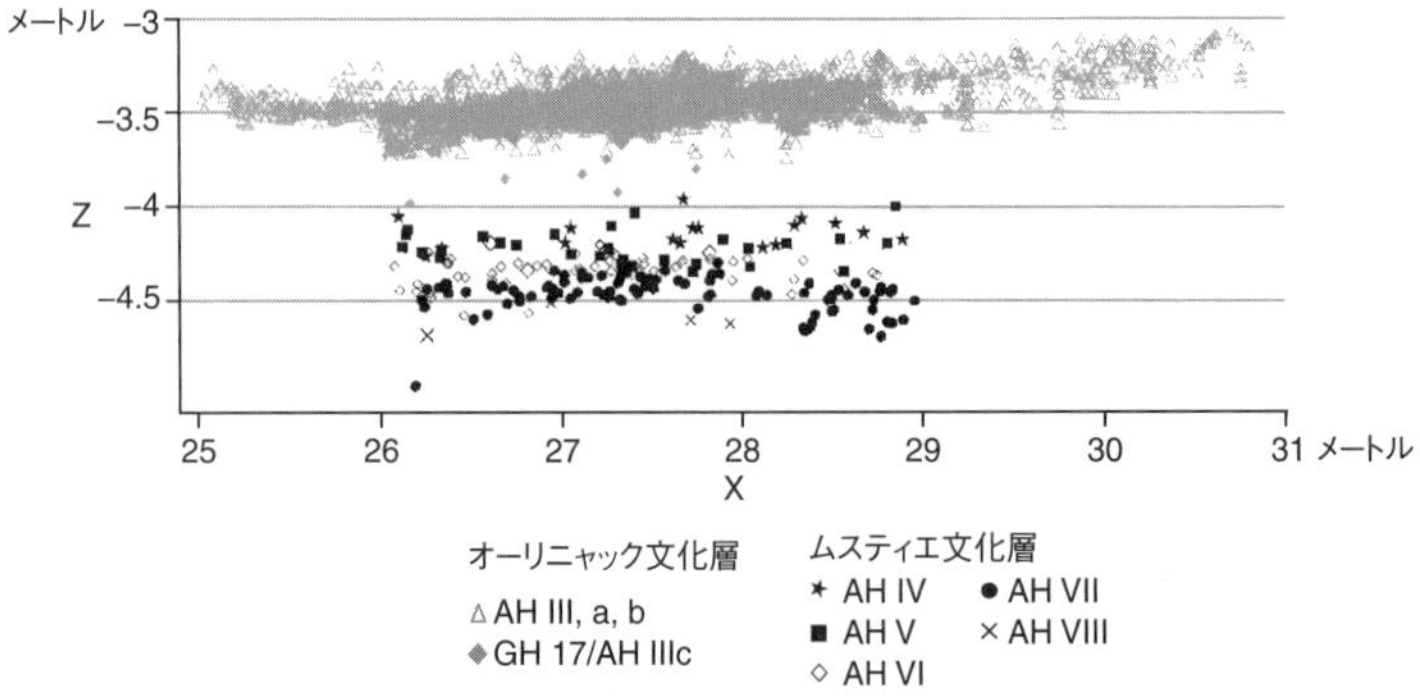

図8-2　ガイセンクレステルレ洞窟で発掘された遺物の深さをプロットしてみると、ムスティエ文化層（ネアンデルタール人）とオーリニャック文化層（現生人類）の間に、この洞窟にヒトが生息していなかった期間を示す無遺物層があることが明らかになった。新たな年代測定から、この洞窟にヒトの居住しなかった期間は1000年から2000年続いただろうと考えられている。

ードのチームは新たな鍵となる証拠の断片を発掘した。多くの石器類が発掘されるなかで、シュヴァーベンの現生人類層から最も初期の楽器が出土したのだ。それは鳥の骨でできたフルートだった。さらに、非常に美しく精巧な動物像もみつかり、それらすべてが劇的な文化的変動が生じたことを意味していた。また、ネアンデルタール人のムスティエ文化層と現生人類のオーリニャック文化層の間に、考古学的遺物が存在しない無遺物層が存在することも明らかになった。無遺物層が存在するということは、どちらのヒト族もこの洞穴を使わなかった時期があることを示す直接的な証拠となる（図8-2参照）。

コナードらのチームがガイセンクレステルレ洞窟とホーレ・フェルス洞窟で発掘調査を行い、その無遺物層が存在する考古学的証拠を確認するまで、「わたしは最初、最も新しい中部旧石器時代［ネアンデルタール人］とオーリニャック文化［現生人類層］の間に層序的な空白部があるとする指摘に懐疑的だった」とコナードは告白している。ガイセンクレステルレ洞窟の再年代測定に最新の限外濾過法を用いると、シュヴァーベン・ジュラ地方の最も古いオーリニャック文化は4万3060～4万1480年前（BP）であることがわかった。現生人類が居住していた層の下にある無遺物層は2000年以上も続き、その間、この洞窟には現生人類もネアンデルタール人もいなかったのである。[10] このような無遺物層はジブラルタルにあるさまざまな洞窟遺跡でも、ネアンデルタール人の占有していた層と現生人類の層の間に発見されている。[11] こうした無遺物層がヨーロッパでさらに一般的に生じていることがわかれば、現生人類はネアンデルタール人がほとんどいない地理的領域に入り込んだといえるのではないだろうか。

直接的ではないが、約4万年前以降にネアンデルタール人の個体数が激減したことを示す説得力のある証拠が、ストックホルムにあるスウェーデン自然史博物館のローヴェ・ダリアンが主導した古代のミトコンドリアDNA（mtDNA）の遺伝変異性に関する研究から得られている。ダリアンと同僚らはユーラシアの13のネアンデルタール人の標本から、現生人類の侵入前、侵入後に死んだ個体の骨格の骨を調べた。

mtDNAを使った分析にはある利点がある。ミトコンドリアDNAは母系を通じてのみ伝えられることだ。つまり子孫のmtDNAに父親からの影響はまったくないので、DNAの分析が容易なのだ。また身体の各細胞には核DNAよりずっと多くのmtDNAのコピーが存在するため、mtDNAは古代の骨から容易に復元できる。このダリアンらの研究によって、西ヨーロッパのネアンデルタール人の遺伝多様性が5万年前以降に低下していたことが実証され、研究チームはこれをネアンデルタール人に地域的な絶滅事象があったか、あるいは集団的びん首効果が生じたものと解釈し、それ以降生き残ったネアンデルタール人は4万5000年前頃に現生人類が到着するまで、ヨーロッパの一部で小グループをつくって生存していたと考えている。びん首効果以降のネアンデルタール人のmtDNA系統は、以前とくらべてはるかに少なくなった[12]。

したがって、これらの研究によりヨーロッパ南西部地域内においては、現生人類とネアンデルタール人の間で実際に激しい競争が存在したとすれば、予想できる帰結がすべて示されたことになる。獲物の種類がほとんど同じであるのに、現生人類の人口規模はネアンデルタール人のそれとくらべ時間とともに劇的に増加したのである。

現生人類がユーラシアに到着したときにまだネアンデルタール人が稀少な存在になっていなかったとしても、そうなるのは間もなくのことだった。しかし、ギルド内競争とギルド内殺害（共食い）がネアンデルタール人衰亡の主因だとすれば、現生人類がネアンデルタール人を直接殺害した証拠を確認すべきだが、それは見当たらない。サン・セゼールのシャテルペロン文化遺跡が現生人類の遺跡でないとすれば、現生人類による考古学遺跡でネアンデルタール人の骨が見つかるところはないのだ。さらにネアンデルタール人の骨にはヒト族による攻撃を受けたことを示すような痕跡はほとんど存在しない。このことがことさら不思議に思えるのは、特定の年代と場所ではおそらくは飢餓的状況にあったためだろうが、ネアンデルタール人は自らの種を殺していたか食べていた証拠が次々と現れているからだ[13]。もちろん生き残るためのカンニバリズムは、食物資源の減少に対処したものと解釈することもできる。先に見てきたように、ネアンデルタール人に歯のエナメル質形成不全が高頻度で見られること、そしてムラ＝ゲルシー洞窟とエル・シドロン洞窟で得られた証拠から、ネアンデルタール人はユーラシアに現生人類が登場する前、MIS3ステージにおける気候の不安定性が生じる前から、生存の困難な状況に直面していたのである。

例外的に、現生人類とネアンデルタール人の間に暴力行為があったことを強力に裏付ける研究が2件ある。ひとつはデューク大学のスティーヴ・チャーチルとその同僚による研究で、イラクのシャニダール遺跡で発掘されたネアンデルタール人の肋骨にあったおそらく致命傷となった傷跡にもとづくものだ。この肋骨の損傷を分析し、（死んだブタと当時の狩猟具を再現した実験で）その事象の再現を試み、その傷は現生人類の考古学的な証となる投げ槍によるものと結論づけている。[14]もうひとつの例外がフランスのレ・ロワの現生人類の遺跡で、この遺跡からはオーリニャック文化の石器、トナカイとウマの多数の骨、3つの炉跡、現生人類の顎と石器によるカットマークがあるネアンデルタール人の子供の顎が出土している。[15]フェルナンド・ラミレス・ロッシと同僚はこのレ・ロワの骨を再度分析した。そして分かったのは、ネアンデルタール人にあるカットマークが意味しているのは、同じ遺跡から出土したトナカイの顎の同じ場所にもそっくりなカットマークがみつかっていることから、殺されて食べられたらしいということだった。トナカイが仕留められ、食べられていたことはほぼ間違いない。しかし研究者も指摘しているように、何らかの象徴的な目的で子供の顎の骨を利用し、そのときにできた傷である可能性もある。結局この分析に使われたデータは、慎重な科学者がこの代わりになる何らかの説を選択するほどしっかりしたものではない。

ことによると現生人類には十分多くの技術的、生理学的長所があったため、ネアンデルタール人を殺す必要はなかったのではないだろうか。あるいはコヨーテがオオカミの多い地域に近寄らなかったように、ネアンデルタール人のほうが新しい頂点捕食者が支配するテリトリーを避けたのではないだろうか。結局のところ、ひとつかみそこそこの遺跡から、現生人類とネアンデルタール人との暴力的関係について説得力のある証拠を示せると考えるのは、あまりに非現実的だろう。

クライヴ・フィンレイソンもネアンデルタール人の個体数が現生人類の到着以降に減少したことは認めているが、その原因についての彼の主張は異なる。フィンレイソンによれば、個体数が減少した原因は、気候が寒冷化し生活しづらくなったため、ネアンデルタール人式の待ち伏せ猟に最も適した狭く孤立した地域に後退せざるを得なかったためだという。基本的にフィンレイソンが主張しているのは、ネアンデルタール人絶滅の原因は生息地の消失であって、ネアンデルタール人は単純に気候と狩猟に適した場所へ移動したにすぎないというのである。フィンレイソンは豊かな表現力で次のように述べている。

巨大な哺乳類を相手にできる身体になるようにあまりに長年にわたり過剰投資してきたため、ネアンデルタール人は代償を払わなければならなくなった。それは、茂みがなかったり、獲物の群れを見つけるために長距離移動を余儀なくされるような場所では生き残るすべを失ったことだ。気候が寒冷化してツンドラが南へ張り出し、乾燥によりステップが西へ拡大すると、新しい環境であるステップ・ツンドラが生まれた。そうした環境には新たな動物群が出現した。ケナガマンモス（学名*Mammuthus primigenius*）やケブカサイ、ジャコウウシ、トナカイそしてサイガ（学名 *Saiga tatarica*）が、フランスやイベリア北部までおよぶヨーロッパ全体に急速に拡大した樹木のない環境を生き抜いていた……決定的な問題は獲物に接近する方法だった。かつてならダマジカ（学名 *Dama dama*）やアカシカにこっそり近づき待ち伏せることができたが、ステップ・ツンドラではネアンデルタール人の姿は遠方からでも目立っただろう。トナカイの群れに以前と同じように接近することはできなくなってしまったのだ……森林から樹木のない環境への変化は……急激で、ネアンデルタール人には退却するしか選択肢はなかった。[16]

ネアンデルタール人はMIS3ステージの気候の悪化の結果、温暖な避難所、すなわちコアエリア〔生態学的に重要な地域〕に避難したとするフィンレイソンの結論は、その後の遺跡の編年と地理的分布にかかっている。避難したのか、それとも止まったまま死んだのかははっきりしない。また、先にも述べたように、イベリアの最も新しい避難所の存在を裏付けるその遺跡の年代が、オックスフォード大学年代測定研究所のトーマス・ハイアム率いるチームによって疑問視されたのだ。ネアンデルタール人がいろいろな時代に地中海沿いで生活したことは間違いない。問題はそれが「いつ」そして「なぜ」かだ。

ネアンデルタール人と現生人類が出会ったレヴァントに時間を巻き戻してみると、両者の気候の好みについて、フィンレイソンによる過去の再構成とは矛盾する新たな描像が得られる。約10万年前から7万5000年前（MIS5ステージからMIS4ステージにかけて）、ネアンデルタール人と現生人類は、おそらく気候変動によって生息地の動物と植物が変化したため、それに応じて中東のさまざまな地域を交互に占有していた。カリフォルニア大学サンディエゴ校のクリス・ハリン率いるチームによる同位体比分析で明らかになったのは、レヴァントで気候が寒冷化するにつれて姿を消したのはネアンデルタール人ではなく現生人類のほうだった。カフゼーとスフールの遺跡でハリンのチームは、現生人類がノヤギを多く食べ、ガゼルはあまり食べていないことに気付いた。さらに炭素12と炭素13の比率から、そのヤギは雨期にしか水が得られない乾燥した草地で草を食んでいたことがわかった〔現生人類は温暖で乾燥した気候期にレヴァントに生息していたことになる〕。それとは対照的に近隣のアムッド洞窟とケバラ洞窟のネアンデルタール人は、氷河期にあたるMIS4ステージの間ガゼルを多く食べていた。その頃寒冷化したレヴァントには一年中雨が降っていた。

つまりレヴァントの現生人類は気候が寒冷化し降雨が多くなると他の地域へ移動し、そこにネアンデルタール人が入ってきた。わたしたちは単純に気候が「良い」か「悪い」かと考えるのではなく、どちらの種の適応にとって「良い」か「悪い」かを考えなければならないのである。

第9章　捕食者

生き残るということは単に狩猟がうまいというだけではすまない。ネアンデルタール人も現生人類も狩猟はうまかったのである。狩猟の実質的な成否を判断するには、各々が生存し繁殖してゆくために日常的にどの程度の獲物が必要だったかを知ることが不可欠である。

生物の代謝に必要な栄養を測定する標準的な方法が「基礎代謝率」(BMR: Basal Metabolic Rate) だ。BMRとは、特定の気候のもとで生物が成長し生命を維持するだけに必要なエネルギー量のことで、身体的活動の水準とは関係がない。他の条件がすべて等しいとすれば、極端に寒冷な気候下を生きる現生人類(あるいはすべての哺乳類)は、より温暖な気候下で生活する現生人類よりもBMRの値が大きくなる。実際あらゆる哺乳類でBMRは年間平均気温とよく相関している。また大型動物のほうが小型動物よりBMRの値は大きくなる。

がっしりした体格で筋肉質のネアンデルタール人は、比較的大きな基礎代謝を必要とした。なかでも寒冷期に授乳中のネアンデルタール人女性は最も大きな代謝量が必要となる。ネアンデルタール人は現生人類とくらべると平均的に体重が重く、身長は低く、小ぶりで、筋肉量が多いためBMRが大きかった。たとえばライト州立大学のアンドリュー・フローフルとデューク大学のスティーヴ・チャーチルは、ネアンデルタール人男性は現生人類の男性より平均体重が約13パーセント重く、女性はネアンデルタール人のほうが約12パーセント重いことを発見した。[1] 違いはこれだけではない。ネアンデルタール人は現生人類より活動的であったことはほぼ確実で、スリムで筋肉量も少ない現生人類より一日のエネルギー消費量（DEE: Daily Energy Expenditure）も大きかったと考えられる。ネアンデルタール人が必要とする代謝量の概算を試みた古人類学者は、一般的にこの点について一致している。ネアンデルタール人は現生人類より必要とする代謝量が大きく、一日のエネルギー消費量も大きかったのである。ネアンデルタール人にくらべ基礎代謝が小さく、DEEも小さいことが、現生人類にとって大いに有利にはたらいた。[2]

フローフルとチャーチルは信頼のおける推定体重が得られているネアンデルタール人26個体と初期現生人類45個体のエネルギー必要量を計算した。そしてこれらの個体が発掘された場所を世界古気候地図上にプロットしてみた。ステージをまたぐような長期にわたれば気候は明らかに揺らぐわけだが、プロットされた遺跡は寒冷、温暖、熱帯気候帯にはっきり分けることができた。次に各遺跡での夏期と冬期の平均気温を計算した。

これらのデータからBMRとDEEを概算してみると、ネアンデルタール人と現生人類の間にはいくつか重要な違いがあることがわかった。現生人類が生息した寒冷な生息地は平均マイナス2・2度、一方ネアンデルタール人は平均気温6度とかなり温暖な生息地に分布していた。いいかえれば、寒冷な気候状況ではネアンデルタール人は温暖な生息地にだけ分布していた。対照的に現生人類のほうはもっと厳しい環境下でも生きることができ、実際に生息していた。この違いから、気候変動に伴う問題と、ネアンデルタール人と現生人類の間の競争は、両者の生息域が重なってくる寒冷期に最も深刻になったことを意味し、この推論は両ヒト族がともに生活していた温暖あるいは熱帯地域では各生息地の年間平均気温に有意な違いはないという事実によって補強されている。したがっておそらくヨーロッパでの両ヒト族による居住パターンは、レヴァントのそれとは異なるものだったはずだ。なぜならレヴァントでは寒冷期とはいっても過剰なストレスとなるほど寒くはなかったからだ。

気候にかかわらずどの場所でも、ネアンデルタール人の男性と女性のエネルギー必要量は現生人類より7～9パーセント大きく、この違いはもっぱらネアンデルタール人のほうががっしりした体型だったことによる。両ヒト属の男性は、寒冷な生息地での生活は温帯あるいは熱帯の生息地よりも毎日1200キロカロリー余分にエネルギーが必要となる。妊娠および授乳していない女性の場合は寒冷気候下では800キロカロリー余分に必要になる。子供の場合はどちらのヒト族であっても成人にくらべれば小柄なため、体内の熱を急速に奪われやすく、寒さにはずっと弱かったはずだ。またネアンデルタール人は現生人類より体幹部が大きかったため、毎日平均275キロカロリー現生人類より余分にエネルギーを必要とした。しかし体幹部の大きさと筋肉量の多さにより熱を失う速度を小さくすることができたので、この不利益はある程度相殺された(3)。

寒冷気候下で妊娠と授乳を維持するには驚くほど多くのカロリー摂取が必要だっただろう。女性の場合、とくに授乳期が人生で最もエネルギーを必要とする時期になる。哺乳類の場合、妊娠期には妊娠していない個体が通常摂取するエネルギー量より20～30パーセント多くなる。一方授乳期に入ると通常より35～145パーセントも余計にエネルギーが必要になる。[4] ここでも、ネアンデルタール人は体重が大きいため、妊娠期と授乳期の代謝必要量も、同じ気候条件下の現生人類とくらべ大きかっただろう。

ネヴァダ州土地管理局のブライアン・ホケットは、ネアンデルタール人の妊婦とその後の授乳期に必要なエネルギー摂取量を概算し、その違いが実によくわかるように表現してみせた。必要となるキロカロリー数（一日5500キロカロリー）を次のように現代の生活でおなじみの表現に翻訳したのである。「現代のファストフードでいうなら、妊娠中のネアンデルタール人女性は一日にチーズバーガーのラージサイズを10個食べる必要があり（つまり朝食として3個、昼食に3個、夕食に4個）、チキンナゲットなら一日に17セット（朝食に5セット、昼食に6セット、夕食に6セット）必要だ。このように表現すれば、わたしたちのモデルによって示された妊娠中のネアンデルタール人女性が毎日摂取した食物の量がわかりやすくなると思うのだが、もちろん実際にそれだけ摂取していた可能性を否定しているわけではない[5]」

マクドナルドのファストフードがない時代に、タンパク質と脂質が豊富な食物をこれほどたくさん毎日摂取するのはとてつもなく難しいが、その他にも問題がある。毎日の身体活動が多いうえ、妊娠中のネアンデルタール人女性が毎日5500キロカロリーものエネルギーを陸上哺乳類の肉から摂取していたとするとどうなるだろう？　ホケットはその結果として「ネアンデルタール人の妊婦は死亡する」と述べる。「こうした食事の結果、ネアンデルタール人の妊婦が死亡する主な理由はふたつある。ネアンデルタール人は陸上動物の筋肉や内臓を大量に摂取しなければ、一日にこれほど大量のカロリーを摂取することはできなかったので、最終的には必須栄養素の深刻な過剰摂取と同時に摂取不良をおこしていたということになる……陸上哺乳類に限ってしまえば、さまざまな動物を食べているといっても、その必須栄養素の成分にはほとんど多様性はない。別の言い方をすれば、ネアンデルタール人がさまざまな陸上草食動物（たとえばバイソン、シカ、ウサギ、ノヤギ）を食べていたかどうかはほとんど意味がなく、ネアンデルタール人がもっとさまざまな必須栄養素を摂取しようとするなら、その唯一の方法はもっと多くの種類の食物を食べることなのだ」[6]。ホケットは、ネアンデルタール人の食事の重要な要素として葉物野菜などの植物性食物があったに違いないことを気付かせてくれたが、ネアンデルタール人と初期現生人類の考古学的記録に植物はほとんど見られない。これは厳密に言えばほとんどの環境で生じる植物性遺物の保存の困難さの問題で、この時代のヒト族の食事を理解するうえで重大な落とし穴となっている。

頑健なネアンデルタール人が肉だけの食事では生き残れなかったとすれば、冬期には植物性食物はほとんど見つからなかったであろう寒冷な生息地で、ひ弱な現生人類はどうやって生き残れたのだろうか？　たとえば付け合わせの大盛りサラダがあればありがたいが、そんな食事の変化のほかに、この並外れて大きい代謝必要量を低減するような行動的適応がいくつかあったのかもしれない。

フローフルとチャーチルは考古学的証拠を引用し、約4万5000年前から現生人類は骨製の針を使っていたが、ネアンデルタール人に針はなかったと述べている。この針を使って現生人類はおそらく獣皮や毛皮から衣服を縫製していたのだろう。ネアンデルタール人はダブダブの縫い合わせていない獣皮をまとっていただけだろうから、それよりは寒さからしっかり身を守ることができただろう。さらに、現生人類には性能のいい炉と住居があったという証拠もある。[7] 寒さにより増加するエネルギー需要をある程度まで抑えて身を守るために、現生人類はネアンデルタール人が使っていたものより優れた文化をもっていたことになる。

ジョン・シーも同様に、現生人類は長距離を飛ばす狩猟具を開発して狩猟の効率を上げてその労力を軽減し、さらに消費エネルギーの節約もできたことを指摘する。現生人類が食物を得たり暖をとったりするために必要な日常的なエネルギーをネアンデルタール人よりも節約できたとすれば、その余ったエネルギーを繁殖や育児にあてることができ、その結果がご存知のような現生人類の人口増加につながった可能性もある（それでも、生き続けること、とくに寒冷期を生き残ることは非常に困難なことだったが）。

もうひとつ困難を生む重要な生態学的因子がある。ネアンデルタール人と現生人類にとって問題だったのは、単に他のヒト族が存在することでもなければ、単なる気候変動でもなかった。両ヒト族にとってきわめて深刻なもうひとつの問題とは、旧石器時代のこの時期にユーラシアに存在した大型肉食動物ギルドだった。

ネアンデルタール人と現生人類を当時の景観〔「景観」とはさまざまな生態系が複雑に組み合わさった全体的なシステムのこと〕内に属する存在としてとらえる方法のひとつは、彼らを捕食動物ギルドの一員としてとらえることだ。ロンドン動物学協会のクリス・カーボンとバージニア大学のジョン・

ギトルマンはその傑出した研究で、ある景観に属する特定の肉食動物の生息密度は、その肉食動物自体の質量（体重）と同景観内の獲物動物の質量の関数になっていることを明らかにした。[8] このことから、平均的なネアンデルタール人男性くらいの大きさの捕食動物は、自らを維持するために1万801キロの草食動物が必要だが、平均的な現生人類ならわずか9412キロの草食動物ですむ。これらの数字はあまり大差ないように見えるが、まったく同じではない。ふたつの数字はネアンデルタール人と現生人類の推定体重の違いが13〜15パーセントであることとよく一致している。こうした身体の大きさから評価できる必要な獲物の量から考えれば、各々のヒト族の生息密度は、得られる獲物にもよるが、平均すると3平方キロ当たりおよそひとりになる。この推定密度は、ヒト族より体型が少し小さいオオカミについて記録されている生息密度の最小値に近い。この数字からわかることは、どちらのヒト族にしても、たとえ10人程度の小さな集団でも、おそらく約30平方キロ以上の広大な面積が必要だったということだ。ヒト族の狩猟民を維持するには、獲物が豊富な広い土地が必要なのだ。

捕食者は狩りによってその地域の草食動物の密度を決定している場合が多い、実はその逆も真なのである。草食動物の数でその地域に生息できる捕食動物の上限が決まるからだ。もちろん、非常に大型の捕食者、たとえば現生人類のような生物が新たに加われば、その地域のすべての捕食者とその獲物の種全体に大きな影響を与えることになる。

メラーズとフレンチが調査した西フランスの7万5000平方キロ全体で、ネアンデルタール人あるいは現生人類はどの程度生息できたのだろうか？　その答えは、女性と男性が50対50の割合だったとして、この広大な地域でもネアンデルタールならわずか3400人、現生人類でも3800人ということになる。この3000～4000という個体数は、現存する中型から大型の哺乳類の最小存続可能個体数の約3倍だ。ヒト族より小柄なオオカミなら理論的には同じ地域に約5000頭が生息できる計算になる。これらの数値からすれば、現生人類のような新たな頂点捕食者が侵入した場合、捕食者ギルドの他の生物に深刻な競争圧力がかかったであろう。

ネアンデルタール人の人口が減少したかあるいは移住したのは、優位な現生人類を避けるためだったのだろうか、それともその地域には両種にとって十分な食物がなかったからだろうか？　あるいは気候変動と生息地の変化のせいでネアンデルタール人の人口はすでに減少していて、ほとんどネアンデルタール人が生息していない地域に現生人類が侵入しことになるのだろうか？　いずれにせよこの地域におけるヒト族同士のギルド内競争あるいはヒト族と他の捕食動物との間のギルド内競争は、激しいものだったのだろう。

後期更新世のネアンデルタール人と現生人類にとって肉食動物の競争者は手強かった。[9]ユーラシアの生態系でネアンデルタール人とともに共進化した古代の捕食動物は数多く存在したが、約5万年前までには、該当する捕食者ギルドに含まれる肉食動物で中型から大型の獲物を狩猟できたのはヒト族を除くとわずかに8種だけとなっていた。

肉食動物はその3つの属性によって、生態系における位置づけと競争的対立の生じる場所がおおよそ決定づけられる。第一の属性がその身体の大きさで、肉食動物の体重から、狩猟に望ましい獲物の大きさがかなり予測できる。[10]第二の属性は狩猟スタイル。肉食動物はたいてい獲物にしのびよる待ち伏せ型か、快足《かいそく》で急追し「コーサーズ」とも呼ばれる追跡型にわかれる。そして最後の重要な属性は、単独で狩りをするのかそれとも社会的集団で狩りをするのかという点だ。

5万年前から2万5000年前のユーラシアにおける捕食者ギルドをざっと見ておくと、その違いがはっきりする。体型の大きい順に、当時ユーラシアで最大の捕食者はホラアナグマ（学名 *Ursus spelaeus*）で、その後ウルスス・イングレッスス（学名 *Ursus ingressus* ヨーロッパ東部に生息）とヒグマ（学名 *Ursus arctos*）と入れ替わった。これらはネアンデルタール人が絶滅していった年代、そしてそれ以降にも生存した大型のクマだ。大部分のクマは雑食性で、植物から水生動物、哺乳類まで幅広い食物を食べていたため、クマは他の捕食者と競争になることはほとんどなかっただろう。クマは雑食性の高い食事へ移行したり、獲物を変えたりすることで、どちらのヒト族とも食物をめぐる競争を最小限に抑えることができたし、実際そうしてきた。同位体比分析によると、ホラアナグマは現生人類と生息地が重なったところでは、まさにそういう行動をとっていたことがわかっている。[11]

次に大きい捕食者がホラアナライオンで、現生のライオンより25パーセント大きかった。[12] ホラアナライオンはおそらく恐るべき待ち伏せ型捕食者で、強力な四肢とかぎ爪があった。研究者の間ではこの種を現存するライオンのように *Panthera leo* と記載するか、少し異なる亜種であることを示す *Panthera leo spelaea* あるいは単純に *Panthera spelaea* と記載するかが議論されている。学名としてどう記載するにしても、ホラアナライオンは巨大で強靱、かつ優れた能力をもっていた。それほど頻繁にではないが、ホラアナライオンは洞窟壁画に描かれていることがあり、その場合たてがみがあるようには描かれていない。アラスカ大学フェアバンクス校のR・デイル・ガスリーが興味深い提案をしている。現在のライオンはたてがみの有無によってオスとメスを区別できるわけだが、ホラアナライオンにたてがみがないということは、彼らが大きな群れではなく、ほとんどがペアで暮らしていたのではないかというのだ[13]。しかし、たてがみの大きさと群れの規模の間にはよい相関がみられないため、この解釈は確かなものとはいえない。大きさだけでいうなら、ホラアナライオンは当時の捕食者ギルドのなかで他のネコ科動物より優位にあっただろうし、イヌ科動物に対しても、彼らが大きな群れになっていなければ、おそらく優位だっただろう。ホラアナライオンの獲物として最も蓋然性の高いのはノウマ（学名 *Equus ferus*）、大型のシカ、バイソン、オーロックスだっただろう[14]。この獲物の好みからすると、ホラアナライオンは、好みの獲物が広く共通するネアンデルタール人と直接競争する生態学的位置にあったと思われる。

　他のネコ科動物としては小型の剣歯虎（学名 *Homotherium latidens*）が生息していて、現在のトラくらいの大きさだった。化石が極端に少ないことから判断すると、この小型の剣歯虎は現生人類が到着するまでに事実上絶滅していたか、そうでなくともきわめて稀少な存在になっていた。ザビエル大学のウィリアム・エニオンジによる小型剣歯虎の解剖学的分析から、その名の通りの長く伸びた犬歯があり、大型で毛皮の厚い獲物を仕留めるには最適の歯だった[15]。さらに、鋭く尖った頬《きょう》歯《し》〔奥歯〕で死体からきれいに素早く肉を剝ぎ取ることができた。こうした歯にみられる適応全体からすると、（骨は食べず、骨を砕いて骨髄を食べることもない）肉だけを食べるいわゆる純肉食動物（hypercarnivore）といえる。小型剣歯虎の四肢は疾駆に適応し、非常に大型のチーターにも似て、走りに最敵な体型だったことがうかがえる。エニオンジによれば、このネコ科動物はマンモスや大型ウシ科動物、ヘラジカなど大型動物の若い個体を専門に狙っていたという。

他の大型ネコ科動物としてはヒョウ（学名 *Panthera pardus*）が生息していて、おそらく今日生存しているのと同種と考えられている。推定される身体の大きさも、現代のヒョウと同じくらいだ[16]。さらにこの時代の古代ヒョウも現代のヒョウのようにほぼ単独で行動し、待ち伏せ型の狩猟に特化して森林生息地を好んだと思われる。現代のヒョウが体重約40キロほどの獲物を狙うことから[17]、同じような大きさの古代ヒョウもおそらく小型のアイベックスやトナカイ、ノロジカなどの動物を好んだのだろう。

ヒョウよりわずかに小さいのがホラアナハイエナで、現代のブチハイエナ（学名 *Crocuta crocuta*）と同種とされることもある。研究者によっては、体の大きさが現代のブチハイエナより10〜15パーセント大きいことを重視して、ホラアナハイエナを亜種（学名 *Crocuta crocuta spelaea*）としたほうがふさわしいと考える者もいる[18]。現代のブチハイエナと同じく、ホラアナハイエナは屈強な体に大きな頰歯があり、強力な顎と筋肉の力で骨を砕くことができた。見通しのいい場所で社会的な群れを形成して猟をするのが特徴だ。現代のブチハイエナも群れで追跡する優れたハンターだ。強靱で大きな体、その社会性により、ブチハイエナ（とおそらくホラアナハイエナも）は攻撃的なハンターである。挑戦的な腐肉食動物で、死肉をめぐる直接的な競争でもしばしば勝利する。５万年前〜２万５０００年前のユーラシアのギルドにおいてホラアナハイエナは骨を砕ける唯一の動物だった。

この時代のユーラシア生態系に生息していた大型哺乳類肉食動物で、最後に挙げる二種がタイリクオオカミ（学名 *Canis lupus*）とドール（学名 *Canis alpinus*）だ。どちらも群れで猟をするイヌ科動物で、現在も南北アメリカ大陸とユーラシア（タイリクオオカミ）そしてアジア（ドール）に生息する。古代オオカミは、現生のアラスカの大型オオカミくらいの大きさで、やはり獲物を追跡し、群れで狩りをした。古代のユーラシア生態系のたいていの大型哺乳類は、このオオカミの群れの格好の獲物となっていただろう。オオカミには強靱な顎や骨を砕くような歯はないので、もっぱら彼らが死肉からあさるのは肉、脂質、皮そして小さな骨だ。古代のドールはオオカミよりずっと小型だが現在のドールよりは大きく、中期更新世と後期更新世の化石記録にはほとんど見られない。現代のドールは10頭くらいまでの群れで狩りをし、約713キロもある驚くほど大型の獲物まで仕留めることができる。古代ドールが単独で狩りをする場合、獲物は小型の哺乳類になるが、群れで狩りをするときには、ウマやバイソン、オーロックスそして大型のヘラジカを狙っていたはずだ。骨を砕くような歯はなく、したがって純肉食動物だったため自らの歯を守ることができた。現代のアジアではドールが森林生息地に頻繁に出入りする姿が見られるが、それが最近の生息パターンによるものなのかどうかはよくわかっていない。

古代の捕食者ギルドに属するこれら中型から大型の捕食者はすべてネアンデルタール人と現生人類と獲物をめぐって競争していただろう。そのうえもっと小型の捕食者としてアカギツネやイタチ、クズリ、そしてワシ、タカ、カラス、ハゲワシなど多くの猛禽類もいた。

捕食者の体重と獲物の動物の大きさの関係は哺乳類では一定しているが、これはエネルギー面から狩猟に制約がかかるためだ。カーボンと同僚はこの関係を次のように簡潔に説明している。「体重21・5キロ以下の肉食動物は自分の体重の45パーセント以下の獲物を主食とし、体重21・5キロ以上の肉食動物は主に自分の体重の45パーセント以上の獲物を食べる……この体重による分類は139種の肉食動物の92・1パーセントにあてはまる（21・5キロ以下の階級で92・9パーセント、21・5キロ以上の階級で82・6パーセント）」[19]。小型肉食動物の4分の3は雑食で、脊椎動物の肉だけでなく昆虫や植物も食べる。一方大型肉食動物の半数以上は、大きな例外であるクマとその近縁種を除けば、脊椎動物しか食べない。概ね体重50キロの哺乳類捕食動物は、約59キロの獲物に狙いを定める。

狩猟スタイルの大きな違いも影響してくる。単独で狩りをする動物は、群れで狩りをする動物より獲物が小さい。たいていの大型ネコ科動物のような、待ち伏せ型の猟だと、オオカミのような追跡型の狩猟法より獲物が小さくなる。少しややこしくなるが、こうした追跡型の捕食動物は、たいてい群れで狩りをするタイプでもあるからだ。

フランクフルト大学のクリスティーネ・ヘルトラーとリーベッカ・フォルマーは、捕食者の体重からその捕食者が狙う獲物の体重を算出する方程式を開発した。また、単独か群れでの狩りか、さらに群れの規模といった狩猟スタイルの違いも条件として取り込んで獲物の体重を算出する方程式も開発している[20]。このヘルトラーとフォルマーの方程式を使い、5万年前〜2万5000年前のユーラシアの捕食者ギルドの中型から大型の捕食者の推定体重から、捕食者が主に食べていた獲物の体重を計算してみた。群れでの狩りの計算には6頭の群れを想定したが、この頭数はそれに対応する現生の動物で記録されている群れの個体数の範囲内にある。

表9-1　旧石器時代捕食者ギルドの動物の体重

種	体重(kg)	獲物の重量(単独)	獲物の重量(6頭の群れ)
ホラアナグマ	500	該当なし	該当なし
ヒグマ	400	該当なし	該当なし
ホラアナライオン	160-325	327-1,274	10,162-39,536
小型剣歯虎	150-230	289-656	6,331-14,366
ホラアナハイエナ	65-90	58-109	1,807-3,372
ネアンデルタール人(待ち伏せ型)	62-85	53-97	1,651-3,023
早期現生人類(追跡型)	59-81	41-75	1,269-2,330
ヒョウ	45-90	28-108	該当なし
オオカミ	45-80	28-51	839-2,691
ドール	20-40	5-19	160-602

捕食者が選ぶ獲物の大きさは、捕食者の体重とその狩猟スタイルの関数になっている。6頭のホラアナライオンの群れあるいは6頭の小型剣歯虎の群れは、この生態系内に生息するあらゆる動物よりも大きな獲物を必要とする点に注意（表9-2参照）。このことからホラアナライオンや小型剣歯虎は大きな群れでは猟をしなかったと考えられる。大きなホラアナライオンや小型剣歯虎がこの生態系内での1頭の獲物を倒して十分な食物を得るには2頭で狩りをするか（ホラアナライオン）3頭で狩りをしなければならなかっただろう（小型剣歯虎）。表中の Hss は“*Homo sapiens sapiens*”つまり早期現生人類のこと。「該当なし」は摂食習性あるいは狩猟習慣のため。体重のデータは以下の出所による。W. Anyonge, “Body Mass in Large Extant and Extinct Carnivores,” *Journal of Zooology London* 231 (1993): 339-350; A. Turner and M. Anton, *The Big Cats and Their Fossil Relatives: An Illustrated Guide to Their Evolution and Natural History* (New York: Columbia University Press, 1997); S. E. Chuchill, Thin on the Ground (New York: Basic Books, 2014). 選好される獲物の大きさに関する予測方程式は C. Hertler and R. Volmer, “Assessing Prey Competition in Fossil Carnivore Communities- A Scenario for Prey Competition and Its Evolutionary Consequences for Tigers in Pleistocene Java,” *Palaeogeography, Palaeoclimatology, Palaeoecology* 257 (2008): 67-80. による。

表9-1でわかるように、一般的に群れでの狩りのほうが、同じ体重の捕食者が単独で狩りをするより大きな獲物を仕留められる。したがって群れで狩りをすれば捕食者はずっと大きな動物を仕留めることができる。ところが仕留めた獲物の分け前となると、単独で狩りをした場合より必ずしも多いわけではない。群れのなかで優位な個体は死体の「公正な分け前」より多く食べることが多く、劣位の個体の分け前はずっと少なくなる。6頭の群れのホラアナライオンあるいは小型の剣歯虎に対して計算上予測される獲物の体重は、生態系内で最大の動物の体重を超えてしまう。したがってホラアナライオンや小型の剣歯虎は個体数の多い群れで狩りはできなかったのである。

単独の捕食者だとすると、同じサイズの獲物を狙う追跡型ハンターより待ち伏せ型のハンターのほうが実入りがいい。この違いは、待ち伏せ型の捕食者が、獲物にこっそり近づいてから全速力で走って跳びかかることで、単独で狩りをするように進化してきたことを反映している。短距離を全力疾走することが絶対不可欠だ。単独の追跡型ハンターは長距離ランナーのように俊足で追跡するが、追跡が長引くほど大量のエネルギーを消費するようになる。疲労してきても、単独の追跡型ハンターの場合は、群れの他のメンバーと先導を交替するという選択肢がない。だから単独の獲物を追い詰めるのはきわめて難しい。

古代の生態系で最も大きな哺乳類の成獣（マンモスで推定約5500キロ）を仕留めることができたのは、理論的には群れで狩りをするホラアナライオンや小型の剣歯虎だけだった。しかし、オオカミやホラアナハイエナ、そしてネアンデルタール人と現生人類も、群れで狩りをすれば、生態系中のあらゆる哺乳類を仕留めることができた。しかし古代ヒョウの場合は、現存するヒョウから

表9-2　獲物となる草食動物の体重

種	体重(kg)	生息地
マンモス（*Mammuthus primigenius*）	5,500	開放的なステップ、寒冷
ケブカサイ（*Coelodonta antiquatus*）	2,668	開放的なステップ、寒冷
ヨーロッパバイソン（*Bison bonasus*）	891	森林
オオツノシカ（*Megalocerus giganteus*）	670	開放的な森林、ステップ
ステップバイソン（*Bison priscus*）	529	乾燥ステップ、草原
ヘラジカ／アカシカ（*Cervus elaphus*）	500	森林
ウマ（*Equus hydruntus*）	335	ステップ
ジャコウウシ（*Ovibos moschatus*）	285	開放的なステップ、寒冷
オーロックス（*Bos primigenius*）	269	開放的なステップ、寒冷
トナカイ／カリブー（*Rangifer tarandus*）	100	ステップ、寒冷
イノシシ（*Sus scrofa*）	90	森林
アイベックス（*Capra ibex*）	40	森林、高山
シャモア（*Rupicapra rupricapra*）	40	森林、高山
ノロジカ（*Capreolus capreolus*）	25	閉鎖的な森林、森林

出所：D.Brook and D.Bowman, "The Uncertain Blitzkrieg of Pleistocene Megafauna," *Journal of Biogeography* 31 (2004): 517-523

類推するかぎり、群れで狩りをすることはまずなかっただろうから、成獣のマンモスは倒せなかっただろう。ただ忘れてならないのは、どんな動物にも幼い頃があり、たとえば同じマンモスでも赤ん坊を捕らえるのと成獣を捕らえるのでは雲泥の差があることだ。

ではこれらの肉食動物の食事のメニューはどうなっていたのだろう？　旧石器時代の生息地には多くの餌種が存在した。表9-2には、5万年前〜2万5000年前にユーラシアでよく獲物になっていた中型から大型動物の推定体重を重い順に並べてある。考古学的遺跡によって出土する動物骨化石に多くのカットマークがあったり、骨髄をとるために砕かれていたりする場合があり、こうした化石からネアンデルタール人が日常的に仕留めていた獲物が、同等の大きさの肉食動物が得ていたものとくらべ、ずっと大きかったことがわかる。現生人類もやはり大きな獲物を捕らえていた。

すると表9-1で獲物の大きさを予測するのに使った方程式に問題があるということだろうか？それとも表9-2の獲物の体重が正しくないのだろうか？　いや、どちらの表のデータも現存する種との解剖学的な比較にもとづいていて、かなり正確だ。それではこの骨化石そのものという厳然たる事実は、ヒト族がその身体の大きさから予測できる獲物よりずっと幅広い大きさの獲物を狩っていたことを物語るのはなぜなのか？　問題は、表9-1を作成するのに使われた計算式には、ヒト族の狩猟具使用能力が加味されていないことにある。ヒト族は狩猟具が使えたことで、同じ時代に群れで狩りをしたり待ち伏せ猟をしたりしていた平均的な捕食者よりずっと有利だったはずだ。狩猟具を使って集団で狩りをすれば、ネアンデルタール人も現生人類も、当時の生態系に生息した他の動物とともにマンモスも倒せたし、実際にそうしていたのである。

フィンレイソンはネアンデルタール人を本来は待ち伏せ型のハンターだったと見ていて、それには十分な理由もある。ネアンデルタール人は解剖学的にみて、高速で走ったり長距離を走るような適応はしていないし、しかも彼らの狩猟具は手でもったまま使うものであり、投擲型の狩猟具ではなかったからだ。さらに、ネアンデルタール人は閉鎖的な地域か、森林帯と見通しのよいツンドラの間のエコトーン（移行帯）を生息地として好んでいたらしい。こうした解釈が正しいとすれば、待ち伏せ型の猟をするように適応したネアンデルタール人は、ベルギーのスピー洞窟では若い個体や生まれたばかりの赤ん坊を餌食にはできたが、成獣のマンモスを日常的に狩るようなことはできなかったのではないだろうか。

さて、話は獲物を仕留めただけでは終わらない。当時の生態系では、ネアンデルタール人も現生人類も、仕留めた獲物の死肉を他の捕食者に狙われていたはずだ。死肉をめぐって直接対決せざるを得なくなれば争いは激しくなり、現代の生態系ではどちらか一方の死で決着がつくことも多い。ネアンデルタール人であれ現生人類であれ、当時の肉食動物と対決せざるを得なくなった場合、相手を圧倒することができたのだろうか？　大きな体型であれば、たいてい優位に立てることは予測できるが、ヒト族にはあてはまらない。単独の場合、どちらのヒト族よりもホラアナライオンや小型の剣歯虎のほうが圧倒的に重量でまさっていたし、ホラアナハイエナやオオカミ、ヒョウで同程度の体重だ。ヒト族が単独で猟をした場合は、単独のドールが相手の場合は例外として、仕留めた獲物をあきらめて他の捕食者に明け渡さざるを得ないことも多かったはずだ。

ネアンデルタール人の専門家スティーヴ・チャーチルは、ネアンデルタール人の猟について多くの考えを示してきた。チャーチルは、ネアンデルタール人も現生人類も身体が中型なため、捕食者ギルドのなかで優位な立場にはなかったと考えている。「ネアンデルタール人は大型の肉食動物の順位制のなかでどのあたりに位置していたのか？　確信をもって答えるのは難しいが、ネアンデルタール人はどんな順位であろうとギルドのなかで社会的に優位な位置にはなかったとは言えると思う」。さらにチャーチルは続けて「仲間が多ければ、死肉を奪い取ったり、盗人から守るために、ネアンデルタール人はライオンや剣歯虎、そしてハイエナにも立ち向かっていたのではないかとは思っている。しかしこれらの肉食動物が群れで猟をすることを考えれば、こうした接触でたいていはネアンデルタール人側が負けていたとも思う」と述べている。[21]

集団で狩りをし、長距離を隔てて狙える投擲型の狩猟具があれば、集団の規模次第では現生人類も大型の捕食者に対して優位に立つこともできた。しかしそうした投擲型の狩猟具をもたなかったネアンデルタール人には、ホラアナハイエナやホラアナライオンを牛耳ることはできなかっただろう。また集団で狩りをしたとしても手で持つだけの狩猟具しかなければ、他の捕食者を前に怖じ気づいてしまうことが多かったはずである。手で持つだけの狩猟具が使えるくらい十分近くまで接近しようとすれば、ネアンデルタール人のほうが肉食動物のかぎ爪や歯による攻撃範囲に入ってしまっただろう。ネアンデルタール人が捕食者と直面した場合の基本戦略はおそらく集団演技であり、奇声を発したり腕を振ったりしながら自分たちを大型動物のように見せかけ、石でもなんでも投げつけたのだろう。そしてできるだけ多くの肉をできるだけ素早く剝がすと、残った死骸は放棄したのである。

どちらのヒト族にとっても狩猟具が重要だったのは、効率的に獲物を仕留めるだけでなく、他の捕食者にかぎつけられて襲われる前に手早く死骸を処理し、肉や脂肪、骨髄を採取するためでもあった。ネアンデルタール人も現生人類も石器で骨を砕き、栄養が豊富で脂肪分の多い骨髄を採取したが、これはホラアナハイエナを除けば他のほとんどの捕食者には利用できない部位だった。マンモスやケブカサイといった最大級の獲物になると、巨大なハイエナでさえ骨髄入りの骨を砕くことはできなかった。実験によって明らかになったのだが、大きな石を使えば、かなり時間と労力はかかるにしても、現代人にも骨髄の詰まった現生のアフリカゾウの骨を砕き割ることができた。[22] そんなことができる肉食動物は知られている限り存在しないが、大型肉食動物なら骨の端にかぶりついて脂肪を吸い出すことはできるだろう。

現生人類は能力は勝っていたのかもしれないが、獲物に関してはネアンデルタール人と完全に共通していた。たとえばワシントン大学のドン・グレイソンとタランスにある国立科学研究センター（CNRS）のフランソワーズ・デルペッシュは、ムスティエ文化（ネアンデルタール人）からオーリニャック文化（現生人類）の時代にわたってヨーロッパの数多くの遺跡の動物相を徹底的に分析したが、ふたつのヒト族の間で獲物の選択に関して首尾一貫した大きな違いは見られなかった。ふたりはこう結論している。「考古学的分析から、ネアンデルタール人と初期現生人類は、まったく同じ種類の動物をきわめてよく似た方法で狩りをし、その後の処理をしていたことが立証された。特定の動物が食事に含まれる割合はかなり異なるとしても、それはハンターが選択したからではなく、気候によって景観中の動物の個体数が増減したことに関係していた……帰無仮説つまりネアンデルタール人と初期現生人類の食事の内容について、少なくとも大型哺乳動物のメニューに関して（検出可能な）大きな違いはないことについては、いまやきわめて強力な証拠が存在する」[23]

選択する獲物の大きさが互いに共通していたのはネアンデルタール人と現生人類だけでなく、肉食動物ギルド内全体でもほとんど共通している（図9-1参照）。たとえばホラアナライオンが単独で狩りをした場合、オーロックスなどのウシ科動物やオオツノシカ（学名 *Megaloceros giganteus*）、ヘラジカそしてウマなどの獲物を狙っていただろう。もちろんもっと小型の動物や、もっと大型の

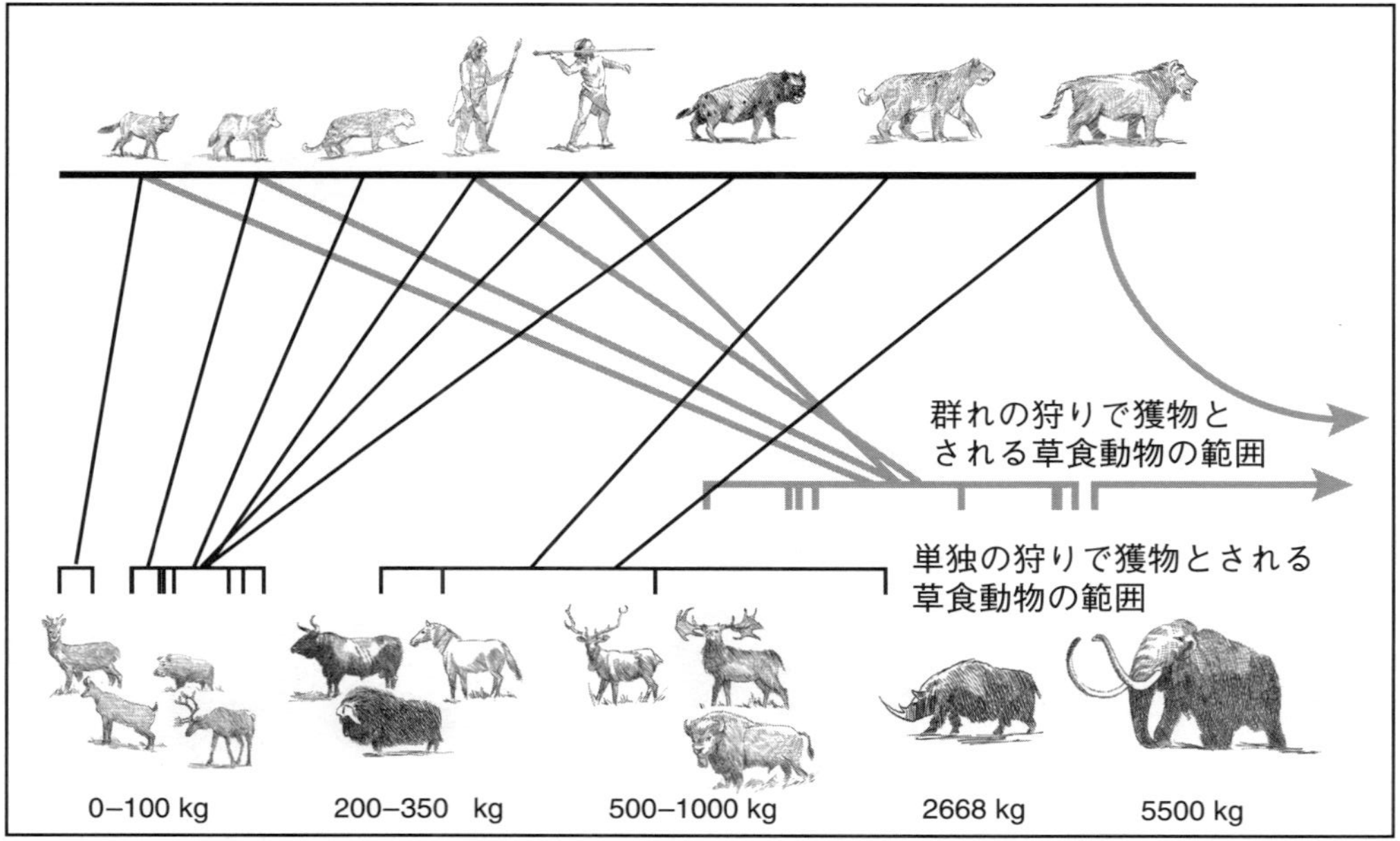

図9-1　捕食動物の体重は、選好する獲物の大きさに強い関係がある。図には獲物となる草食動物と捕食動物が成獣の体重の順に並べてある。これらの捕食動物は、ヒョウを例外とすればすべて群れで狩りをした。群れで狩りをすれば、より大きな獲物が捕れるし、捕る必要もあった。違う種であっても選好される獲物の大きさが大幅に重複していることから、捕食者が単独で狩りをしようと群れで狩りをしようと、いずれにせよ激しい競争があったことがうかがえる。

動物（ケブカサイやマンモスなど）の若い個体なども仕留めることはできたし、実際そうした個体に狙いを定めることも多かったのだろう。しかし単独の狩りでこれほど大きな獲物を仕留められる肉食動物は他にいなかった。

小型剣歯虎の獲物は、ホラアナライオンのお気に入りの獲物のうち小さいほう、おおよそ300キロから1300キロ程度の獲物とほぼ共通していた。また単独の猟の場合、ヒョウやホラアナハイエナ、オオカミ、ネアンデルタール人、そして現生人類がみなお互いに選択する獲物が30キロ〜110キロ程度と共通していた。単独のドールならもう少し小型の種を獲物にしていただろうが、現生人類が到来するまでには実質的に絶滅していた。

ヒョウやクマ、そしておそらく小型剣歯虎を例外とすれば、当時のユーラシアにおける捕食者ギルドに属するすべての捕食者は十中八九、集団で狩りをしていた。群れで狩りをすればその結果に大きな変化が起きる。どんな捕食者でも単独での狩りより大きな獲物を倒すことができるようになるのである。しかし同時に、群れで猟をすれば、群れ全体を賄うためにより大きな獲物を捕らえなければならない。

集団であれば、これらの捕食者は現存するあらゆる獲物を倒すことができただろう。おそらくこの原則の例外となっていたのがネアンデルタール人と現生人類であり、もし彼らが標準的な肉食動物の特徴を備えていたとすれば、成獣のマンモスを倒すことはできなかっただろう。しかしわたしたちが知るかぎり、現生人類もネアンデルタール人も標準的な肉食動物のような特徴は備えていなかった。はっきり結論できるのは、捕食者ギルド内には重大かつ重要な競争が存在したということ、そして大型の肉食動物はみな同じ獲物を狙っていたということだ。その明らかな例外となるのがホラアナグマとヒグマで、エルヴェ・ボシャランと彼のチームによる傑出した同位体比分析によれば[24]、これらの動物はきわめて草食的だったのである。したがってわたしもそれらが選択した獲物の大きさは計算していない。

チャーチルも指摘しているが、種の間には競争を減らすような行動が存在する[25]。それは競争者とは異なる生息地を選択できる場合で、見通しのいいステップやツンドラで猟をするものがあれば、それに対して森林地帯を利用して狩りをするといった具合だ。たとえばホラアナライオンの同位体比分析によれば、同一の遺跡から出土するホラアナハイエナとは摂食している獲物が重ならないのである。フィンレイソンは同位体比分析のデータを、ネアンデルタール人が見通しのいいステップでの狩りの専門家ではなく、森林地帯あるいはエコトーン（推移帯）での待ち伏せ型狩猟民だったことを示唆するものと解釈する。もしそうだとするなら、ネアンデルタール人はやはりヒョウやホラアナハイエナと競争していたことになり、ドールやオオカミとも相当な競争があったはずだ。

もうひとつ競争を避ける戦略が、他の種とは違う時間帯に狩りをすることで、夕方と明け方の猟より夜間の猟を選ぶ種もあれば、夜間の猟より昼間の猟を好む種もある。こうした猟の時間帯シフトはネパールで報告されている。ネパールのチトワン国立公園とその周辺では、人間とトラの生息密度が驚異的に高い。しかし人間が薪を集めたりして活動するときの騒音や騒がしさのせいで、チトワンのトラは日中はほとんど行動せず、マレーシアやインドネシアの似たような地域で調査されたトラとくらべても日中の行動が圧倒的に少ない。こうした時間帯のシフトによりチトワンのトラはうまく人間と共存している。[26]

哺乳動物の捕食者は、おそらく昼行性の狩猟民であった現生人類やネアンデルタール人よりたいてい夜間視力がよかっただろう。このことからヒト族がギルド内競争を回避できたとするかどうかは議論のあるところだ（現生のライオンやハイエナ、オオカミそしてドールはみな昼夜にかかわらず狩りをする）。

競争を回避する第三の戦略は、いろいろな種類の食物の処理に特化した能力を獲得することだ。たとえば頬歯をもつ肉食のスペシャリストに対して、骨を砕く大きな歯で骨髄を採取する種といった具合だ。石器の利用に特化したヒト族は、石器を使って死体から肉や脂肪の一部を切り離し、新鮮な死体付近の危険な場所から手際よく持ち去るのが得意だ。おそらくこの点がヒト族の優れていたところだった。もうひとつ石器を利用したヒト族の特殊技能が、骨を砕いて栄養価が高く脂肪分の多い骨髄を採取することだ。この骨を砕くことについて現生人類と大いに競争できたのは、ホラアナハイエナだけだっただろう。この時代にその他の捕食者が処理できた骨はずっと小さいものに限られた。しかしこれらのどの戦略もヒト族が資源競争を回避するのにきわめて有効とは言えないまでも、そこそこは役に立っただろう。

5万年前～2万5000年前にかけてのギルド内競争が激しかった名残を、わたしたちは実際に見ることができる。当時、現生人類が到着して以降、ユーラシアの捕食者ギルドでは多くの構成種が関わる生態系規模の崩壊があった。ネアンデルタール人、ホラアナハイエナ、そしておそらくドールも約4万年前に絶滅した。[27] ホラアナライオンも4万5000年前には遺伝的多様性が減少しはじめ、4万年前～3万5000年前にはヨーロッパではほとんど見られなくなり、その後再びヨーロッパで生息するようになるが、約2万5000年前には地域によっては絶滅した。2種類のホラアナグマは約2万8000年前と2万5000年前に絶滅した。最も新しい小型剣歯虎は2万8000年前のものと年代測定されたが、40万年前以降の小型剣歯虎の標本はふたつしか存在しないことから、この種は極端に稀少であったか、再度年代測定を行う必要性があることを示唆している。ヒョウはショーヴェ洞窟に描かれていて、その絵の年代はおそらく4万年前～3万8000年前と推定されるが、化石調査によれば、4万年前かそのわずか前にヨーロッパではこの種は明らかに減少しはじめていた[28]。つまり、現生人類が到着してから数千年の間に、ヨーロッパの捕食者ギルドは甚大な崩壊を経験し、そのことが多くの種の壊滅すなわち絶滅へとつながったのである。

年代測定にかかわる問題と、化石として発見できた個体のみを年代測定しているという制約があるため、個々の種が絶滅した時期をさらに正確に知ることは不可能だ。まだ発見されていない標本については、当分の間は統計に現れることはない。しかし、これらの絶滅した種はすべて大なり小なり同じ獲物をめぐって競争していたことはわかっているのであって、目を見張る成功を収めた新たな捕食者の侵入という視点から、捕食者ギルドの絶滅についてはかなり説明がつけられるとわたしは考えている。

しかし旧石器時代のクマ類についてはどうだろう？　厳密に言えば捕食者だったが、同位体比分析によると当時のクマは雑食性で完全に植物食だったとさえ言える。したがってわたしたちが手にしている証拠からは、ホラアナグマは、現生人類ともネアンデルタール人とも食物をめぐって直接競争していたわけではないということになる。しかし、わたしがクマも更新世の捕食者ギルドに含めてきたのは、クマの絶滅によって進化的作用としての競争がとてつもなく重要であることが裏付けられるからである。

第10章　競争

旧石器時代のホラアナグマの習性には実に興味深いものがある。ユーラシアには2種のホラアナグマが存在し、東部にはウルスス・イングレッスス（*Ursus ingressus*）、西部にはウルスス・スペラエウス（*U.spelaeus*）が生息していた。両者は解剖学的に、またｍｔＤＮＡの違いによっても区別できる。この2種のホラアナグマの絶滅は当時のユーラシアに波のように押し寄せた捕食者絶滅の問題を解明するふたつのエピソードからなる物語だ。

ドイツではこの2種のホラアナグマが共存していたのは短かったようだが、現在のオーストラリアにあたる地域ではおそらく1万5０００年も共存していた。どのようにお互いに競争を回避していたのだろうか？　エルヴェ・ボシャランらによる同位体分析から判断するかぎり、どちらのホラアナグマも完全に草食性だ。(1)　しかし、同時にエルヴェ・ボシャランらが分析した標本では同位体比に重複がみられず、このことは2種のホラアナグマは異なる植物を摂食していたか、あるいは異なる地域あるいは高度の植物を摂食することで草食性クマの食物ニッチを分け合っていたことを示唆している。つまり、両者はほぼあるいは完全に草食性のホラアナグマだったのだが、食料をめぐる競争はなく、共存することができていたのだ。

クマ科の生物として当時のユーラシアに存在していたのはホラアナグマだけではなく、同じ地域にヒグマ（学名 *Ursus arctos*）も生息していたので、生態学的状況はさらに複雑だった。ヒグマは体型は小さかったが、ホラアナグマとくらべれば明らかに肉食の割合がずっと多く、しかし同じ谷に生息するホラアナライオンほど肉食に偏っているわけではなかった。当時のヒグマも現生のヒグマと同様に、クマらしく摂食の自由度が高かった。

研究者によっては、現生人類はホラアナグマが洞穴で冬眠しているのを狙って狩りをして西部のホラアナグマを大量に仕留め、ホラアナグマが予定しておける食物資源となっていたのではないかと考えている。チュービンゲン大学のホラアナグマ専門家スザンネ・ミュンツェルが、その状況を要約している。


現生人類とネアンデルタール人はこれらの洞窟をめぐる強力な競争者であっただろうから、ホラアナグマはさらに不利な冬眠場所に追いやられていたことが考えられ、こうしたねぐらをめぐる競争があったとする考え［を好む研究者もいる］。しかし狩猟にはさらなる影響もあり、必ずしも単一の遺伝子グループに甚大な影響を与えただけではなく、ホラアナグマ全体の個体数にも影響を与えたのではないだろうか……ホラアナグマにとって冬眠に洞窟を好んだことは致命的だった。少なくとも現生のヒグマが開放的な地形のねぐらを好んでいるのとは対照的に、洞窟のようなところをねぐらにすれば、簡単に居場所が知られてしまう……またホラアナグマの骨に多量の刃物の跡や衝撃痕が見られることが、［この地域で］ホラアナグマの狩りが行われていた証拠で……ホーレ・フェルス洞窟で出土した胸椎にはまだ尖頭器が刺さっていた[2]……
（図10-1、10-2参照）

こうした確かな証拠から、人間がホラアナグマを狩猟していたことは間違いないはずだ。しかし骨はまた現生人類のご都合主義も教えてくれる。ネアンデルタール人が生存していた間、ドイツのアッハ・ヴァレーの洞窟で収集されたホラアナグマの骨の大部分は、おそらく冬眠中か早春の頃に自然死した個体のものだ。ホラアナグマがネアンデルタール人により組織的に狩猟されていた痕跡はほとんどない。同じ地域でも現生人類到着後のオーリニャック文化期やグラヴェット文化期になるとホラアナグマの骨の集まりは減少するが、発見された骨には石器を使って切ったり、皮を剝いだり、肉を剝がしとった痕がよく見られるようになった。現生人類はホラアナグマの組織的な狩猟と処理を開始していたのである。冬眠期の、あるいは目を覚ましたばかりで腹を減らした成獣が小グマを残して餌探しに出る早春期のクマ狩りには、比較的期待が持てただろう。ネアンデルタール人も現生人類も洞窟を住処としていたので、洞窟の場所と、住処に適した洞窟の知識は生存に欠かせない知識のひとつだっただろう。

ホラアナグマの個体数が劇的に減少したこともわかっている。2種類のホラアナグマの化石は、ネアンデルタール人がいた頃の動物遺物の約55パーセントを占めていて、そのほとんどはヒト族の

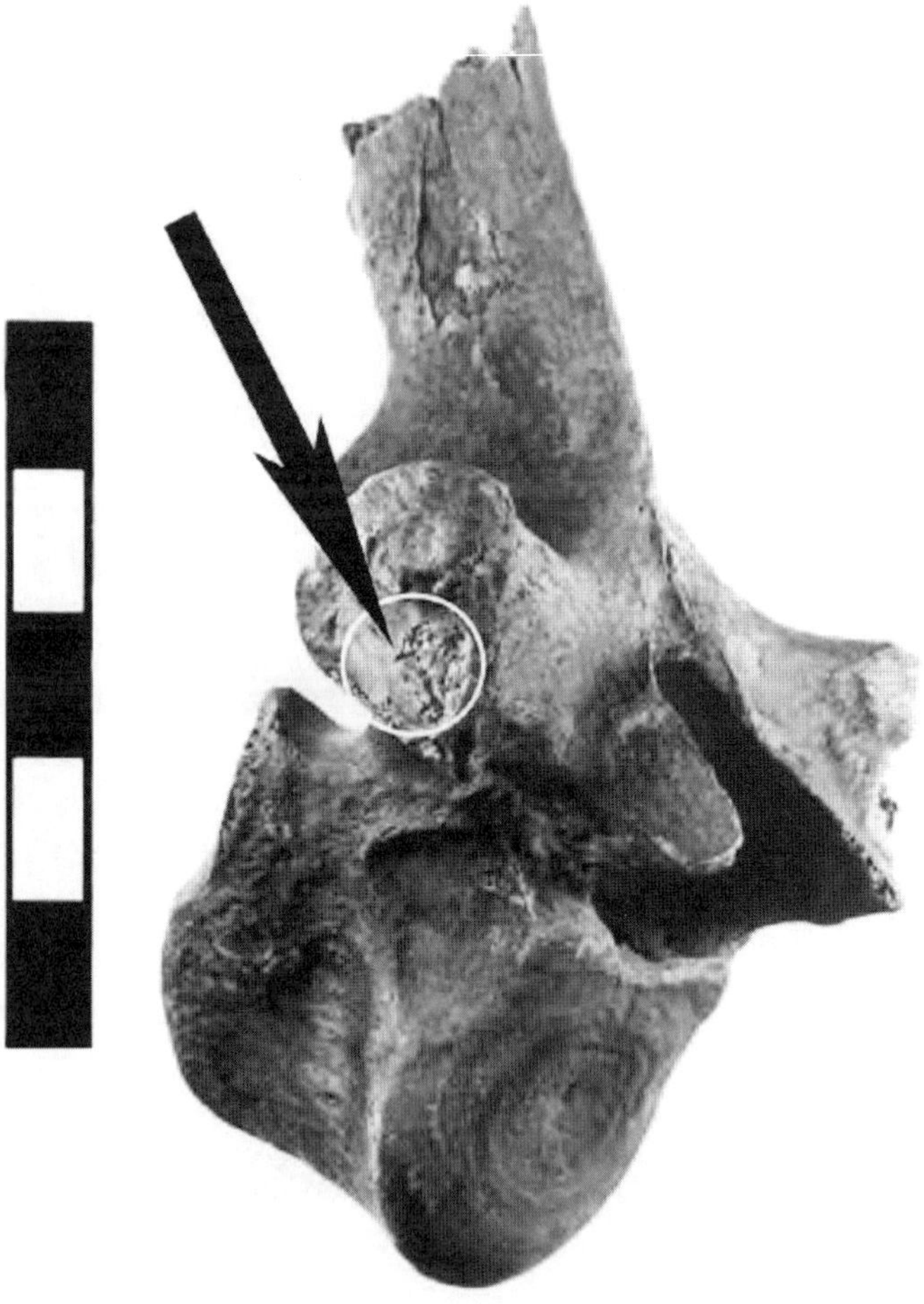

図10-1　このホラアナグマの脊椎に突き刺さっているフリント製の投げ槍の尖頭器は、ドイツのホーレ・フェルス洞窟のグラヴェット文化層（現生人類による）から出土したもので、現生人類がホラアナグマを狩猟していたことがわかる。

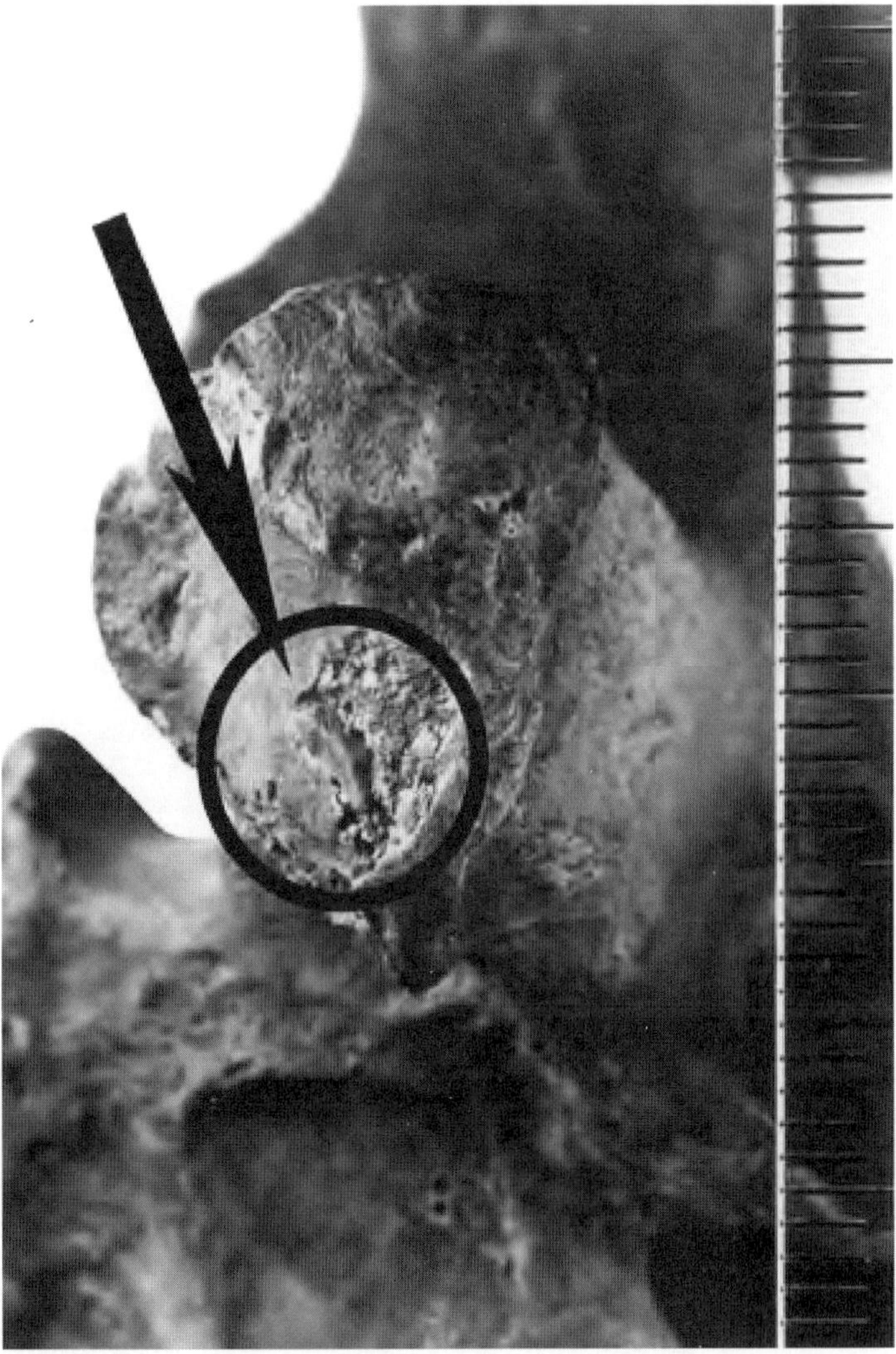

図10-2　図10-1のホラアナグマの脊椎を拡大したもの。突き刺さった尖頭器部分がはっきりわかる。

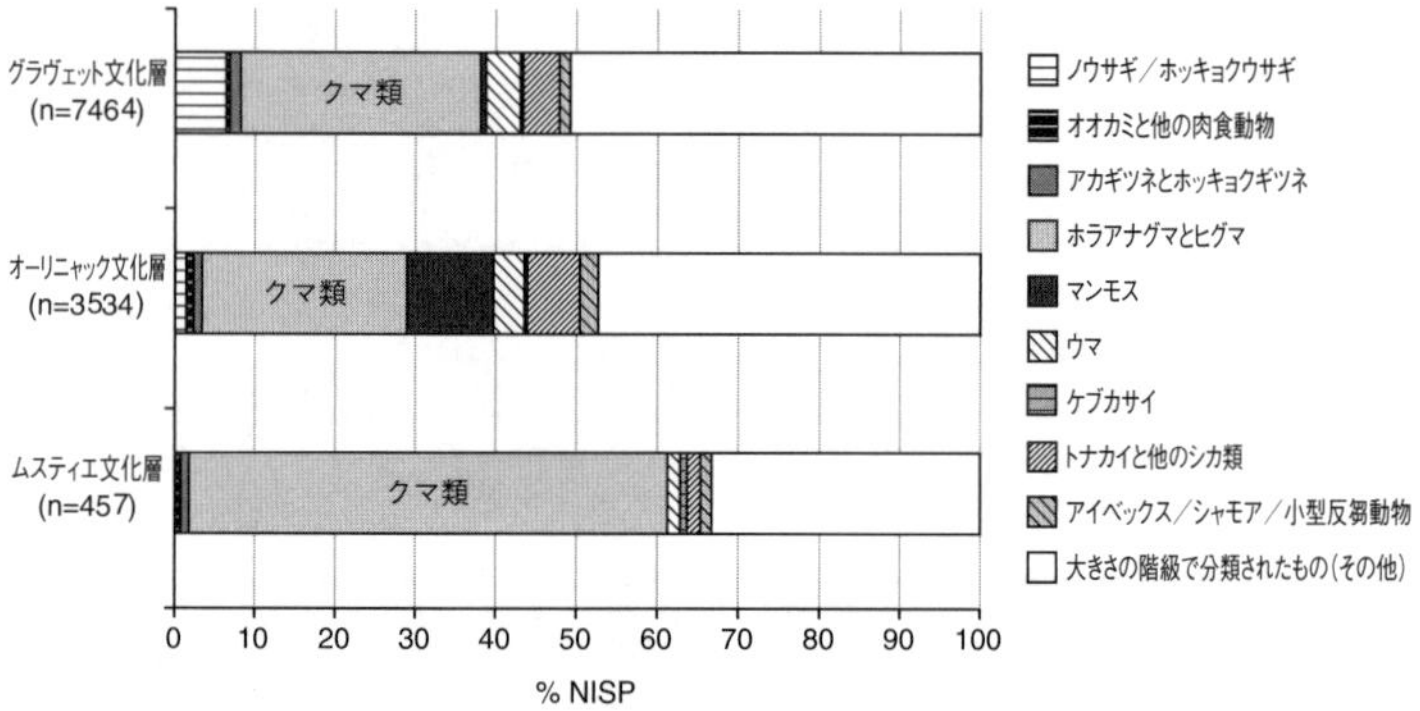

図10-3　このグラフはホーレ・フェルス洞窟から回収された動物骨化石に含まれるクマ（ホラアナグマとヒグマ）の化石の割合（NISP、つまり個々の標本数の百分率）を示したもので、ムスティエ文化層からグラヴェット文化層まで下から古い順に並んでいる。クマの化石は、現生人類の層（オーリニャック文化とグラヴェット文化の層）よりネアンデルタール人の（ムスティエ文化の）ほうが多く見られる。ほとんどのクマは冬期間に冬眠している間に仕留められたもので、快適な洞窟をめぐってヒト族と競争があったことを示唆している。

行動とは無関係の自然死だったが、現生人類の時代になるとホラアナグマの化石は約32パーセントから20パーセントの間にまで減少する（図10-3参照）。この結論はホラアナグマから59件、ヒグマから40件のmtDNA配列を抽出、分析した国際チームの研究によって裏付けられている。この論文の著者のひとりコルーニャ大学のアウローラ・グランダル＝ダングラーデによれば、「ホラアナグマの遺伝的多様性の低下は、これまで推定されていたよりずっと古く約5万年前くらいから始まっており、その頃は大きな気候変動は生じていなかったが、人類の拡大が始まった時期と一致している」[3]。ホラアナグマ個体群の遺伝的多様性が低下しはじめたのは気候的には安定した時期であるため、同チームはこの多様性の低下は気候の変動のためではなく、肉をめぐる競争ではないにしても、現生人類との競争が原因だと考えている。[4] 現生人類は他の動物の毛皮とともにクマの毛皮も使っていた可能性がある。さらに、人類にはクマと同じく植物性の食物が必要だった。

ホラアナグマの個体数が急減すると同時に、ドイツの同じ地域では考古遺物（石器、石器製作過程の石屑など）の密度がおおよそ10倍から15倍に増大している。こうした考古遺物が現生人類到着後に増加していることは明らかだ。このことはフランスでのメラーズとフレンチの研究によって明らかにされた現生人類の急速な人口増加パターンと対応している。[5] 明らかに現生人類の人口増加によって、クマと現生人類が共有していた資源をめぐる競争は激しくなったとみられる。

この場合最も重要な資源とは何だったのだろうか？ ミュンツェルらはその状況を次のように要約している。「オーリニャック文化期とグラヴェット文化期［現生人類］の狩猟民の人口密度の増加と、ホラアナグマを殺して解体していた証拠が増えてきたことから、現生人類が乱獲と居住スペースなどの資源をめぐる競争により、ホラアナグマの絶滅に寄与していたことが強く示唆される[6]……」。年代測定がしっかりしている最後の西部ホラアナグマは２万３９００年前±１１０年頃まで生息していた（つまり２万８７３０年前～２万８５００年前〈較正年〉の間）。東部ホラアナグマはもう少し長く生存していたが、おそらく東部のクマは見つけられやすく攻撃を受けやすい場所で冬眠をしなかったためと思われる。それでも西部グマの絶滅から２０００年後には東部グマも絶滅している。重要なのは、完全に草食のホラアナグマは現生人類と動物の獲物をめぐって競ったのではなく、主に植物、そしてとくに魅力的な洞窟をめぐって争っていた可能性が高いことだ。

ヒグマはホラアナグマが絶滅した後も生存し続け、現在も生息している。競合するホラアナグマが絶滅してから、ヒグマは空になったホラアナグマの食物ニッチへ移動し、肉食が減り、より草食的になった。もちろん、現生人類もまだその地域を住処としており、恐るべきハンターであり競争者であった。ヒグマはその適応能力として食物の選択自由度の高さがあったため、現生人類との食物競争の圧力を回避することができた。現生のヒグマは洞窟以外の場所をねぐらとする傾向があるが、これによって現生人類との激しい競争はさらに回避されることになったのだろう。

ホラアナグマの絶滅について解明された知見を総合すると、5万年前から4万5000年前頃にユーラシアの生態系に現生人類が登場したことが捕食者ギルドに広範な影響を与えたということになる。そして時がたつにつれ現生人類の人口が増加し、競争も激しくなった。現生人類と食料をめぐる競争がなかったホラアナグマでさえ、現生人類とのねぐらをめぐる競争と現生人類による直接的な狩猟によって絶滅へと追いやられた。ホラアナグマの個体数が減少している間に気候変動のストレスが増大したことが、すでに衰退傾向にあった種にとってとどめの一撃となったのかもしれない。

当時の気候変動と現生人類の侵入に直面して、他の哺乳類はどうだったのだろうか？　グラヴェット文化期のマンモス骨が大量出土する遺跡やこれらの遺跡から出土するすべての動物を注意深く調査してみると、この時期のさまざまな種の個体数減少や絶滅には特徴的なパターンがあることに気付く。これらの遺跡から骨を収集すると圧倒的にマンモスのものが多いが、多くの遺跡には大量のオオカミの骨、ホッキョクギツネやノウサギの骨も多く見つかり、また数は少なくなるがクズリの骨も通常よりは多く存在した。どれも厚い毛皮をもつ動物ばかりだ。魅力的な毛皮をもつ動物の骨には皮を剥いだ痕がみつかるものもある。当時の現生人類は骨製の針に穴をあけて毛皮の縫い合わせをしていたので、よい毛皮動物を仕留めて皮を剥いでは衣服を作り、敷物を作って暖かく寝ていたことは明らかだ。(7) オーダーメイドの毛皮は、寒い生息地を生き、代謝必要量を少なくすることに役立ったばかりでなく、マンモスを倒す現生人類の能力の大きな支えともなっていただろう。マンモスを狩猟する場合、ノウマやヘラジカ、トナカイを狩るよりも寒空の下に長く留まっていなければならなかったとすれば、暖かい衣服は何より助けになったと考えられる。

毛皮目当てに動物を仕留めること、あるいは食料として仕留めた動物の毛皮を利用することは、現生人類にとって重要な行動の変化となった。また、自然死したマンモスの骨は拾って建材として、また火をおこす燃料としても利用した。とくにまだ脂の残ったマンモスの骨は、長時間一定の温度を保てる良質の燃料となった。

マンモスの骨には他にも注目すべき点がある。現生人類の遺跡にあるマンモスの骨のなかには、仕留めたその場所で処理した痕のあるものもあった。「当然だ」読者のあなたは「マンモスの死体など誰も運ぶことはできない」と思うだろう。いくつかの遺跡で建物を作るために利用されたマンモスの骨はたいていい拾ってきたものだが、そうではない骨もあることは明らかだった。全骨格が出土しているマンモスもあるのだ。わたしたちは人類史上初めて、現生人類がとてもとても巨大な動物を仕留めただけでなく、死肉をあさろうとする他の捕食者が狙うなかで、仕留めたマンモスをすべて確保できた証拠を目の当たりにしているのである。

グラヴェット文化期の遺跡からは非常に多くの肉食動物の骨が出土することが多い。たとえばチェコのパヴロフI遺跡からは、少なくとも536個体の哺乳類と鳥類に由来する4万7323点の標本が出土している。[8] 最も多い動物がノウサギで、ほぼ200個体から6800点近くの標本が得られている。ところが同定可能な収集標本の47パーセントも占めているのは肉食動物の遺骸であり、肉食動物が一般的に稀少で獰猛であったことからすると非常にめずらしいことだ。実際、最も個体数の多い肉食動物はキツネだ（ホッキョクギツネとアカギツネの遺骸は、骨だけでは区別が難しいため、この論文では同じ種として扱われている）。キツネは123個体で、5400点以上の骨の標本が得られている。また、オオカミは57個体（6619点の標本）、クズリは10個体（781点の標本）が得られている。トナカイはありふれた獲物で、56個体の4000点の骨が出土しているが、オオカミと同じくらいの出土数だ。ただしオオカミはトナカイより栄養ピラミッドのより高い位置にいるのだから、実際の生態系ではトナカイほど個体数は多くなかったはずだ。このようにオオカミの遺物が「栄養ピラミッドの位置にしては」多く存在するということは、現生人類が獲物を選択し、好みの動物を仕留めていたことを意味している。

この遺跡ではライチョウやワタリガラスが豊富に見られ、65個体が出土している。鳥類の骨は一般的に脆いので、これほど多く出土するのはめずらしい。この数字が示しているのは、スタイナーとクーンが主張するある種の食物の幅の拡大によって、現生人類はネアンデルタール人より生存上非常に有利になったということだ。[9] 少なくとも8頭のマンモスの骨が存在しているが、出土しているのは骨格全体ではなく、ほとんどは芸術品や道具にするのに都合のいい部分である。他の動物はほとんど見られない。

パヴロフIで出土した330の標本には、皮を剥いで解体し、肉を剥がしたときのカットマークがある。石器を使っていた人々は道具を骨に当ててなまくらにしたくなかっただろうから、このカットマークの多さは注目に値する。対照的にパヴロフIから出土した骨のうち、肉食獣に囓られた跡があるのはわずかに23個の骨だけで、肉食獣がこれらの遺跡に接近することはあまりなかったことを示している。どういうわけか、遺跡には寄りつかなかったのである。

マンモスの死体から得られる価値のあるもうひとつの資源が骨と牙で、他の哺乳類の骨や角、歯も重要な資源となった。パヴロフIや他の巨大なマンモス遺跡では、こうした素材を芸術品にしたり、道具、ペンダントに加工したりしていた。考古学的な集合物としては、大量の肉食動物が出土するのはきわめてまれなため、オーストリアのクレムス＝ワハトベルク、チェコのドルニ・ヴェストニッツェI・II、ウクライナのコスチェンキ、そしてポーランドのクラクフ＝スパジスタ・ストリートE・Fといった別の遺跡で同じような事例が見られなければ、そうしたことは信じられなかっただろう。

ヒト族が狩猟を始めて以降、腐肉食動物に死体を奪われないための防御はきわめて危険で大きな問題だった。ヒト族の基本戦略は、鋭い石器を使って死体から肉をそぎ取り、潜在的競争者が死体を持ち去る可能性が低い安全な場所へ運び去るというものだった。スピー洞窟では脂肪分が多く栄養価の高いマンモスの脳および頭蓋部分が最も多く出土することから、ネアンデルタール人もマンモスに対して同じような戦略をとっていたのかもしれない。モロドヴァI遺跡で見られる、肉をきれいに剝ぎ取った肩甲骨や頭蓋、牙そして骨盤は、マンモス骨製の小屋を作るのに役に立つので、ネアンデルタール人が好んだ材料だった。

マンモスの狩りが高い頻度で成功するようになったのは現生人類の出現によるもので、ケナガマンモスからは大量の食料が得られたのである。リノにあるネヴァダ大学のグレイ・ヘインズは、マンモスの成獣を仕留めれば500キログラムの肉が得られただろうと述べている。[10] わたしはこの数字は過小評価ではないかと思っている。というのも、たいていの現生の哺乳類から総重量の約60パーセントの肉が得られるからだ。[11] この割合を当てはめれば、成獣のマンモスならヘインズが見積もった量の4倍近くの肉が得られることになる。しかも、マンモスの死体から利用可能な肉と脂肪がどんなに多く取れようと、気候が寒冷だったため、マンモスの肉は冬期には冷凍で保存できただろう。食料がつまった天然冷凍庫があったと考えればいい。

イエローストーンへの頂点捕食者（オオカミ）の再導入と5万年前のユーラシアでの状況の比較に戻ろう。イエローストーンへオオカミが再導入されたとき、オオカミは生態系に腐肉食動物用の死骸を多く提供するので他の捕食者にとっても恩恵となった。オオカミが一番の競争者となるコヨーテはオオカミから高い捕食圧を受けたが、腐食肉を得られるようになったことである程度相殺された。

このようにオオカミがもたらす不利益もあれば利益もあるといった状況は、旧石器時代には起きていなかったかもしれない。というのも現生人類はマンモスなど大型動物を仕留めると、死骸を残さず自分のものとする手法をとったからだ。だとすればネアンデルタール人など在来の捕食者が現生人類のおこぼれにあずかれることはあまりなかっただろう。現生人類が現れたことによる大きな影響は競争を激化させたことであり、オオカミによるコヨーテへの影響と同じように、ネアンデルタール人を衰退させた可能性もあるし、現生人類を避けるように棲み分けを余儀なくさせたかもしれない。

侵入してきた頂点捕食者が生態系へ影響を与える行為のひとつが、(イエローストーンで再導入されたオオカミがコヨーテを殺すように)一番の在来競争者を直接殺すことだ。論理的には現生人類にとって一番の競争者となる捕食者はネアンデルタール人だっただろうが、現生人類がネアンデルタール人を殺していたことを示す直接的な証拠はほとんど存在しない。現生人類がネアンデルタール人を殺害して食していたとする説もあるが、その解釈を裏付ける確かな証拠はほとんどない[12]。現生人類の遺跡には捕食した動物の多くの遺骸が残されていて、毛皮の取れる捕食競争者の遺骸がみつかる遺跡もあるが、ネアンデルタール人の骨が見つかることはきわめてまれなことだ。それはなぜか?

ひとつの可能性としては、どこで食い違いが生じたのかはわからないが、先に述べた採食の研究によって示唆されるほどには現生人類とネアンデルタール人が競争状態にはなかったことが考えられる。もうひとつの可能性としては、現生人類とネアンデルタール人が共存したのは数千年以下と、時間的にも空間的にも非常に限定的だったため、検出できるほどしっかり保存された証拠が残っている遺跡の数が単純に少ないということも考えられる。また、ネアンデルタール人はすぐに現生人類から距離を置くことを学習したのかもしれないし、単純に競争激化のなかで急速に絶滅していったのかもしれない(ネアンデルタール人は現生人類をはじめこの時期のほとんどすべての捕食者と同じ獲物を狩猟していたことを思い出してほしい)。ところがネアンデルタール人は暖をとる能力が限られていたうえ、代謝率が高かった。生活スタイルとしても活動量が多く、武器は手で持って使うものだけで、しかもネアンデルタール人がその狩猟技能を最も発揮できる森林生息地の大半が失われていた。

当時の現生人類は多くのマンモスを仕留めて利用し、その死体を残さず確保したうえ、ネアンデルタール人にはめったに仕留められなかったオオカミも標的にし始めた。オオカミは、ホッキョクウサギやホッキョクギツネと同様、その厚い毛皮が非常に有益なために狙われたというのが一般的な見方だ。しかし仕留めたマンモスからも、部位によっては長さ1メートルにもなる毛で覆われた厚い皮が大量に取れたはずだ（もっともマンモスの毛皮は毛の密度が低く、オオカミやキツネのような毛のつんだ贅沢な毛皮ではなかったが）。これは「贅沢」の始まりなのだろうか？　マンモスの毛皮は網や袋をつくるための縄や綱にうってつけではなかっただろうか？　毛皮が取れるにしても、狩りに危険を伴う現生人類にとって最も獰猛な動物を仕留めることが突如として可能になり、それが非常に重要となる原因が他にあったのだろうか？　マンモスを仕留めていたのと同じように、オオカミを選択的に仕留めていたことは、当時の現生人類についてきわめて重要なことを教えてくれているのではないだろうか？

第11章　マンモスの骨は語る

数年前、生態学者のエールス・サトマーリが「ジャガー原理」に言及するのを耳にした。「欲しいものがいつも手に入るわけじゃない。でもときにはやってみりゃ、本当に欲しいものが手に入るかもよ」。わたしはすぐにこの喩えの妙味に気付いた。いろいろな意味で、ミック・ジャガーとキース・リチャーズの不朽の歌詞は、進化を語るうえでわたしの知る限り最もうまい表現法だ[1]。事態は必ず変化する。欲しいものはいつも手に入らないが、ほんの少し自由度があれば、生き残りに必要なものが手に入るかもしれない。ヒグマはこの秘訣をうまく利用し、ホラアナグマとネアンデルタール人はそれができなかった。

4万5000年前から3万5000年前の間に非常にめずらしい変化がいくつかあったのだが、それらを総合するときわめて異常な事態で、とてつもない変化を意味していた。大部分の動物も、必要なものを獲得し続けるために変化する必要があった。

これらの変化をいくつか再検討してみよう。4万5000年前頃、気候は急速に波動をはじめ、非常に寒冷で乾燥した期間のなかに温暖で湿潤な期間がちりばめられたような状況だった。気候が寒冷期に入るとマンモスステップの動物相に寒冷気候に適応した巨大生物が登場した。最も目立つ草食動物がケナガマンモス、ウマそしてバイソンだが、ケナガサイやサイガ［小型のアンテロープ］などの草食動物や、トナカイなどのシカ類も生息していた。トナカイは骨の同位体比分析や現生のトナカイから判断すれば、主に草を食べヤナギやカバノキの葉も食べていたようだが、他の草食動物と違い冬期には地衣類も積極的に食べていた。肉食動物は狩猟を続けていた。ホラアナライオン、ホラアナハイエナ、ホラアナグマ、ヒョウ、小型剣歯虎、オオカミ、そしてもっと小型のクズリやドール、ホッキョクギツネ、ヤマネコ、イタチもいた。熟練ハンターであるネアンデルタール人は木々の多い森林地帯、森林から平野への変わり目にあたる移行帯《エコトーン》という彼らにとって最適の生息地で生活していた。気候が変化すると、豊富にあった生息地やその分布にも変化が現れた。森林地帯は縮小しその後さらに細かく分散してモザイク状の分布となり、モザイク状の森林地帯の間には広大なステップとツンドラが広がり、カバノキやマツ、ポプラの木々は河川の流路に沿うように生えていた。こうした変化は氷河期と間氷期の世界規模の気候サイクルのなかでそれまでにも繰り返し生じていた。こうした変化に適応した個体群もあれば、移動したり変化したりして生き残った個体群もあった。

しかし今回の変動では新しい頂点捕食者、現生人類が存在し、その個体数もテリトリーも大幅に拡大させていた。それまで何度も訪れた気候変動期には現生人類はまだユーラシアに存在していなかったが、ネアンデルタール人はすでに生息していた。ところがポール・メラーズとジェニファ・

フレンチや先に述べたニック・コナードら[2]によるドイツのアッハ・ヴァレーから得られた情報を総合するメタ分析からは、現生人類が到着して繁栄すると、あっという間にネアンデルタール人の個体数を上回っていたことが示唆された。狩猟方法に適した森林生息地が縮小した影響から、ネアンデルタール人はその頃すでに個体数も遺伝的多様性も減少していた可能性もある。そして4万年前以降になるとネアンデルタール人は絶滅していたか、ほぼ絶滅状態にあった。[3]

4万年前から3万5000年前のあいだ頃、新しいタイプの遺跡が作られるようになるが、それは行動学上、技術上の衝撃的なブレイクスルーを裏付けるものだった。遺跡に見られる変化は、巨大草食動物なかでもマンモスを仕留めるための非常に効率的で新しい狩猟法の発展だった。こうした新しい遺跡を残したのは現生人類だった。

前にも述べたように、わたしが「メガサイト」と呼んでいるグラヴェット文化期の大きな遺跡ではマンモスが多数出土し、これが動物骨の組み合わせの大半を占めていた。マンモス骨の見つかった大型遺跡には、(ときには長方形のものもあるが、たいていは)円形の建物が存在するという特徴があり、これらは主にマンモスの骨で作られ、おそらくかつてはマンモスの毛皮で覆われていたのだろう(図6-1参照)。複数の炉があり柱を支える穴が空いている場合もあることから、毛皮や他の素材で屋根がかけてあったと考えられる。このマンモスの骨でできた小屋は、肉の処理場や貯蔵穴、石器製作所などを含む大きな遺跡群の一部となっている場合が多い。なにより注目すべきなのは、小さな面積にマンモスの骨が信じられないほど大量に存在することだ。各遺跡(つまり遺跡内の地層)からは約150体のマンモスに由来する約1万点にのぼる骨が出土している。他の動物

図11-1　ポーランドにあるクラクフ=スパジスタ・ストリート遺跡の発掘現場の一部で、マンモスの骨が高い密度で集積されている様子がわかる。

の骨も出土するが、収集される化石の大半はマンモスの骨で、それが全体の約90パーセントを占める（図11-1参照）。

このマンモスの骨の存在密度はどれほど異常なものなのだろうか？　マンモスと比較できるものといえば現生のゾウだけだ。動物の体重は必要なテリトリーの大きさ（また繁殖率、最初の生殖年齢、死亡年齢など多くの興味深い特徴）とよい相関があることがわかっていて、さらに現生のアフリカゾウとケナガマンモスは体格も似ていることから、この比較は適切だろう。保護区内にいる現在のアフリカゾウの場合、ジンバブエのワンゲ国立公園の記録によれば1平方キロ当たりに0・14から0・16頭の密度で生息している。1960年まではワンゲのゾウの生息密度が非常に大きくなっていて、密度を減らすために間引きが行われていたほどで、この間引きは1995年に中止された。ワンゲでのゾウの死亡場所は乾期の水場近くに集中するため、死体の密度は1平方キロ当たり1・5頭にもなる。(4)

一方、クラクフ＝スパジスタ・ストリートのグラヴェット文化期の遺跡では(最近の年代測定によると2万9000年前から2万8000年前BP)、同遺跡のある場所でマンモス遺骸の密度は1平方メートル当たりおよそ1頭である。ワンゲ国立公園で干ばつによるゾウの死亡場所で記録されたよりも桁違いに大きい密度だ。生きているマンモスであればそれほど密集して立っていることはできない。これほどマンモスの密度が高いということは、マンモスを集めておいて仕留めた場所、あるいはまた死体を扱いやすい大きさに切り分け、肉をそぎ取り、場合によっては調理までした場所と解釈できる。クラクフ＝スパジスタ・ストリート遺跡の中心的研究者であるポーランド科学アカデミーのヤロスラウ・ヴィルチジンスキ、ピオトル・ヴォイタル、そしてクリストフ・ソブチェクが正しくも強調しているように、この170平方メートルの遺跡の発掘で約2万3300の標本が得られたことから、この遺跡は「きわめて異常で特異な」存在となっている。(5)

現在のゾウの知識にもとづく仮説をいくつか使ってこの数字の持つ意味を考えてみよう。マンモスは群れる動物であった可能性がきわめて高く、たいていはメスと5頭ほどの子で構成される母親が率いる群れで生活していたのだろう。この仮定が正しいか、あるいはほぼ正しいとすれば、クラクフ＝スパジスタ・ストリートの86体のマンモスの死骸は、こうした母親が率いる群れ14群分となる。現在のゾウの密度から判断して、クラクフ＝スパジスタ・ストリートに保存されていた骨はおそらく、高い密度で生息していれば33平方キロメートル、密度が低ければ215平方キロメートルに広がる地域全体に存在するすべてのマンモスということになるだろう。一度に86頭ものマンモスを倒せば、広大な土地から実質的にマンモスを消し去ってしまうことになる。つまり、出土したマンモスはすべてが一度に殺されたのではなく、数年かけて仕留められたものと考えざるを得ない。

クラクフ＝スパジスタ・ストリートは出土した石器類や骨、その他の人工物の密度、注意深い発掘の仕方や遺物の厳密な分析といった点からも確かに特異な遺跡だ。中央ヨーロッパにはここほど密度は高くないものの他にも似たような傑出したマンモス出土大型遺跡があり、それらのマンモスの個体密度は1平方メートル当たり0・06頭から1・4頭だ。

グラヴェット文化あるいはオーリニャック文化の現生人類による石器数百点を含み、ほぼ4万年前からおよそ1万5000年前のマンモス出土大型遺跡が他に少なくとも30か所は存在する。（残念ながら、これらの年代測定はほとんどがかなり前に行われたものなので、おそらく不正確だ。試料汚染により、ずっと新しいものと評価されている可能性がある）。これらの大型遺跡で出土したマンモスの個体数は7、8頭から166頭までと幅がある。ほとんどすべての遺跡は中央ヨーロッパ、現在のポーランドやウクライナ、ロシア、ドイツそしてチェコに集中している。そしてそれらほとんどの遺跡からマンモスの骨でできた小屋などの建物が数件出土している（図11-2参照）。

前にも議論したが、（確かではないが）ネアンデルタール人のものかもしれないとされるマンモス出土の大型遺跡は、ふたつしか存在しない。モロドヴァI遺跡第4層とスピー洞窟だ。モロドヴァ遺跡は14頭から15頭のマンモスからなる大量の遺骸が出土した4万4000年を経た遺跡だ（数十年前に実施された放射性炭素年代測定を額面通り受け取ればだが）。モロドヴァI遺跡第4層は

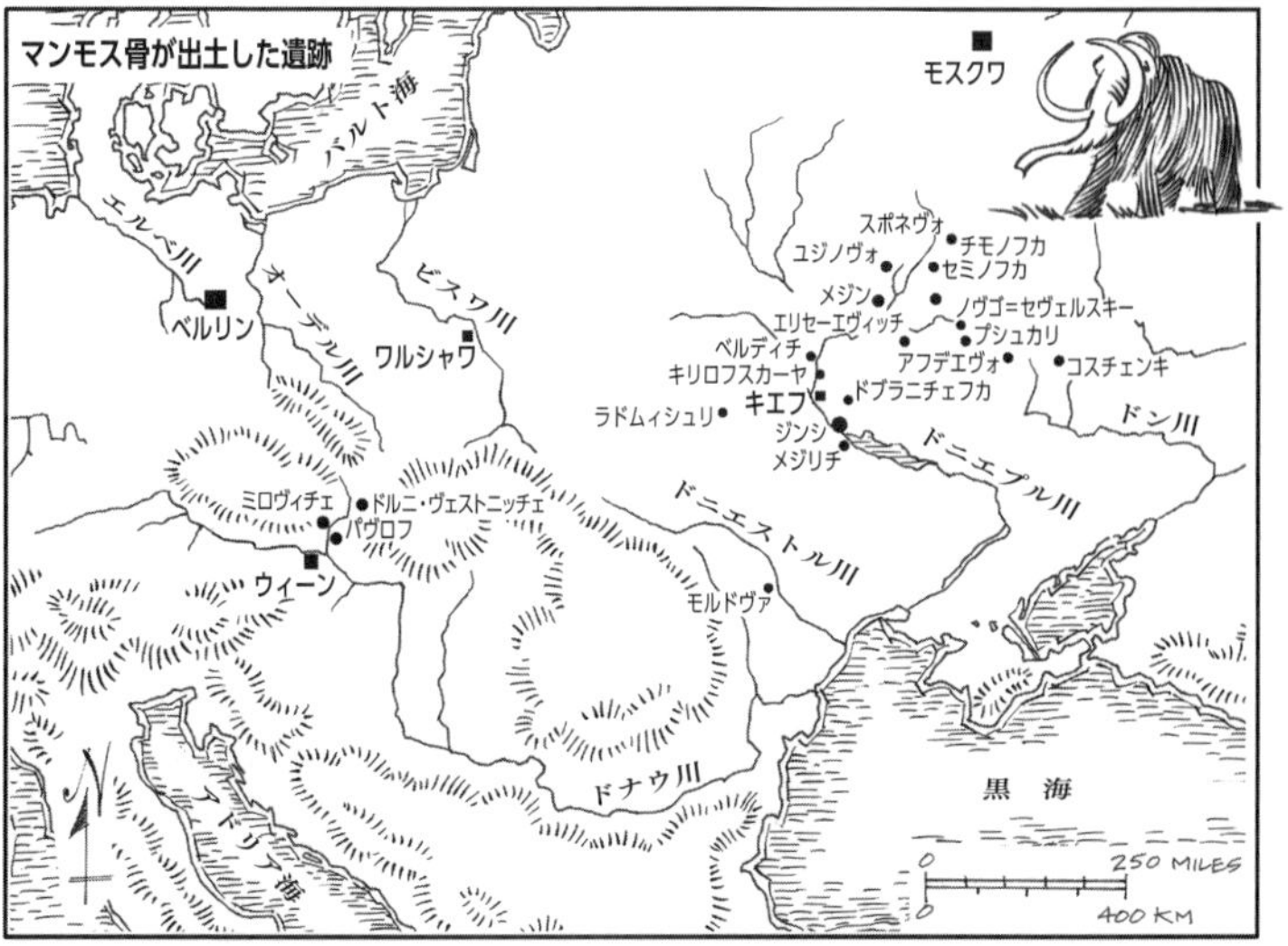

図11-2　この地図はマンモスの骨で作られた小屋が存在する場所を示している。おそらく小屋は、河谷沿いで自然死したマンモスの遺骸からあさった骨で作ったのだろう。多くのマンモスの骨が出土する遺跡であっても、必ずしも構造物や住居の跡を示しているわけではない。

ネアンデルタール人がマンモスを食料として利用し、その骨を建築資材として利用したことを示唆する最も古い遺跡とも言われているが[6]、一般的には受け入れられていない[7]。モロドヴァのマンモスの骨が狩猟した動物に由来するものなのか、自然死した死骸をあさったものなのかはわからないからだ。もうひとつのネアンデルタール人遺跡であるベルギーのスピー洞窟でも、おそらく現生人類以外のヒト属によって仕留められた大量のマンモスの遺骸が存在する。スピー洞窟で出土したほとんどすべてのマンモスは、死亡時点で2歳以下と極端に若い個体だ。アフリカゾウのデータから判断すれば、これらの個体はまだ乳離れしていなかったはずだ。スピーの大量の標本が最近、最新技術を使って年代測定され、ほとんどすべての標本がおよそ4万年前から3万5000年前（BP）の間のものとわかった。オックスフォード大学グループの年代最測定プロジェクトでは、最後のネアンデルタール人化石の年代は4万年前にごく近いと推定されている。[8] だからこの遺跡は、おそらくネアンデルタール人遺跡としては最も新しいものだ。同位体分析によると、獲物の遺骸の分析が示唆する以上に、とりわけマンモスがネアンデルタール人の食料に貢献していたことになる。[9]

これらのマンモス骨出土の大型遺跡は、少なくとも現生人類、そしておそらくはネアンデルタール人も、もちろん必ずいつも成功していたわけではないが、マンモスを効率的に仕留められたことを示している。こうしたマンモスを仕留める新しい能力がマンモスという生物の変化に関係しているかどうかは明らかではないが、ベルギーからシベリアさらに北アメリカの北西ベーリンジア地区にわたる320頭のマンモス標本のミトコンドリアDNA（mtDNA）を分析した最近の論文から、この物語に関する興味深く有益な情報がいくつか得られた。

世界規模でのマンモスの進化を概観していけば、この研究を年代順に位置づけることができるだろう。12万年前より以前、クレイドⅠというケナガマンモスの一系統が北アメリカで進化し、その後ユーラシアへ広がった。なお、クレイドとは共通の祖先をもつ一群の生物を指す用語である。この論文の筆頭執筆者でスウェーデン自然史博物館のエレフテリア・パルコポーローによると、「ケナガマンモスのように寒冷気候に適応した生物は予想通り」約12万年前の気候温暖化が「原因となり［ケナガマンモスの］個体数が減少し、集団が分散したのである」。海面上昇によって2大陸をつなぐ陸橋が水没したため、アメリカ大陸の寒冷地域のマンモスの個体群はユーラシアの個体群から切り離された。かつてはひとつながりだったマンモスの個体群が、シベリアの個体群とアメリカ大陸個体群のふたつの主要グループに分裂したのである。（図11‐3参照）。

数千年以上にわたるふたつの個体群の分離とその後の遺伝的な分岐により、ふたつのクレイドが生じた。6万5000年前頃の寒冷期に再び陸橋が現れると、アメリカのマンモス個体群（クレイドⅠ）がユーラシアへ戻り、同種であるシベリア個体群（クレイドⅡ）と遭遇した。そしてふたつの個体群はかなり長いあいだ共存した。

約4万4000年前、クレイドⅠは生息の地理的範囲を西方のヨーロッパまで広げ、およそ4万年前には、シベリアのクレイドⅡの生き残りが絶滅した。クレイドⅠのマンモスは生息地の地理的範囲を拡大し続け、ついに中央および西部ヨーロッパに到達すると、こんどは12万年前に最初にマンモスが生息域を拡大して以来、西部ヨーロッパでおそらく孤立して生息していたクレイドⅢと呼ばれる集団と出会った。クレイドⅢのマンモスは最終的に3万4000年前頃絶滅している。このクレイドの最も新しい化石はベルギーのゴイエ洞窟で発見されたもので、較正年で3万6000年前頃（3万2280年前±280年）のものと年代測定されている。

MIS3ステージに気候は急激な揺らぎが続き、クレイドⅠのマンモスで生き残れたのは極北地域だけだった。約1万4000年前までには、コロンビアマンモスがまだアメリカ大陸に生息していたものの、極北地域を除けばユーラシアのマンモスは実質的に絶滅する。最後まで生存したマンモスは矮性種で、約3000年前頃までシベリア北部のウランゲリ島に生息していた。

この注目すべき論文の著者のひとりロンドン自然史博物館のエイドリアン・リスターは、この研

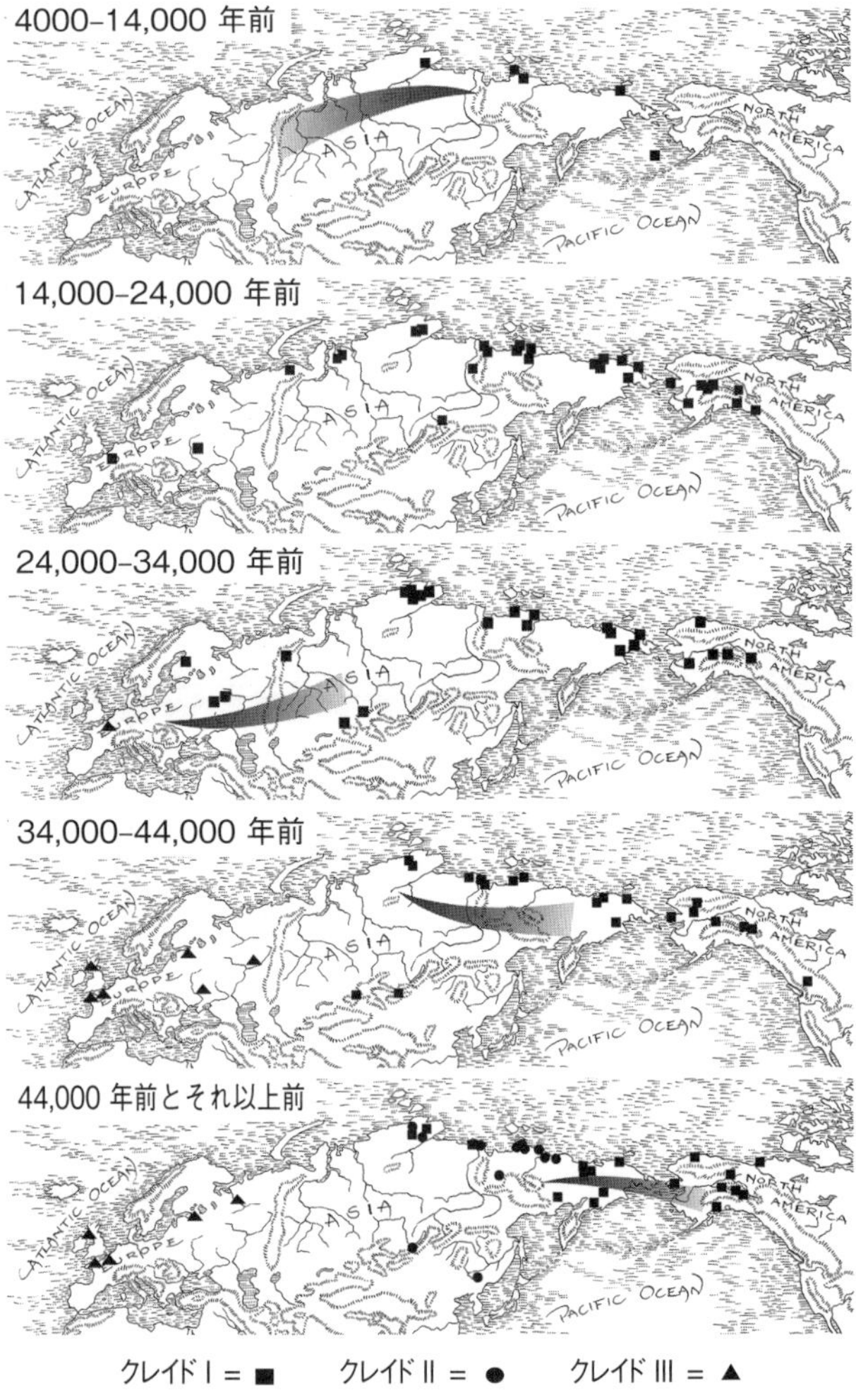

図11-3　時代ごとのマンモスの回遊、分散あるいは縮小していった様子を遺伝子と化石のデータから復原した。寒冷で乾燥していた約12万年前、マンモスは新大陸からユーラシアへ拡散した。気候がさらに寒冷化すると、マンモスの分布は西へそして南へと移った。気候が温暖化して湿潤化すると、マンモスはまずユーラシア北部へと後退した。マンモスが最後まで生息したのはシベリア北部の北極海に浮かぶウランゲリ島だけになった。

究結果は、マンモスを絶滅へと追いやったのが人間の活動ではなく、気候変動であることのきわめて説得力のある証拠になると考えている。しかしわたしは、必ずしもそう思わない。ヨーロッパのマンモスのクレイドⅢ系統の絶滅は、マンモス骨出土の大型遺跡が出現した直後のことだ。グラヴェット文化遺跡で大量のマンモスの死骸が見つかっていることからすれば、これら大型遺跡で現生人類が使ったマンモス狩りの新しく強力な手法が、クレイドⅢ系統のマンモスの絶滅を助長したのかもしれない。そしてもちろんネアンデルタール人は、12万年あるいはそれ以前からクレイドⅢのマンモスと同じく西部ヨーロッパに生息していたが、すでに絶滅していた。

MIS3ステージの悲劇はマンモスのクレイドとネアンデルタール人だけにふりかかったのではない。肉食動物ギルドの多くの種が、同時にではないが少しずつ絶滅していった。気候や環境の変動期であれば予測できることだ。普通、中型から大型の捕食者はその生存が獲物となる他の生物の生存にかかっているため、きわめて絶滅しやすい。平均年に1頭以下しか子供を産まないような繁殖率の低い捕食者であればさらに絶滅しやすい。小型の剣歯虎とホラアナライオン、ホラアナハイエナ、そしてドールは地域によって絶滅するようになったが、小型の剣歯虎とホラアナハイエナは結局ユーラシア大陸では完全に絶滅した。代謝必要量が大きく、おそらく年にひとり子供を産むこともなかっただろう捕食性のヒト族であるネアンデルタール人には多くの競争者もいたのだから、絶滅したのも無理はない。現生人類である現在の狩猟採集民とネアンデルタール人を比較しても意味はないが、ちなみに現存する狩猟採集民の成人女性は一般的に3〜4年にひとり子供を産む。

捕食者ギルドの多くの種が絶滅したが、最も注目すべき例外がオオカミとホモ・サピエンス、すなわち現生人類だ。捕食者であることは種として絶滅の大きなリスクを背負うわけだが、絶滅を逃れたふたつの種の一方は繁殖率が非常に小さく（現生人類）、他方は通常毎年子を産む（オオカミ）。ホラアナライオンやホラアナハイエナ、ドール、そして小型剣歯虎など、地域的にあるいは全世界的に絶滅した多くの捕食者も繁殖率は同じようなものだ。だから栄養段階と繁殖率の他にも何か決定的な要因が作用しているに違いない。

動物相と環境のすさまじい大変動のおかげで他の種は絶滅したというのに、オオカミと現生人類はなぜ生き残ることができたのだろうか？

第12章　イヌを相棒にする

さて、本章では注目すべき予想外の発見から、ネアンデルタール人の絶滅と現生人類の生存に関する物語の続きを始めよう。

２００９年、ミーチェ・ジェルモンプレが率いるチームはいくつかの驚くべき発見を公表しはじめた。イヌがオオカミから最初に家畜化されたのはいつどこだったのかに興味を持ったジェルモンプレは、イヌとオオカミを区別する可能性を求めて頭蓋のプロポーションの調査を始めた。最初にジェルモンプレとそのチームは、現生の48頭のオオカミ、現在のイヌ53頭11品種（チャウチャウ、シベリアンハスキー、マリノア、ジャーマン・シェパード、ドーベルマン・ピンシャー、アイリッシュ・ウルフハウンド、ロットワイラー、グレート・デーン、マスティフ、チベタン・マスティフ、セントラル・エイジアン・シェパード・ドッグ）、そして先史時代のイエイヌとされ、広く承認されている5頭の頭蓋の標準的な計測を行った。最後に挙げた5頭は、古い放射性炭素年代測定によると約2万2０００年前から約1万年前という年代範囲にあった。[1] 過去に年代測定に用いた標本が汚染されていたとすれば、実際にはかつての年代測定が示唆するよりもっと古くから家畜化されていたのかもしれない。

ジェルモンプレのチームは解剖学的な標準的測定を行い、頭蓋のプロポーションと全体形状を表現するさまざまな比率を構成した。複雑な統計手法を用い、ある生物学的グループと別のグループを区別する測定値の組み合わせを決定するために、この既知のイヌ属の標準資料を利用した。その結果、個々のグループを代表する統計的分類法、つまり「形状カテゴリー」を構築することができた。

この形状カテゴリーはグループをほぼ重複なくきれいに分離できた。古いタイプの頭蓋をもつ現代のイヌ（チャウチャウやハスキー）や歯列が短いイヌ、オオカミのように長い吻《ふん》部のイヌも、正確な測定により統計的に分離することができた。ただひとつセントラル・エイジアン・シェパードの標本だけは、現代のイヌが属するどのグループからも完全に外れていた。現生のオオカミは、他のどんな種類のイヌとも誤分類されることはなかった。重要なことは、先史時代のイヌが納まるカテゴリーは、現生のオオカミと現代のイヌのカテゴリーからは完全に外れていることだ。グループ同士が非常にきれいに分離されるため、ベルギー、ロシアそしてウクライナのさまざまな遺跡から出土した11のイヌ科の頭蓋の化石も同様に測定し、この形状カテゴリーのどれに納まるかを確かめた。ジェルモンプレのチームが使った統計的手法は「判別関数分析」というもので、未知のデータを最も適切なカテゴリーに分類すると同時に、その分類が正しい確率と、次に最も蓋然性の高い分類の確率も教えてくれる。

このテーマに関する同チーム最初の論文は、方法論とその結果を詳細に説明したものだった。ジェルモンプレらが分析した11の頭蓋化石のひとつは、ベルギーのゴイエ洞窟から出土した大型イヌ科で、オオカミではなくイエイヌ（domestic dog）である確率が99パーセントなのだが、現在のイヌ科のどの標準標本とも一致しない。ゴイエ洞窟のイヌは、オオカミと先史時代のイヌと広く認められている標本の中間に入る（図12-1参照）。この形態的位置にはオオカミからイヌへの進化過程にある動物が入ることが予想される。ジェルモンプレらが測定した別のふたつの化石頭蓋はどちらもウクライナで発掘されたもので、ひとつはメジンのマンモス大型遺跡、もうひとつはメジリチの大型遺跡で出土した。どちらもオオカミというよりイヌによく似ていて、イヌと同定したことが正しい確率はそれぞれ73パーセントと57パーセントだった。この確率はとりたてて印象的ではないかもしれないが、その次に当てはまりそうなカテゴリーに納まる確率はさらにずっと小さくなる。この3つの頭蓋は互いに近いグループに入るが、前もって決めておいたどのカテゴリーにも当てはまらない。残りの8つの未知の頭蓋のうち7つはオオカミに分類され、もうひとつアヴデーエヴォ遺跡から出土した頭蓋は用意されたカテゴリーのどれにもあてはまらなかった。

ジェルモンプレらがイヌと同定したこの3つの標本は、現代のジャーマン・シェパードくらいある、どちらかといえば大型の動物だ。イエイヌはオオカミ由来であり、旧石器時代のオオカミは体型が大きかったことから、これら3つの標本が大きいといってもとりたてて驚くほどではない。しかし動物の真の大きさからその役割に関するヒント、つまり家畜化された理由がわかるかもしれない。

むしろ最大の驚きは、最近になってイヌと認められたベルギーの化石をジェルモンプレが再度年代測定したときに起こった。オックスフォード年代測定研究所の最新技術を利用して測定されたふ

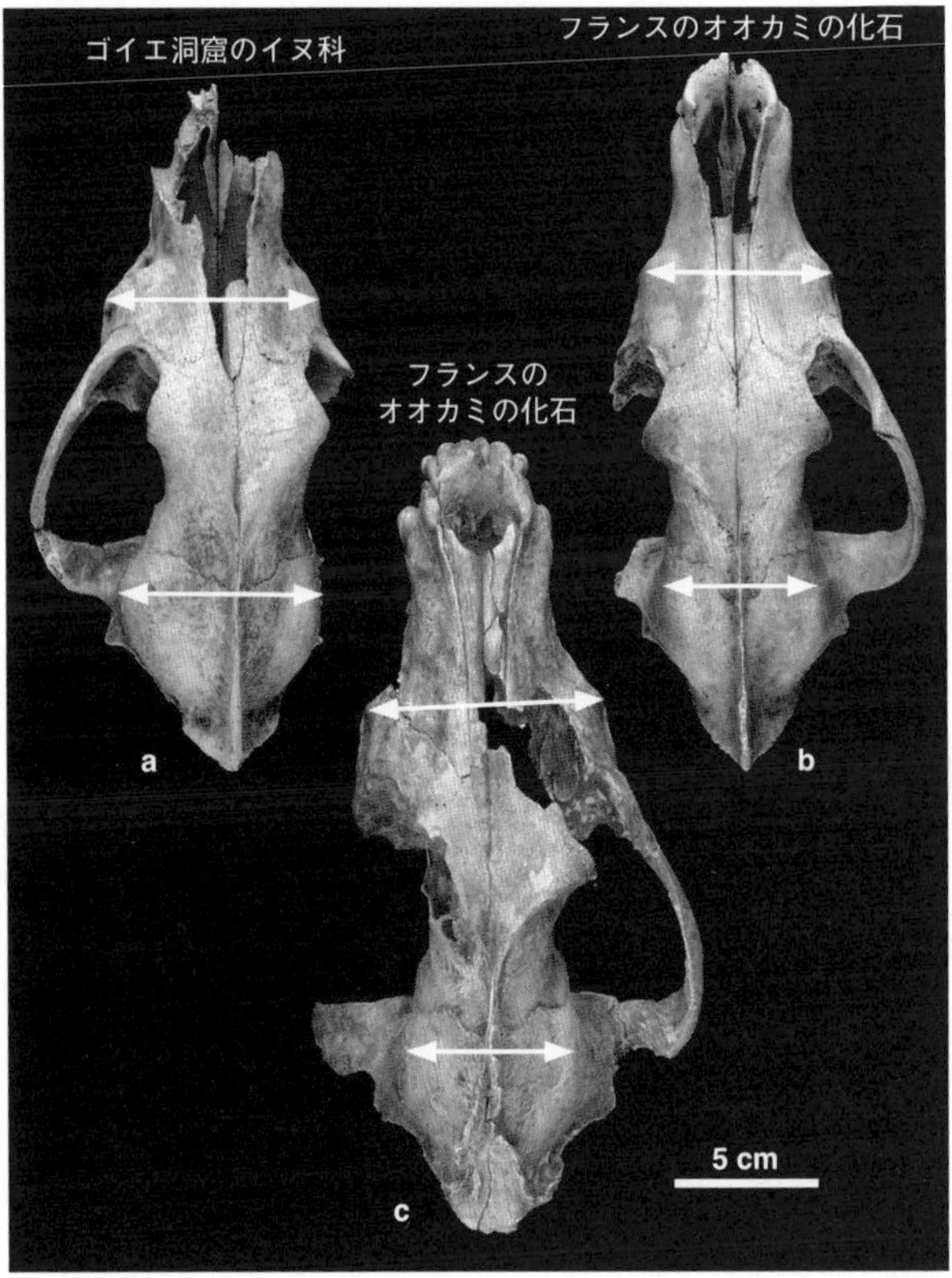

図12-1　最初の旧石器時代のイヌと同定されたベルギーのゴイエ洞窟で出土した化石（a)。上方から見ると、この頭蓋はフランスのオオカミの化石（b と c）とくらべて脳頭蓋（下の矢印）の幅が広い。このゴイエの化石は3万2000年前（未較正）のもので、ほとんどの科学者が家畜化されたイヌについて予測していた年代よりかなり古い。

たつの標本は、約3万2000年前（較正年でおよそ3万6000年前）のものだったのだ。考古学的証拠に現生人類によって作られたオーリニャック文化の石器が含まれていたことを考慮すれば、これは当然のことではあった。ちなみにジェルモンプレらによるこの研究が発表されるまでは、先史時代のイヌとして認められている最も古い化石は古くても1万8000年以上は遡らず、おおよそ1万4000年前とされていたのである。

この発見は個人的にはわたしにとって一番のお気に入りだ。方法論は適切で、相対的な標本の数もかなりよい。そしてその結論は、わかったつもりでいた自分の考えを再検討させてくれた。わたしはこの研究に感服した。細心の注意を払って研究に取り組み、適切な報告をし、驚きの発見にもったいぶることもない。ジェルモンプレと彼女の同僚はイヌの化石を同定しつつ、さらなる分析方法を追究し続けてきた。最も初期の現生人類がイヌを家畜化したのは、これまで予想されていたよりずっと早い時期で、現生人類がユーラシアに到着してから1万年以内である可能性が出てきた。そのことが人間の進化に関する理解にどんな意味があるのかとわたしは考えをめぐらせている。

その後の研究で、ジェルモンプレのチームはさらにチェコのプシェドモスティ遺跡で出土したイヌ科動物の化石3点がイヌで、他の2点（プシェドモスティで出土したものとコスチェンキで出土したもの）はオオカミであることを突き止めた。まだ分類されていない頭蓋はあと3つだ[2]。このプロジェクトでジェルモンプレのチームは、頭蓋と顎の骨を使うことで初期のイヌを同定する解剖学的・統計的技術を改良した[3]。顎の骨は頭蓋よりも壊れにくいため完全な形で保存されている場合が多いので[3]、この技術改良が大きなブレイクスルーとなった。この方法によってプシェドモスティでさらに多くの化石が初期のイヌと分類でき、総計約30頭になった。このチームはさらに別の遺跡の標本も加えて研究を続けてくれるに違いない。

「わたしたちのデータセットにある旧石器時代のイヌは、頭蓋の大きさと形状がどれもほとんど同じだ」とジェルモンプレは記している。[4] イヌの家畜化の草創期には頭蓋の形状に安定性があり、どの頭蓋もよく似ているということは、家畜化されたイヌの起源となった動物もやはり頭蓋の形状に安定性があったのだろう。この発見によって化石標本とオオカミとの違いを確認することができる。研究が進展し初期のイヌ、つまり「オオカミイヌ」(wolf-dog)の標本が増えてくると、いくつか気になる疑問がわいてくる。基本的な疑問はこれら通常ではないイヌ科の同定についてだ。イヌだったのか? オオカミだったのか? いまのところ、わたしは「オオカミイヌ(wolf-dogs)」と呼ぶことにしているが、それはこれらの動物の属するグループが完全には解明されていないからだ。現在大衆紙などが「オオカミイヌ(wolf-dog)」と称して報道しているような真のイエイヌとオオカミの雑種という意味ではない。

オラフ・タルマンはカリフォルニア大学ロサンジェルス校の世界的に有名なロバート・ウェインのイヌ科動物遺伝学研究所でポスドク研究員として訓練を受け、現在はフィンランドのトゥルク大学に所属している。タルマンはアルタイ山脈のラッボイニチャー洞窟で発見された初期のイヌ科動物で「草創期のイヌ」(incipient dog)と呼ばれていた化石からmtDNAを抽出した。[5] タルマン、ウェイン、ジェルモンプレ、さらに共著者として遺伝学者と古生物学者の名がずらっと並ぶこの最近の論文は「サイエンス」誌に発表された。[6] この研究でタルマンらはオオカミかイヌかの問題について新たにゲノムの視点から光を当てた。研究チームはユーラシアと新大陸から出土した先史時代の18個体のイヌ科から得られた古代のｍｔＤＮＡを含むイヌ科１４８個体のｍｔＤＮＡゲノムを分析し、これらを49個体のオオカミ、アフリカのバセンジー、オーストラリアのディンゴといった「変わり者」のイヌ、中国の３系統の在来品種を含む77個体のイヌ、そして4個体のコヨーテから得られた完全なミトコンドリアゲノム配列と比較した。タルマンのチームによる報告の意味合いを検討する場合、ｍｔＤＮＡが母系によってのみ受け継がれ父系には伝達されないことに注意しておく必要がある。

タルマンらの分析結果から得られた遺伝的類似性を示す系統樹には興味深い点がいくつかある（図12-2参照）。ベルギーで出土した3つのイヌ科の化石、ゴイエのオオカミイヌとオオカミイヌとは同定できないゴイエのふたつのイヌ科は、どれも同じ非常にめずらしいｍｔＤＮＡをもっていた。ところがこの3個体によって代表されるｍｔＤＮＡのクレイドは、他の遺跡ではまだ発見されていないし、化石や現生のイヌとオオカミにもみられない。つまりゴイエのオオカミイヌはその土地固有の昔のオオカミ集団に由来し、その集団のメスは同じ風変わりなｍｔＤＮＡハプロタイプをもっていたということではないだろうか〔ハプロタイプとは片方の染色体上に存在する遺伝子配列のこと〕。放射性炭素年代と独特なｍｔＤＮＡハプロタイプからすると、この系統はこれまでに収集されたどのイヌ科標本よりずっと昔の祖先型から分岐したことになる。３つの標本は3万６０００年前から2万６０００年前（較正年）にかけてのものだ。この論文で著者も指摘しているように、これらの標本はゲノムも外形（つまり表現型）も独特だ。ではこの動物たちはいったい何なのだろう？「ミ

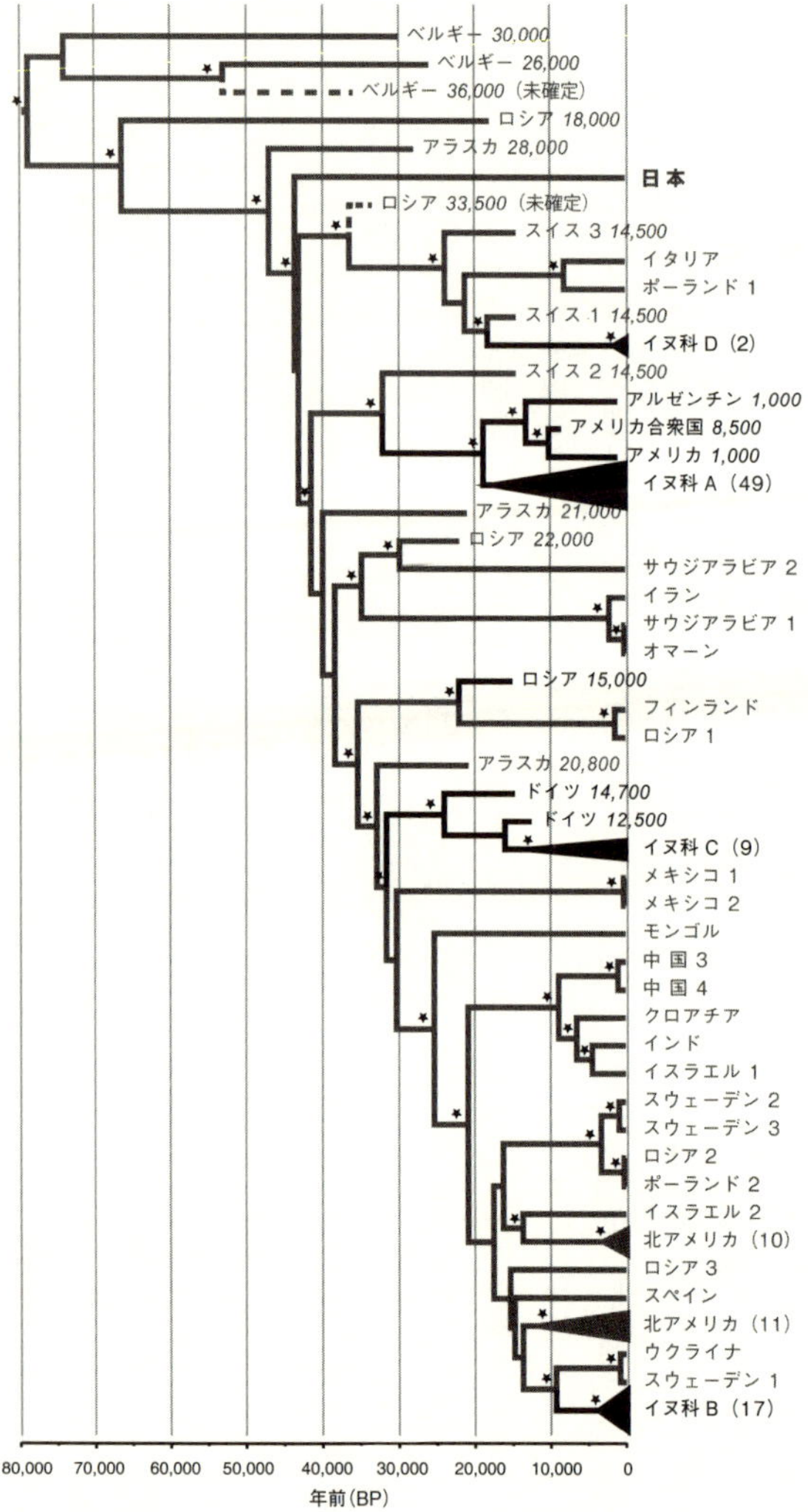

図12-2　この系統樹は、タルマンらのミトコンドリア DNA（mtDNA）分析にもとづき、さまざまな化石イヌ科動物と現生イヌ科動物の遺伝的関係を示したもの。ゴイエ・イヌとゴイエで出土した他のイヌ科動物（最上段にある3つの枝）の mtDNA は同じで非常に原始的だ。この mtDNA は他のグループではみられない。現生イヌの4つのクレイド（イヌ科 A、イヌ科 B、イヌ科 C、イヌ科 D）は大きめの黒い三角形で示されている。化石は出土した国とおおよその年代で識別している。分類が曖昧なものについては（未確定）と表示した。

トコンドリアの特異性から、ゴイエのイヌを含むベルギーのイヌ科化石は、家畜化が中断されたか表現型が独特の個体群で、これまで知られていないタイリクオオカミの個体群である可能性がある」[7]。ジェルモンプレのチームが頭蓋や顎の形状を統計的に分析してイヌ（本書では「オオカミイヌ」と呼んでいる）と同定したイヌ科化石にも特異なmtDNA系統、つまりハプロタイプをもっていた。しかし他のイヌ科にこのmtDNAハプロタイプはみられないのだから、これらの標本は、現在のイヌやオオカミの直接の祖先ではない。

だとすればこの標本はイヌなのだろうか？　30年来の友人ボブ・ウェインはいまではイヌ科遺伝学の卓越した研究者のひとりだ。ウェインとわたしはこの初期のオオカミイヌの標本について何年も電子メールで議論してきた。ウェインはこれらの標本をイヌではなく「オオカミ」と呼ぶ。わたしがその理由をたずねると「形態学的にみればイヌだが、イヌだとすれば現在のイヌの直接の先祖となるはずだ。しかし標本にあるmtDNA配列はイヌやオオカミの遺伝子配列の枠内には収まらないから、現在のイヌの祖先ではない[8]」。この論理でいけば、そのmtDNAはオオカミの既知の遺伝子配列枠内にも収まらないのだから、当然ながらオオカミでもないはずだ。

このイヌ科の標本の名称を決めるには、まだ正当化されていない存在を想定しない限り難しい。だからわたしは「オオカミイヌ」という用語を使うことにしている。「オオカミイヌ」はさまざまな証拠から明らかなように、独特のグループだ。オオカミだったともいえなし、草創初期のイヌだったわけでもない。

遺伝的特徴からみれば、3万6000年前から2万6000年前の間に、現生人類が家畜としていたオオカミをオオカミイヌに品種改良した可能性があり、現在のイヌの標本から判断する限りこれらのオオカミイヌはイヌの直接の祖先ではないことが示唆される。確かにベルギーのイヌ科化石のmtDNAは現在のイヌにはみられないわけだが、だからといってこのグループが現代のイヌの祖先である可能性が否定されたわけではない。

ここでタルマンのチームがmtDNAを使って研究しているという事実が重要になってくる。この特異なmtDNAをもつオスのオオカミは、他のmtDNA系統のメスと交配して現代のイエイヌ誕生に関わったかもしれないのだ。男性ネアンデルタール人のmtDNAが現生人類つまりネアンデルタール人の雑種子孫に伝達することはないが、彼が現生人類の核ゲノムに影響を与えることはできたという理屈と同じだ。ネアンデルタール人のmtDNAと現生人類のmtDNAにはまったく共通点はないが、核DNAには確かに共通部分があったではないか。

解釈の選択肢のひとつは、オオカミイヌは単純にオオカミの亜種（odd group）であって、それが誕生して死に絶え、メスの子孫を残さなかったとするものだ。しかしこうした亜種が他のオオカミから孤立して進化できた特定の地理的場所はまだ示されていない。この解釈の長所は、驚くほど早くからイヌが家畜化されていたとする仮説をたてなくてすむ点にある。一方でこの解釈ではマンモス骨出土の大型遺跡の特徴を説明できないし、大量のマンモスを仕留めその死体を確保するというそれまでになかった能力についても説明できない。さらに現生人類が突然オオカミに標的を絞って殺すようになったことも説明できない。

古代オオカミの自然集団はどのようにして孤立したmtDNAハプロタイプをもつように進化で

きたのだろうか？　まったく同じ特異なｍｔＤＮＡを共有する近縁のメス集団が子オオカミと少数のはぐれ雄オオカミを連れて新たな地域へ移動したとすれば、予想できることではある。その後このグループが異なるｍｔＤＮＡをもつ他のオオカミとほとんど交雑しなかったとすれば、長い間に自然突然変異によって特異なハプロタイプが生じそれが維持されてきたのかもしれない。さらに、地形の特徴あるいは偶発的な出来事によって地理的隔離は生じうる。

もうひとつの選択肢は、古代イヌ科の考古学的、形態学的変化を論拠として、イヌに似た動物つまりオオカミイヌが早い時期から家畜化されていたことを支持する解釈だ。ベルギーで出土したイヌ科のｍｔＤＮＡハプロタイプが現在のイヌで発見できれば、この解釈は圧倒的に蓋然性が高くなるが、実際には発見できていない。そこでこのゲノム分析に対する疑いが浮上してくる。世界中のイヌとオオカミの十分大きなサンプルについてゲノム分析を行い、生き残った（現代の）ｍｔＤＮＡハプロタイプをすべて洗い出せたのかという問題だ。またｍｔＤＮＡは（母親から娘、孫娘へと）母系にしか受け継がれないため、大部分のｍｔＤＮＡ系統はそのハプロタイプをもつメスに娘ができなかったことで消滅している［このように系統が途絶えることがあるため、ｍｔＤＮＡ系統ではイエイヌとオオカミイヌの関係はたどれなかったとしても、オオカミイヌが現存するイエイヌの祖先である可能性が否定されたわけではない］。

ｍｔＤＮＡ系統がいかに頻繁に、かつ急激に消滅するのかには愕然とさせられる。カリフォルニア大学アーヴァイン校の進化生物学者ジョン・Ｃ・エイヴィスは太平洋のピトケアン島の定住者の事例を使い、残っている名字（つまり父系）と母系を通して受け継がれるｍｔＤＮＡ系統との間の類似性を導き出した。[9] ピトケアンには１７９２年に（バウンティ号の反乱のあと）６人の男性反乱者と13人のタヒチ女性が定住した。人間の１世代を20年と仮定すればそれから６～７世代たった子孫は現在50人で、あとからこの島に移住した捕鯨船員によって新たな名字がひとつ増えたが、もともとの名字の３つしか残らなかった。同じようにエイヴィスは１００人の女性によって代表される１００の異なるｍｔＤＮＡ系統をもつ仮定上の集団を例に挙げる。ランダムな偶然の作用で１世代後にはもとの系統のうち平均37の系統が消滅する。さらに20世代後を予想すれば、もとのｍｔＤＮＡ系統のうち存続するのは10系統だけだ。したがって何千年も何百世代もの間にどんな哺乳類のどのｍｔＤＮＡ系統が消滅したとしても、とくに驚くほどのことではない。

タルマンとウェインらの研究の技術的な難しさを見くびってはいけない。タルマンのチームは参照標本から得られたミトコンドリアゲノムの全配列を決定し、さらにここで議論しているよりずっと多くの古代イヌ科から古いｍｔＤＮＡを抽出しているのだ。同チームによる他のゲノム研究を踏まえたうえで、著者らはこの論文の内容に自信をもっている。なにしろ最終的には現代の世界中のイヌ72個体とオオカミ49個体のゲノムを分類するという、イヌ科ではかつてない規模のゲノム解析を実現したのである。タルマンらはこれらの標本によってオオカミとイヌのゲノム上の変異はほぼすべて取り込めたと感じている。また系統樹上でゲノムをクラスター分けするのに異なる方法をいくつか使っているが、どの方法でも同じ結果が得られている。こうした徹底した分析とサンプリングから、現在のイヌ科クレイドはイヌ科A、イヌ科B、イヌ科C、イヌ科Dという４種類だけということが示された。しかしこれらのクラスターは、ベルギーの化石標本から見つかったオオカミにもイヌにも近くない5番目の古代ハプロタイプを除け者にしている。もちろん、この古代ハプロタイプが稀少なゲノムとして、現存する動物中に潜んでいないとは言い切れない。この論文は現在のところ最も網羅的な研究のひとつだが、この研究の参照標本中にはイヌでもないしオオカミでもないとされた資料が100もあったのだ。

イヌ属（*Canis*）の全現生動物であるイヌ、オオカミ、コヨーテ、エチオピアオオカミ（アビシニアジャッカル）、そして3種類のジャッカルは、野生状態で交雑可能でしかも生殖能力のある子孫を増やせることも問題を難しくしている。つまり最初にイヌが家畜化された後も、イヌの種内に外部からの遺伝子流動があったため、イエイヌの正確な起源の同定が難しいのだ。[10]またイエイヌはとくにこの200年間にさまざまな役割をになう選択育種が集中的に行われるようになって以来、その大きさや形状、行動が他に類がないほど多様になっていることもやはりこの問題を難しくしている。イヌは他のどの哺乳類とくらべても大きさと骨格のプロポーションのバラエティが格段に広い。イエイヌの品種［イエイヌという亜種内の変種］の多様性は、イヌ科全体の多様性を上回っているが、制御された育種のおかげで品種は明瞭な遺伝クラスターとして維持されているのだろう。[11]言い換えるなら、イエイヌを生み出すために家畜化された創始者集団であるタイリクオオカミの特徴のひとつに、大きな形態的変異を生み出す潜在的可能性があったのだ。

イヌ科Aクレイドには非常に幅広い変種が含まれ、標本の64パーセントがこのクレイドに収まる。バセンジーのような最近のめずらしい品種からディンゴ、中国原産の2品種、そしてコロンブス到着以前のアメリカの古代イヌ3品種もこのクレイドに含まれる。このアメリカの古代イヌの存在は、人類がアメリカ大陸へ拡散していったときに、旧世界ですでに家畜化していたイヌが持ち込まれたことを示唆している。イヌ科Aクレイドは、スイスのケッセルロッホ洞窟で出土した1万4500年前の古代オオカミの遺伝子配列とも非常に近い。ゴイエのイヌ科化石もこのクレイドに最も近いが、mtDNAが大きく違っている。イヌ科Bクレイドにはイエイヌの変種のわずか22パーセントしか含まれず、スウェーデンとウクライナに生息する現生のヨーロッパオオカミと最も関係が深い。クレイドCのイヌ科は現生イヌの標本の12パーセントを占めるだけで、ドイツのボン＝オーベルカッセルとカルトシュタイン洞窟（それぞれ1万4700年前、1万2500年前の遺跡）で出土した形態学的に独特なふたつの古代イヌと非常に近い。イヌ科Dクレイドは最も多様性が低く、このクレイドに含まれるのはスカンジナヴィアの2犬種だけだ。そしてスイスで出土したオオカミに似た古代イヌ科、またポーランドとイタリアに現存するオオカミの遺伝子配列とも近縁で、ロシアのアルタイ山脈にあるラツボイニチャー洞窟で出土した「草創期のイヌ」と推定された化石のDNA配列と祖先が共通する。これらすべてのデータセットを統計的に分析した結果、3つの重要な結論が得られ、その意味合いはわたしの想定をはるかに超えるものだった。

第一に、この研究は現在のイエイヌがヨーロッパ起源であることを強く示唆している。というのも現存するmtDNA系統を示す最も初期のイヌがヨーロッパで出土しているからで、従来はこれほど網羅的でなくmtDNA標本も数少ない研究から、イエイヌの起源は中国か中東と推測されていたのだ。さらにタルマンらの報告はイヌが家畜化された地域を特定するうえでも重要で、最初に家畜化した人々の同定にも役立つ。

第二に、遺伝データの統計的分析からイエイヌの起源は3万2100年前から1万8800年前の間と示唆される。この年代範囲はゴイエ洞窟のオオカミイヌなどベルギーで出土した古代イヌ科の年代とも重なる。したがってイヌの家畜化は、ゴイエのオオカミイヌの時代に、ゴイエ周辺の地域で生じた可能性がある。

そして第三番目、最後の結論は、イヌの家畜化は、他の動物の家畜化や農作物の栽培の始まりとされる約9000年前よりずっと以前に始まったということだ。[12] それはイヌの家畜化に関わった現生人類が農耕民ではなくある種の狩猟採集民だったことを意味している。これが事実だとすれば、イヌの家畜化に関して最も一般的な理論的シナリオのひとつを覆すことになる。レイ・コッピンガーとロルナ・コッピンガーによって示され、多くの著作で繰り返し説明されてきたコッピンガーのシナリオでは、オオカミが集落のゴミ捨て場の周辺をうろついている間に次第に人間の存在に対して寛容になり、オオカミはイヌへと「自己家畜化」したとされていた。[13] しかし家畜化が農耕や定住、ゴミ捨て場の出現より何千年も前に起きていたとすれば、イエイヌの祖先がコッピンガー説のような展開で人間と共に生活するようになることはありえない。

コッピンガーのシナリオにはもうひとつ問題があって、カルガリー大学の動物行動学者ヴァレリウス・ガイストも指摘するように、オオカミがゴミ捨て場をうろついていれば、ついには人間に襲いかかる決定的段階にいたることだ。[14] オオカミが人類に近づき、その残飯を食べ、距離を置いて人間の動きをよく観察していれば、オオカミの振る舞いは従順になるどころか、人間に対していっそう攻撃的になるのではないだろうか。

いずれにせよオオカミイヌという、この風変わりで独特な集団の存在は、わたしにとってネアンデルタール人の絶滅も含めこの頃ユーラシアで生じていた数多くの特異な事件を解明する鍵となった。頭蓋や顎の形態研究からオオカミイヌ（wolf-dog）と同定された化石のほとんどすべては、狩猟法の大躍進が起きたことの証明となる並外れた規模のマンモス骨出土の大型遺跡で出土している。これまでは、これらの遺跡から大量に出土する加工された石器の遺物が、マンモスの効率的な狩猟を推しすすめることになる新たな道具であり革新的テクノロジーであったと解釈する考古学者はいなかった。

わたしがどんな提案をしようとしているのか？ 手っ取り早く言えば、わたしは仮説として、このオオカミイヌという風変わりな集団はまさに家畜化の最初の試みで、マンモス骨出土の大型遺跡の形成を支える技術的進歩を生んだと考えているのだ。とくに脂肪が豊富なマンモスの死体から大量の食料が得られるようになると、次に現生人類の人口とテリトリーが拡大し続けることになった。現生人類の人口増加とともに獲物の狩猟にも熟達してくると、ギルド内競争は激化した。ネアンデルタール人は現生人類が侵入してきた初期段階ですでに絶滅していたかもしれないが、オオカミイヌを使った狩猟という現生人類の発達した能力は、もちろん当時の現生人類がオオカミイヌを飼っていたとしてだが、他の捕食者の大部分を絶滅させる引き金ともなっただろう。そして最後まで生きながらえていたネアンデルタール人も、このオオカミイヌの力を借りた狩猟によって絶滅に追いやられたのではないだろうか。

わたしの仮説から引き出せる明確な予測のひとつは、マンモス骨出土の大型遺跡が初めて姿を現すのと、遺伝学的にも形態学的にも独特なこのオオカミイヌの出現が年代的に一致するということだ。思い出してもらいたいのだが、アフリカの現生人類はおよそ20万年前から長鼻目の仲間を狩猟していたが、ユーラシアへ入るまではケナガマンモスとオオカミには遭遇していない。さらに理論的には家畜化が可能だったジャッカルやリカオン（学名 *Lycaom pictus*）、アビシニアジャッカル（学名 *Canis simensis*）、ハイエナ、チーター、ライオンなどアフリカの大型肉食動物は決して家畜化されることがなかった。だとすればおそらく現生人類が狩猟の補助者として肉食動物を家畜化したのは、人類史的にこれが初めてのことだ。多数のマンモス死体の化石が出土する遺跡で、現生人類侵入者の到着、つまりオオカミイヌの出現より古くしかも年代測定のしっかりした場所は存在せず、このことは年代測定された頭蓋と顎の形態学的な統計分析による同定にしても、ゲノム分析データによる推定にしてもかわらない。

問題はこれらのマンモスがすべて同一の場所でどのように死んだのかを解明することだ。この問題と格闘しているとき、わたしはイリノイ大学アーバナ・シャンペーン校名誉教授オルガ・ゾファーの助言を求めた。ゾファーはロシア平原にある上部旧石器時代遺跡のマンモスの骨が大多数を占める動物骨を研究し、ロシア語にも堪能だ。ゾファーは電子メールでわたしに「お願いだから、マンモスを一頭ずつ殺していたなどというヘミングウェイ的な神話を当てにしないで。彼らは骨の埋まった場所のそばに定住し、そこを貯木場のように使っていたわ[15]」と忠告してくれた。このメールでわたしは目が覚め、ソファーのユーモアある指摘もよくわかった。グラヴェット文化期遺跡の大量のマンモスに魅了されるのはよくわかるが、大量のマンモスはたった一日で、あるいは一シーズンあるいは一年で殺されたとは限らないことを見落としやすい。なかには自然死したマンモスもあるだろうし、多くの遺骸は何十年もの間に毎年お気に入りの猟場を再利用する間に仕留められたものだろう。この問題はひとつの小屋を建てるのに使われたマンモス全個体の最新の放射性炭素年代が得られれば解明できるかもしれないが、得られるデータは古いものばかりでおそらく信頼できないだろう。これほど大量のマンモスが比較的狭い場所でしかも比較的短い間に殺されていることについて仮説を立てるには、確かにたくましい想像力が必要だ。

殺されたり自然死したりしてだいぶたったマンモス骨の残骸が建材として評価され、かなり稀少だった樹木の埋め合わせとなっていたとすれば、ゾファーのシナリオの蓋然性はかなり高くなる。しかし最近の発掘技術の発達により、マンモスが生息した大草原はそれまで言われていたのとはちがい、樹木がまったくなかったわけではないことがわかった[16]。とくに川沿いにはナラやヤナギが以前考えられていたよりずっと多く生えていたのである。

マンモスの死骸からは長くて硬い骨や牙がとれ、これらはマンモスの毛皮を使ったテントあるいはマンモスの骨で作った小屋を支えるのに適していただけでなく、その他にも使い道があった。マンモスの骨と牙は道具を製作したり芸術品の素材としても使われ、しかもマンモスの骨の集積場が存在していれば、そうした目的のためにわざわざ直接マンモスを殺すまでもなかっただろう。またマンモスの毛皮は巨大で毛で覆われていたため、マンモスの骨で作った小屋を覆ったり、革袋や革紐を作ったり、小屋の床を暖かく覆う敷物にもしていたはずだ。ただし毛皮が腐ったり飢えた捕食者に食べられたりする前に手に入れなければならない。マンモスの毛皮を利用したということは、現生人類がマンモスを殺したのでなければ、少なくともマンモスが息を引き取った直後に死亡現場に到着していたことを意味する。小屋を建てるために使ったマンモスの骨には肉食動物による噛み痕がほとんどないので、現生人類は野生のオオカミやクマ、ホラアナハイエナなどの補食者を寄せ付けない方法も見出していたはずだ。マンモス資源を利用していたことだけでは大量殺害の証明にはならないが、大量のマンモスが出土する遺跡には説明が必要だ。なぜ現生人類が出現して初めてマンモスが大量死するようになったのだろうか？　S・V・レシュチンスキーとその同僚は、気候変動によりケナガマンモスは栄養失調によるストレスを受けていたが[17]、このストレスがどうして現生人類の到着後に激しくなったのかははっきりしないと述べている。とにかく長鼻目の仲間はよく移動する動物で、日常的に広大なテリトリーを歩き回る。それでもかなりの数の大型遺跡で、マンモスを仕留めて解体したことを示すカットマークのついた骨が出土していることから、少なくとも現生人類がマンモスを倒していたことは確実だ。

中央ヨーロッパではグラヴェット文化で始まる上部旧石器インダストリーが出現すると、その遺跡には古い遺跡とはまったく異なる特徴が現れた。もちろんマンモスの骨を多く出土する遺跡のすべてが確かに人間による狩猟があったことを示しているわけではないが、こうした遺跡でのマンモス骨の明らかな急増に現生人類狩猟民が重要な役割を果たしたことは避けがたい結論だ。

オオカミイヌの出現とマンモス骨出土の大型遺跡の年代の一致のほかに、わたしのたてた仮説によって、イヌ科の動物を味方にすることで、現生人類が陸上最大の動物を大量に仕留め、その死体を確保するうえでどれほど助けとなったかがわかるだろう。オオカミイヌが現生人類とともに行動できるように十分に家畜化されていたとすれば、オオカミイヌを狩りの補助として利用した現生人類の遺跡には、現代のイヌを連れた狩猟でわかるように、イヌを伴うことによる利点を示す証拠がみつかるはずだ。[18] イヌの補助によって多くの肉をより速く、少ない労力で獲得することができたのだ。

現在の猟犬はとても素早く獲物の位置を特定し、ハンターが仕留めにくるまでのあいだ獲物に吠え立て、攻撃を加えて適切な位置にとどめる。たとえばフィンランドの科学者ヴェラ・ルーシラとマウリ・ペソネンはヘラジカ（掌状の角がある大型のシカで、ヨーロッパではユーラシア・エルクと呼ばれる）猟でイヌがどのくらい力を発揮するのかについて調査、研究に取り組んだ。[19] ヘラジカ猟はフィンランド伝統の冬仕事のひとつで、徒歩で猟にでる。フィンランドのヘラジカは年齢や性別にもよるが体重は200キロから700キロになる。体高は1・5メートルから2メートル以上にもなる非常に大型の動物だ。フィンランドのイヌも標準的なイヌとくらべると大型で、この点は化石記録で同定されたオオカミイヌとよくにている。ヘラジカ猟によく使われるのはノルウェイジアン・エルク・ハウンドやフィニッシュ・スピッツだ。猟犬は放たれるとヘラジカを見つけ出して囲い込み、吠え立てては攻撃を仕掛け、人間が銃を撃てる距離に接近するまでヘラジカが逃げないようにとどめておく。オオカミも猟犬とよく似た戦術で大型動物を捕らえるが、人間のハンターに協力することはない（図12-3参照）。10人以下の猟犬のいない狩猟集団の場合、ハンターが単独で仕留める獲物の平均重量は1日あたり8・4キロだった。一方猟犬を従えた場合の重量はハンターひとりで1日13・1キロとなり、56パーセント増加していた。狩猟成果がこれほど改善されるのだから、猟犬が大きな力となっていることは明らかだ。

図12-3　イヌを使った狩猟の利点は、獲物の居場所をイヌが即座に探り当て、ハンターが到着するまでその獲物を適切な場所にとどめておいてくれることだ。写真はイエローストーン国立公園のオオカミが同じテクニックを使っているところで、バイソンが疲れるまで追跡して囲い込み、殺す。

これと類似した研究で、現代の熱帯地域で小型のイヌを使い小型動物猟をする狩猟民の調査でも同様の結果が得られている。シンシナティ大学のジェレミー・コスターとケン・タンカースリーはニカラグアでマヤングナ族とミスキート族の狩猟を調査した[20]。仕留めた全哺乳類のうち約85パーセントはイヌを連れた猟によるもので、毎月20キロから100キロの肉を供給でき、その量は猟に連れて行くイヌの体重より大きい。イヌの援助により狩人が獲物を発見する割合は、アグーチ（大型の齧歯《げっし》類。学名 *Dasyprocta*）猟の場合で9倍も改善されていた。サザンメソジスト大学のカレン・ルポは中央アフリカ共和国の2部族を調査し、ヤマアラシ猟にイヌを使った場合、仕留める時間を57パーセントも短縮できることを明らかにした。[21] これらの調査では具体的な狩猟法や気候、獲物の大きさに大きな違いはあるが、イヌを連れた狩人のほうがより早くより多くの獲物を発見し、多くの肉を持ち帰れることは明らかだ。

こうした現在のイヌを連れた狩猟民の調査から、オオカミイヌを連れた古代の狩猟民も多くの獲物を仕留め、おそらくは獲物の種類も広範囲にわたり、大型の獲物を仕留める能力も増し、一方で狩猟に要する人間のエネルギー消費も削減できたと考えられる。マンモス骨出土の大型遺跡で起きていたことについても、この解釈が無理のない説明となる。オオカミイヌによって生態系を利用する新たな方法が得られ、かつてより多種の獲物を仕留められるようになり、期待通りに獲物を手に入れられるようになった。スタイナーとクーンは、食物を獲得する方法が多様化したことにより、初期の現生人類にとっては生態系の環境収容力が実質的に増大することになったと述べる。[22] スタイナーとクーンはイヌが早くから家畜化された影響については考慮していなかったが、オオカミイヌを連れた狩猟によって、食物を得る機会が新たに増え、従来の狩猟法も改善されたはずだ。

もうひとつオオカミイヌと協力する利点として、狩猟の成功率が改善し肉の収量も増えると、狩猟での人間の消費エネルギー量も削減できたことがある。前にも述べたように、ジェルモンプレのチームが同定したオオカミイヌは大型で頑健な動物だ。トロント大学のチャールズ・アーノルドは、現在北極圏で生活する現代の人々が利用している適応について述べながら「民族誌学で報告されている北方社会におけるイエイヌの用途として、ソリをひかせ、荷を背負わせ、海氷下に生息するアザラシが利用している呼吸穴の位置を探らせ、狩りでジャコウウシ（学名 *Ovibos moschatus*）の群れを追い詰めて防御的な静止隊形にとどめさせ、野営地への侵入者があれば吠えて警告を発し、さらにイエイヌそのものが毛皮や食物の資源ともなっている。したがって、たいていの有史時代のイヌイットやその考古学的祖先であるネオエスキモー（Neoeskimo）にとっても、適応戦略としてイエイヌが大いに役立っていた」[23]としている。イエイヌを猟犬としてだけでなく、荷物を運搬する荷役動物としても訓練しておけば、たとえば狩猟解体場がぬかるみだったり急斜面だったりするやっかいな場所で、そこで野営したくない場合、イエイヌは並外れて役に立っただろう。アメリカ先住民の間での大型イヌの利用に関する民族誌データによると、イヌは23キロもの荷を積んだ「トラヴォワ（travois）」を牽く、つまり荷を引きずることができた[24]（「トラヴォワ」は車輪のない荷車のような運搬道具。2本の棒をフレームにし荷物を載せてイヌやウマに引かせる。起伏の激しい土地で役立った）。元アリゾナ州立大学の故クリスティ・ターナーは「針の発明とイヌの利用によって最終的に北アメリカへの入植が可能になった」と論じている。[25]もうひとり考古学者でルイス・バーガー・グループ社のスチュアート・フィーデルは、最初期のアメリカ先住民女性は薪と食物を運ぶイヌの能力により、労働で消費するエネルギーを節約できたため、出産率が改善されたのではないかと提案している。[26]現生人類によって頻繁に仕留められる獲物が大型化し、その人口も増加したという証拠が存在するということは、イヌを飼うことによる利得だったと理解するのが妥当だろう。

しかし、こうしたターナーや他の研究者たちによる、イヌイットや極北住民の環境適応にとってイヌが中心的な役割を果たしたとする説については、ダーシー・モーリーとキム・エアリス＝ゾレンソンによってとかく異議が唱えられてきた。[27]確かにイヌは有史時代の極北の人々にとっては、イヌのチームにソリを引かせたり狩猟に使ったりと不可欠のものだったが、それはいまから1000年前くらいになってからの状況だとふたりは主張する。さらに古い時代に北極圏で生活していた人々は、荷役動物あるいは狩猟の補助としてイヌを単独では利用していたかもしれないが、後にどこにでもみられるようになる6〜8頭牽きの大きなイヌのチームはなかったし、大型のソリもなかったと主張する。この説なら、テューレ文化〔1100年前の先史エスキモー文化〕の遺跡ではイヌの化石の他に牽き具やソリもよく発見されるのとくらべ、初期ドーセット文化〔北米極北地方のテューレ文化に先行する先史文化〕の遺跡ではイヌ（あるいはオオカミ）の化石が相対的に不足していることにも説明がつく。ドーセット人（パレオ・エスキモー）の遺跡はテューレ文化より古い時代の遺跡で、イヌの化石も少数存在し、骨には牽引に関係すると思われる変形が見られる個体もあるが、イヌあるいはイヌ科動物の化石の出土は多いとはいえない。

もうひとつオオカミイヌが大きな役割を発揮したのではないかと考えられるのは、獲物の死体を見張って他の捕食者に奪われないようにすることだ。極北地方では今日でもオオカミやホッキョクグマの接近を吠えて知らせる番犬としてイヌが使われている。また弓矢を携えてホッキョクグマやカリブー（トナカイ）そしてアザラシの狩猟にでる人々の間でもイヌが利用されている[28]。

マンモス骨の出る大型遺跡の際立った特徴として、現生人類狩猟民が解体狩猟場の至近距離で野営していた有力な証拠がほとんどの遺跡で発見できる。つまり身の安全を考え解体狩猟場から素早く立ち去らなくても、うまく獲物の死体を確保できていたことが示唆される。狩猟に要する時間が短縮され狩猟の成功率が上昇し、狩猟に要するエネルギー消費も減り、さらに仕留めた獲物をうまく確保できるようになったこと、これらがすべて組み合わさったことが、約4万年前から3万2000年前にかけて初期の現生人類が初めて仕掛けた大規模なマンモス猟と、それまでのたまたま仕留めることができたマンモス猟との違いとなって現れたのではないだろうか。

旧石器時代の狩猟はたいてい男性の仕事だったとスタイナーとクーンは推定している。[29] それが正しいとすれば、男が狩猟で留守をしている間、オオカミイヌには略奪者から女性と子供を守るという重要な役割もあったのではないだろうか。こうした略奪者はただのよそ者や野生動物だっただろう。こうした防御は現生人類集団が繁殖を成功させるうえで不可欠だったのではないか。

オオカミイヌと現生人類との協力関係は他にも興味深い影響があったのではないだろうか。オオカミを対象にした最近の動物行動研究者は、オオカミが他のイヌ科動物を、家畜化されているかどうかにかかわらず、選択的に標的とすることに気付いた。人間と協力するオオカミイヌにオオカミがひっきりなしに攻撃を仕掛けたことが動機となって、現生人類は機会があればいつでも野生オオカミを殺すようになったのかもしれない。オオカミは非常に縄張り意識が強い。現生人類が生活と移動をオオカミイヌとともにすれば、在来のオオカミはこうした新参者と競争者に対して非常に攻撃的になっただろう。古代のオオカミイヌはおそらく野生オオカミの群れが近づく気配に注意を払っていたはずだ。現生人類がオオカミイヌと協力していたとすれば、移動の際には今度は現生人類がこのイヌ科動物を保護する必要があったと考えていいだろう。家畜化とは常に互恵的な関係であって、パートナー双方に利益がなければならない取引協定のようなものだ。現生人類がオオカミイヌと協力したことで、野生オオカミはそれまで以上に現生人類にとって恐るべき競争者となっただろう。

バンガロールを拠点とするアショカ生態学環境研究トラスト（Ashoka Trust for Research in Ecology and the Environment）のアビ・ヴァナクとミズーリ大学のマシュー・ゴンパーは、イヌと野生肉食動物の個体群の間の関係について調査した。ふたりはイヌと人間の協力関係が、イヌと野生肉食動物との関係に、イヌの立場からすると好都合な作用を及ぼしていることに気付いた。イヌは人間から食物を与えられるため食糧不足にさらされることはなく、さらに他の肉食動物による攻撃や競争からも保護される。人間の住居が安全な避難所となるからだ[30]。

いくつかの遺跡から得られた考古学的データを、わたしの仮説とその予測を踏まえたうえで検討してみよう。前にも述べたようにパヴロフⅠはチェコ共和国にあるグラヴェット文化期の遺跡だ。パヴロフⅠからは7体のマンモスの骨のほかにも、57頭のオオカミ、10頭のクズリ、4頭のクマ、123頭のホッキョクギツネの化石が出土している。骨はひとつひとつカットマークがないか注意深く調べられ、その死骸が皮を剥がれたのか、肉をそぎ取られたのか、あるいは解体されたのかについて、その位置と現代のハンターの作業過程を分析することで判断された。収集された332点の骨に動物の皮を剥ぐときについたカットマークが確認され、カットマークはトナカイに最も多くみられた。クラクフにあるポーランド科学アカデミーのピオトル・ヴォイタルとその同僚は次のように記している。「多くの肉食動物の化石と数多くの皮を剥いだ痕があることから、衣服を作るのに毛皮が使われていたことがわかる。皮を剥ぐときについたカットマークは22点の肉食動物の骨にみられ、ほとんどが［尾椎と足の骨についていた］。これは狩猟民が動物からできるだけ大きい毛

図12-4　ドルニ・ヴェストニッツェとパヴロフIから多数出土した粘土片には、植物や毛皮から作った繊維製品を押しつけた痕がついている。洗練された結び目や編み目模様がつけられたものもあり、網やかごなどの道具が作られ、使われていたことが示唆される。

皮をとろうとしたことを示している。しかしここで指摘しておかなければならないのは、オオカミやキツネ、クズリ、クマを解体して肉をそぎ取るときにできたカットマークも存在することで、パヴロフIのハンターにとって肉食動物は食物資源でもあったのである。[31]

パヴロフIにほど近いドルニ・ヴェストニッチェのグラヴェット文化期遺跡は、素晴らしい土製のヴィーナス小立像で有名だが、ここではさらに多くの骨や遺物が発掘されている。動物骨で最も頻繁に出土する骨化石のベストスリーがマンモス、オオカミそしてキツネだ。またパヴロフIとドルニ・ヴェストニッチェの両遺跡からは世界最古、2万7000～2万5000年前頃の、縄類と編み物を押しつけた痕のある粘土の小片が出土している（図12-4参照）。縄類は小型から中型の動物を捕らえる罠や網に使われ、そしておそらくはマンモスの骨の小屋を建てるのにも使われただろうし、獲物を解体し運搬するのにも利用されていたことはほぼ間違いないだろう。こうした繊維生産のテクノロジーは現生人類がネアンデルタール人より優位に立つことになる新たな適応のひとつだが、繊維だけでは現生人類がマンモス骨の大型遺跡を生み出せるようなブレイクスルーにはならなかった。

プシェドモスティでは、動物相の分析からマンモスの骨が圧倒的に多いことが明らかにされ、その個体数は1000を超えた。次に多いのが最も重要な動物であるオオカミで103個体、それに次いでホッキョクウサギ(79個体)、トナカイ(36個体)となる。[32] イヌ科動物のうち20個体がオオカミイヌと同定されてきたが、他の52の標本についてはジェルモンプレのグループが利用した技術では不十分で同定できなかった。

こうした発見を追いながら、エルヴェ・ボシャランと同僚らはプシェドモスティの全動物相について詳細に同位体分析を行い、実質的にプレドモスティで出土した中型動物と大型動物のすべて、つまりトナカイ、バイソン、アカシカ、ジャコウウシ、ウマ、ケブカサイ、ケナガマンモス、ヒグマ、クズリ、ホッキョクギツネ、ホラアナライオン、オオカミ、オオカミイヌそして同じ遺跡に埋葬されていた現生人類の遺骸3体から標本を抽出した。[33] 保存状態が悪く分析に適さない骨は、骨に含まれる主要なタンパク質であるコラーゲンの含有量から判断でき、そうした骨を除去してから分析を進めると、これらの化石群から注目すべき結果を得た。衝撃的な結論は、ホラアナライオンが非常に多くのトナカイとバイソンを食べていたということと、オオカミはウマをよく食べ、おそらくマンモスもよく食べていたということだ。ところがオオカミイヌと解釈される大型イヌ科動物からは、ほとんどのオオカミにみられるのと一致する同位体は検出されなかった。そしてオオカミイヌが非常に強く依存していた食物はといえば、どうやらトナカイだった。プシェドモスティ遺跡と近くのモラヴィア遺跡で発掘された現生人類からはマンモスを大量に食べていたことを示す同位体分析結果が得られるので、現生人類がオオカミイヌに餌をやっていたとすれば、自分たちの食事の残り物を与えていたのではなく、トナカイの肉を与えていたことになる。現生人類はオオカミに餌を与えるためにあえてトナカイ猟をしていたのだろうか？ それとも時間がたってトナカイの鮮度が落ちたため、人間の食物だったものがオオカミイヌの餌へ格下げされたのだろうか？

オオカミイヌの存在とその補助があったとすれば、現生人類が大きな獲物を獲得してその死体を確保する能力を向上させ、オオカミを獲物として意図的に狙いを定めたことにも説明がつくだろう。捕食者生物の侵入にもとづく予測と合わせて考えれば、このシナリオによって現生人類の狩猟成功率、そしてなんといっても恐ろしく困難な環境を生き抜く能力が突然向上したことも理解可能だ。現生人類はイヌを相棒にすることで生き残ることができたのではないだろうか。

第13章　なぜイヌなのか？

いくつかの遺跡で確認された独特なオオカミイヌの存在が家畜化の初期の試みを意味しているとすれば、早期の現生人類が家畜化する動物として真っ先にイヌを選んだ理由は説明できるだろうか？多くの研究者はこれまで家畜化されてきた動物に共通する性質に注目してきた。(1)オオカミにもそうした家畜に共通する性質があるのだろうか？

第一に、社会的な動物が家畜の候補として適している。オオカミがイヌの家畜化の出発点となったことは間違いないし、階層的な社会秩序のある群れを作って生活する非常に社会的な動物でもある。オオカミにはすでに群れで生活や狩りをし、他の個体に対してどの個体が優位かを決める技能と適応能力も備わっている。また子育てでは群れの他のメンバーとも協力し合う。したがって人間が群れのリーダーとして受け入れられれば、オオカミと人間との相互関係は密接なものになるだろう。

第二に、成熟が早く繁殖が早いことも望ましい性質で、短期間に多くの家畜が得られる。囲い込まれた状態で自発的に繁殖することは家畜の適性のひとつとしてあげられることが多いが、3万5

000年前に家畜化されたオオカミの場合、「囲い込まれた状態」とはどういう意味なのかは難しい問題だ。いずれにせよ後に家畜となるヤギなどとくらべると、イヌ科動物はこの点での適性は低い。

第三に、人間にはたいして美味しくなかったりまったく食べなかったりするような食物を与えることで育つという特性も、家畜には適している。草や穀物のひこばえで育つ家畜なら、人間の食物摂取量を減らさず育てることができるので家畜の有力候補だ。しかしオオカミやイヌは人間と肉を取り合う関係にあるので、この点では家畜としての適性は低い。動物の家畜化、あるいは動物との連帯または協力で得られる便益より、家畜に食物を与える費用のほうが大きいのでは、人間にとって家畜化の意味がない。

第四に、家畜の有力候補としては気質が穏やかで、それほど攻撃的ではなく、したがって非常に従順な動物のほうがいい。オオカミの場合この基準には適合しない。

第五の適性は、家畜の有力候補の特徴としてあげられることはあまりないが、オオカミと人間には行動上の共通点があること、食物を得る手段が共通している点がある。オオカミは群れで狩りをする方法を人間から教わる必要はない。オオカミは狩りの方法を親から学び、さらに本能的にもかなり獲物を仕留められる。こうした特性はイエネコにもある程度あって、紀元前3800年～紀元前1600年の間に現生人類がネコを家畜化するずっと前から、ネコは齧歯類などの小動物の狩りの仕方を知っていた。オオカミとイヌは群れで狩りをするが、ネコ科の動物は、イエネコもそうだがどちらかといえば単独で猟をする。猟犬は人間と協力して猟をし、オオカミも他のオオカミと協力して狩りをするが、狩りをするネコは単独だ。

最初に家畜化されることになる動物であるオオカミがこうした基準にあまり合っていないのは、右のような基準には、家畜とは動物を繁殖させ食肉の供給を確保すること〔傍点訳者〕という暗黙の仮定があるからだ。だから家畜の代表といえばオオカミではなく昔からヒツジやヤギということになっていた。ところが1981年と1983年に、アンドリュー・シェーラットが動物の家畜化について非常に影響力の強い2本の論文を発表した。[2] シェーラットはこれらの論文で、動物を家畜にするのはまず第一に食糧安全保障を確保するためであって、のちに乳や羊毛、牽引力を得るために利用されるようになるが、こうした副産物を組織的に活用するのは文字通り副次的なことにすぎなかったとする仮説を提唱した。シェーラット論文の衝撃は、考古学者にとって、さらに家畜化を研究する他分野の科学者にとってもきわめて大きいものだった。

しかし残念ながらわたしはシェーラットは完全に間違っていると考えている。最近の論文でも述べたことだが、[3] シェーラットの仮説は動物を家畜化する動機についての基本的な誤解にもとづいている。目的が食肉の生産だとすれば、家畜化という手法は戦略として不適切だ。なぜならパドックや牧場の柵内に入って夕食用の動物を手に入れられるようにするには、何世代も動物を選別して家畜体制を確立しなければならないからだ。確かに家畜動物のなかには食物資源として価値があることが証明されたものもあり、その点について異論はない。しかし家畜動物を食物として育てるようになるよりずっと前から、人間はさまざまな動物から、その動物を殺すことなく、多くの再生可能資源（「副産物」よりふさわしい用語）を得ていたのである。そうした再生可能資源というのは乳や毛皮、牽引あるいは運搬の動力源、狩猟の補助、防御、衛生（人間には食べられないゴミを食べてくれる）、さらに多くの仔を生産する能力などだ。その良い例がジョージア共和国ジュジュアナ洞窟の上部旧石器層から出土した遺物で、3万2000〜2万6000年前のものと年代測定された、染色して紡がれ、結び目のついたアマの繊維とシロイワヤギの毛だ。またパヴロフIからも編んだり織ったりした繊維を多数押しつけた痕のある粘土が見つかっている。毛の利用に最も適したヒツジとヤギが家畜化されたのはおよそ9000年前だから、このジュジュアナ洞窟での発見は、それよりずっと以前から動物の毛皮や植物繊維の利用がかなり洗練されたレベルに達していた直接の証拠になる。

そもそも動物を家畜化した理由は、オオカミからイヌへの移行の例でもわかるように、動物を「生きた道具」とすることで、人間にはない家畜の有益な能力を借りることにあったのではないだろうか。たとえばオオカミとイヌからは、長距離を疾走し、臭いを追跡し、あるいはまた獲物を追い込み吠え立てて包囲し、必要であれば攻撃を仕掛けて獲物が逃げられないようにする能力が得られた。こうした適性と能力を持つ動物が人間と協力すれば双方にとっていろいろな利益が得られ、とくに狩人ひとり当たり（人間あるいはイヌ科としても）でより多くの肉をより迅速に獲得できるようになり、負傷するリスクも減少する。

ここで一休みし、家畜化には具体的に何が必要かを考えてみるのがいいだろう。動物の家畜化とは、動物を飼い慣らすことではない（もちろん飼い慣らすこと自体難しいのだが）。野生動物を飼い慣らすということは、「子供にかみつくな」とか「人間の食物をとるな」といった行動ルールを決め、動物がそれを理解し守れるようになるまで強制的にしつけることで、それができなければその動物を放り出すか殺してしまうことになる。こうしたルールのしつけは一般的に動物が若い頃から始めるのが一番簡単だ。オオカミなら社会化がすり込まれる時期があって、その間に仔オオカミは外部世界を恐れず探検しながら何が安全かを学習する。この時期は生後2週間ほどで始まり、1か月間続く。[4] 動物を飼い慣らしはじめるにはこの期間が絶好の機会となる。しかし飼い慣らしでは動物が遺伝的に変化するわけではなく、どの世代も前世代と変わらず野生のままだ。行動の変化が子孫に受け継がれることはない。

動物を飼い慣らしたり家畜にするには、いずれにせよ動物に対する深い共感と理解が必要で、さらに家畜となる動物や飼い主となる者双方が親愛や恐怖心、敵意、病気そして空腹や好奇心を伝えるさまざまな姿勢やジェスチャー、発する音の意味を理解する卓越した能力が欠かせないだろう。動物とコミュニケーションをとるには、初歩的で当たり前に思えるやりとりでさえ長い学習過程が必要になる。動物も人間も辛抱強く相手とのコミュニケーションを試みなければならず、しかしコミュニケーションにはそれだけの価値があり、実現可能だと確信できなければならない。イヌの訓練やイヌの気持ちを理解することをテーマにしたテレビ番組をみると、イヌの適切な行動を褒め、危険な行動を諌める方法を知らない飼い主に育てられると、イエイヌでもとんでもない振る舞いをするようになることがよくわかる。こうした「お粗末な」飼い主の多くは、動物が怒ったり、優位にあると思い攻撃的になったり、あるいは怯えていたりしても気がつかない。そんな飼い主では「イヌとの対話」などできるわけもない。そこでこうした番組ではイヌ語の学習が目玉コーナーにもなっている。

動物を家畜化するうえで本質的に重要な側面のひとつが、家畜とする動物の繁殖を人々が制御することで、たとえば人間に対して極端に攻撃的な性質など、望ましくない性質の個体が存続しないように注意を払うということだ。家畜化は意図的な過程であったかもしれないし、そうでなかったかもしれない。人間の役に立ち、家族にやさしい現在ではおなじみのイヌを手に入れようとするなら、確かにオオカミから始める手はないだろう。家畜化という過程の始まりは、とてもやっかいな動物や危険すぎる動物、あるいは行動を人間の思い通りにできない動物を殺すことがあるように、本能的な行動だったのかもしれない。本質的には家畜化とは動物を永久に変化させるような遺伝的な変化を起こすことである。

1959年、ロシアのシベリアにあるノヴォシビルスク細胞学遺伝学研究所で、ドミトリ・ベリャーエフ指揮のもとイヌ科の家畜化に関する最も有名な実験が始まった。ギンギツネは長毛のアカギツネのなかでもとくに魅力的な銀白色の毛並みをもつ変種で、シベリアでは寒冷な気候のために毛皮が厚く豪華になるので、毛皮貿易用として19世紀以降さかんに飼育されてきた。ベリャーエフはエストニアの毛皮農場から最初の個体群つまり創始者集団として30頭のオスのキツネと100頭のメスのキツネを選抜した。これらの系統は50年間ケージの中で繁殖し続け、ベリャーエフはそのキツネたちを「実質的な野生」と見なしていたのだが、実は頻繁に人間による干渉を受けてきたこのキツネたちは、野生ではなくなっていた。最も恐ろしく攻撃的な動物は50年の間にすでに淘汰されてしまっていたのだ。

生まれたばかりの仔ギツネの頃、ひと月に一度だけ、人間に敵対的か友好的かをみる行動テストがあったことを除けば、キツネたちは人間と最低限の接触を保ちつつ一生檻のなかで生きた。繁殖はベリャーエフの目的に沿って厳密に管理され、最も人なつっこく恐怖を感じないキツネを選抜して交配させ、別のグループはコントロール（対照）集団としてランダムに交尾できるようにしておいた。

デューク大学のイヌの行動に関する研究者ブライアン・ヘアが2003年にノヴォシビルスクを訪問したとき、選抜されたギンギツネの系統はすでに45世代をすぎていた。ヘアの記述によれば、コントロール集団のほうは「檻の暗がりに紛れ込み」、彼が檻を通りすぎるときには避けるようにして威嚇の吠え声をあげた。一方親しみやすい特徴をもつように育成されたキツネのほうは「わたしの腕に飛び込むなり顔に鼻を押しつけ、かわいいピンク色の舌で頬をなめまわした」[5]。愛想の良さがよく伝わってくる。実験当初の始祖グループでは「恐ろしい」と判断された個体の割合が90パーセントだったのにくらべ、これらのキツネで「恐ろしい」と判断されたのはわずか18パーセントだった。育成の結果得られた動物はコントロール集団とくらべて人間をまったく怖がらず、「家畜化されたキツネ」（domesticated fox）と呼ばれることも多く、そうした表現もあって動物の家畜化はわずか45世代で可能とする大げさな主張にもつながった。

しかしこう結論づけることは、家畜化の問題を単純化しすぎていると思う。なぜならベリャーエフによる動物の管理は野生度の低いギンギツネを選択することから始まり、交配相手の厳密な選抜までしているわけで、自然条件下で家畜化しようとした場合に可能な管理とくらべてはるかに徹底しているからだ。ベリャーエフのキツネは檻のなかで飼われていて、交配相手に選択の余地はない。家畜化しようとする動物が毎年繁殖し、しかも管理する側の人間に遺伝学と遺伝的性質さらに動物の徹底管理に関する最新の知識があるという条件のもとでの40世代から45世代という数字は、家畜化の実現に要する必要最低限の時間とわたしは考えている。

とてもおもしろいのは、ベリャーエフが人なつっこいキツネを繁殖させている間にたまたま別の遺伝的変化が生じていることだ。このギンギツネからはさまざまな毛色のものが出現し、なかには創始者集団では決してみられなかった白黒まだらの個体や耳のたれた個体、しっぽが巻いて上を向いた個体もいて、こうした個体の頭部は平均的に細く、鼻面は短く幅が広かった。そしてなにより重要な変化は、副腎皮質ホルモンというストレスホルモンの基礎レベルが野生のキツネとくらべて著しく低かったことだ。

若いキツネはまた、恐れを示す行動を取り始めるようになるまでの好奇心満々で新しいものを積極的に受け入れる期間が拡大していた。こうして特別に飼育されたキツネの場合、この時期がコミュニケーションをとれるように訓練するのに容易で、おそらく新しい世代を経るごとに動物の行動が改善されたのだろう。初期の現生人類がオオカミをオオカミイヌやイヌへと家畜化するのにどのくらい時間がかかったのか、あるいはまた仔オオカミをなつかせることができないまま、結局その仔オオカミを死なせてしまうようなことをどれほど繰り返したのか、数字を挙げることなど不可能だ。おそらくは多くの試行錯誤があったに違いない。

家畜とするための動物を選ぶのに、わざわざ大型でとくに獰猛なオオカミのような動物を選ぶのは愚かな選択と思われるだろう。[7] 更新世の動物相にはほかにもっと従順でおとなしいヤギやシカなどもいた（ただし、シカは一度も家畜化されたことはないが）。しかし、おそらく初期現生人類は意図してオオカミの家畜化の道を歩み出したのではなかった。それは偶然起きたとしか思えず、おそらくはじめは1～2頭の仔オオカミで試行錯誤するなかでごくまれにうまくいくことがあったのだろう。それまで家畜化した動物などみたことがないのだから、家畜が役立つことを期待して飼育を始める者はいなかったはずだ。イヌを除けば動物家畜化の試みが成功しはじめるのはもっと後の時代で、人間が穀物を栽培し、植物性食物を採集しながら毎日決まった場所で生活するようになってからのことだ。

実はオオカミは危険ではあったが、家畜として好都合な才能と能力があった。オオカミも人間と同じく本来社会的な動物なので、群れを形成し互いに協力しながら生活している。だからオオカミは単独で生きるより、同類あるいは選ばれた仲間同士で群れで生活するのが何より幸福だ。オオカミが単独で生活することは、まさに危機の連続である。狩りの能力は十全でなく、仔オオカミを育てる助けも得られず、ほかに警備に当たるオオカミがいるわけでもない。要するに人間とオオカミ（あるいはほとんどのイヌ科動物）は非常によく似ているのだ。外来の動物が人間とともに育ち、人間の指示も理解できるようになるのであれば、「家族」や「群れ」という概念がオオカミイヌや人間をひとくくりにしたものにまで拡大することは、考えられないことではない。しかもオオカミやイヌ、人間は集団で生活するほうがみな幸福なのである。

オオカミは生まれながらのハンターでもあり、臭いをかぎ分け獲物を追跡するその能力は、人間がかなうわけもない。オオカミが食物を得る主要な手段は、初期の現生人類と同じように狩りだが、イヌ科動物の方法は多くの点で卓越している。一日40～50キロ早足で獲物を追跡し続けてもたいして疲労することがない。臭いのあとをつけるのもお手の物だ。本能的に先頭を交替しながら群れで獲物を追っていく。一方イヌ科動物になくて人間だけが持っていたものが遠くから攻撃できる狩猟具で、投げ槍、「アトラトル」という槍に大きな推進力を加えて投擲する投槍器、そして弓矢などがあった。また、人間はほとんど労力を使わずに動物を捕獲できる罠を仕掛けることもできたが、イヌには無理だ。大型イヌ科動物なら獲物に身体でぶつかっていく攻撃が有効だが、この手段は攻撃を仕掛ける側にも危険があり失敗することもある。罠のなかで失血させて動物を弱らせて動けなくさせるか、あるいは獲物に傷を負わせ動けなくなるまであとを追い続ける戦略なら、直接攻撃よりもリスクが低くなる。

オオカミはイヌより賢く、仲間と協力して狩りをするのもうまいといわれている。[8] またオオカミは空間認知能力も高い。[9] ヴァレリウス・ガイストによると、オオカミは洞察学習ができ、仲間や別の動物の行動を観察して問題解決法を学習し、たとえば掛けがねも外せるようになるという。[10] しかしイヌとオオカミの知能の高低は状況次第である。実験ではイヌが人間の合図に反応する一方でオオカミはそれを無視し、イヌは特定の作業や難しい作業をする場合、許可や手伝いを求め、持ち主あるいは訓練師の合図に注意を払う。『あなたのイヌは天才だ』〔古草秀子訳。早川書房。2013年〕でブライアン・ヘアとヴァネッサ・ウッズは「イヌはわたしたちに研究対象として最も重要な動物のひとつだ。それは野生近縁種とくらべて優しくおとなしかったからではなく、人間社会の一員として迎えられるほど非常に賢くて、家族の一員ともなるからだ」と述べている。[11]

そこでことさら興味をそそられるのは、ネアンデルタール人が絶滅したあと、現生人類最大の競争相手だったであろう肉食動物である野生オオカミの骨が、初期のオオカミイヌと多くのマンモスが発見される遺跡で、ごく当たり前のように出土していることだ。これらの遺跡ではホッキョクギツネとホッキョクウサギもよく見られる。

どうしてオオカミとキツネが捕獲されたのか？　足の骨とともにカットマークと多くの頭蓋が存在していることから、頻繁にこれらの動物の皮を剝ぐことが行われていたことがわかる（毛皮は足と頭部を付けたままであることが多い）。したがってこれまでは一般的な仮説として、オオカミとキツネそしてウサギは、毛皮をとる目的で狩りの標的になっていたとされてきた。寒冷期には毛皮が非常に役立ったことは間違いないだろう。古い書籍をみると、多くの著者が現生人類はオオカミの死体を食べなかったと、断固主張している。オルガ・ゾファーは1985年の著書でそうした自らの信念をはっきりと述べている「毛皮が得られる動物の化石はほとんどの遺跡で数多く発見されるが、これらの分類群に属する骨化石には、食物にするため処理したり準備したりした痕は一切みられない[12]」

しかし、なぜだろう？　たとえばオオカミの肉は確かに食用になるし、体重はシカと同じくらいあり、今日でも世界にはイヌ科動物を好んで食べる地域もある。オオカミを殺し、皮を剝いでいるのに、なぜその肉は食べなかったのだろう？　何らかの文化的嗜好性や文化的意味があったと想定しない限り、理にかなった説明がつかない。パロメアズとカーロによる肉食動物間の直接的競争

(interference competition) の研究では、ギルド内競争にかかわる生物の約半数が競争相手を殺してからその死体を食べていたが、半数は食べていなかった。[13] しかしどの肉食競争者が喰われ、どの競争者が喰われないかが予測できるような特徴は見出せなかった。ヴァナクとゴンパーが指摘したように「競争劣位種がギルド内捕食の後に喰われない場合……競争優位種は資源競争者とみられる種の個体数を直接減らしているということになるのだ[14]」

しかし、パヴロフIなどグラヴェット文化期のマンモス骨出土大型遺跡での最近の発掘から、オオカミ、アカギツネ、ホッキョクギツネは明らかに毛皮を剝ぎ、四肢を切断し、肉をそぎ取っていた痕が見つかっている。[15] かつての動物考古学者には今日ほどカットマークや解体痕の重要性ははっきり認識されていなかったため、古い研究ではこれらの痕は見落とされていたということなのだろうか？ あるいは、更新世世界のある地域では肉食動物の死体は食べなかったというだけで、他の地域では食べていたのだろうか？ それはわからない。

パヴロフIのオオカミにみられるカットマークの位置がトナカイなど草食動物の被捕食者の骨に残されているものと非常によく似ていることは、これらイヌ科動物のうち少なくとも何頭かは食べられていたと考えるだけの十分な理由となる。おそらくオオカミは肉の残飯にありつけないかと現生人類の住居まわりをうろついていただろうから、現生人類にとってはうってつけの獲物になるし、そんなオオカミを何頭か殺しておけば、さらに招かれざる訪問者がやってくるのを防げたかもしれない。オオカミの骨は他にも役立った。錐その他の骨器はしばしばオオカミの尺骨、つまり前肢の下の部分から作られるが、これらの骨はもともと長細く尖っている。オオカミの歯も歯根に錐で穴を開け、ペンダント作りに好んで使われた。たとえばパヴロフⅠではキツネの歯254本とオオカミの歯65本と、かなりの数の歯がこのように加工されていた。パヴロフⅠではトナカイの化石はオオカミやキツネよりたくさんみつかるのだが、出土したペンダントのうちふたつだけが別の動物、つまりトナカイを使ったものだった。

予想外だったのは、グラヴェット文化期の遺跡の骨化石組み合わせの中には、肉食動物が噛んだ歯痕が残っている割合がそれほど多くないことだ。これらの遺跡の多くで、肉食動物の歯痕が見つかるのは標本の5パーセント以下である。もっと多くのイヌがいた、さらに新しい遺跡やオオカミの巣穴なら、肉食動物が噛んだ骨は非常に多くみつかるというのに、どうしてグラヴェット文化期の遺跡では多くないのだろう？ その原因として3つの可能性がある。

第一番目の可能性として、20世紀後半から21世紀の初めより前に発掘された多くの遺跡の発掘手法だと、すべての骨化石を収集分析したのではなく、完全な形に近い骨だけを回収して分析していた。強い噛みあとがあってもなくても骨の断片や破片を無視するのは普通のことだったのである。こうしたやりかたで収集したため、いまとなっては収集されなかった骨の断片に齧ったあとや噛んだ痕が付いていたのかどうかはわからなくなってしまった。

第二に、現生人類は野生肉食動物を野営地や集落、あるいは一時的な居住地から離れたところに隔離しておくことができたのかもしれない。こうした獲物の死体を保持し続けるには、オオカミイヌの助けがなければきわめて難しい作業だっただろう。しかしオオカミイヌが人間とともに生活していたとするなら、オオカミイヌが骨に噛みつかないように十分に餌を与えていたとしても、ロープでつないでおくなり何らかの方法で拘束しておくなりしない限り、とても困難なことだっただろう。

最後に、現生人類あるいは肉食動物が骨を処理する程度は、得られる肉の相対的な量と殺した場所を占有していられる時間次第だということだ。したがって、巣穴や囲いのある区域に閉じ込められた肉食動物のところに持ち帰られた獲物の一部分は、殺した場所にある死体より、嚙み付きによって激しく損傷していた可能性が高い。確かに野生オオカミが獲物を殺した場所には一握りの骨の断片しか残らず、歯の嚙み痕もついていないだろう。[16]

メアリー・スタイナーは古代および現生のオオカミの巣穴を、古代のホラアナハイエナあるいは現生のブチハイエナの巣穴と分別し、またヒトの集めた骨の組み合わせとも区別して、それぞれの骨の損傷パターンについて分析してきた。[17] スタイナーが「肉食動物巣穴骨群」と定義しているのは、その骨の組み合わせに幼獣の骨が存在する場合、それら骨群の骨が激しく嚙まれて損傷している場合、そしてホラアナハイエナの場合なら、多くの糞石（糞の化石）が存在する場合だ。これを言い換えれば、肉食動物巣穴骨群ができるのは、肉食動物が母親の巣穴で仔を産み育て、種によってはその巣穴を数年間利用した場合だ。スタイナーが指摘する「激しく嚙む」というのは、大雑把に骨の10～50パーセントに嚙み跡が残されている場合だ。肉食動物の巣穴の際立った特徴として、肉食動物の骨の割合が大きいこともあげられる（標本数の70パーセントにまでなる）。おそらく種間競争や種内競争によるのだろうが、肉食動物は他の多くの肉食動物を殺す傾向がある。ハイエナの場合は頭部や角の標本が多数を占める組み合わせを生み出す傾向があり、オオカミのそれには四肢の骨が多く集積されている。ハイエナやオオカミ、そしてヒト族による骨の組み合わせには、獲物の年齢構成の点でも異なるパターンがみられる。ハイエナとオオカミは若い動物を好み、一方でヒト族は壮年期の成獣を選んでいた。

スタイナーの資料には、肉食動物巣穴骨群に石器はほとんどなく、焼かれた骨やカットマーク、打撃痕といったヒト族による損傷を示すものもまったくみられない。したがって、肉食動物の歯による多くの噛み痕と損傷がみられるこれらの巣穴跡は、ユーラシアのマンモス骨の出る大型遺跡とは明らかに異なる。これらの遺跡では動物の死体を焼いたり、皮を剥いだり、肉をそぎ取ったり、解体したりした損傷、さらに多くの石器や削片（石器加工ででる破片）がみつかるからだ。一方で、マンモス骨の出る大型遺跡遺跡では若い肉食動物の骨は出土しないのが普通だ。要するに、現生人類が多数存在し、肉は豊富にあり、オオカミイヌやイヌは繁殖しておらず、オオカミイヌがいたとしても囲い込んではいなかっただろうグラヴェット文化期の遺跡では、肉食動物による噛み痕のある骨は少ないと予想できる。

ではオオカミイヌが特別な、ある程度まで家畜化された動物だったという確かな証拠はあるだろうか？　好んでイヌ科動物を殺し、その歯から装身具を製作していることが、イヌ科動物が特別な扱いをされていたこと、つまり特別な位置づけがされていた証だとするなら、すでに強力な証拠を手にしていることになる。しかし初期現生人類の目に映るオオカミイヌの位置づけをある程度推測ができる別の種類のヒントと提案もある。

発掘された証拠がなければ根拠がないように思えるものの、イヌ埋葬の専門家ダーシー・モーリーは世界中から収集した証拠をもとにした推測で、「人間がイヌを社会的に重要な存在ととらえていることを何より示しているのが、イヌが死んだときに丁寧に埋葬することだ」と述べている。[18]

グラヴェット文化期よりずっと新しい約1万4000年前から最近までの遺跡になると、世界中の文化圏の人々がイヌを丁寧に埋葬し、ときには副葬品とともに埋葬していた証拠も見つかっている。イヌほど頻繁に儀式を伴って弔われてきた動物は他にない。ひとつの例として、イスラエルにある2500〜2200年前頃のアシュケロン遺跡では、1000頭ものイヌがそれぞれのイヌの墓地区域に埋葬されていた。[19] 東シベリアのシスバイカル地域〔バイカル湖の西側地域〕では家畜化されたイヌを人間とともに同じ墓地で埋葬していたし、前期新石器時代（8000〜7000BC）と前期青銅器時代（5000〜3400BC）には人間と同じ墓穴で埋葬されることもあった。最も顕著な事例は、ウスチベライア遺跡の人間の住まい跡に埋葬されていたイヌは、アカシカの犬歯8本で作ったネックレスを着け、ウシ科動物の洞角と肩甲骨、ノロジカの角2本にその他の骨を添えて埋葬されていた。この地域で人間と同じ場所にイヌを埋葬していたのは主に水産物を食物としていた食料収集民に限られていた。

1894年、プシェドモスティ遺跡の初期の発掘者であるカレル・マシュカは、頭蓋が一部壊れたオオカミの全身骨格を7体か8体見つけたと日記に綴っている。[20] そのうちのひとつが見つかった場所には20体の人間の骨格も埋まっていた。こうした形跡は、オオカミイヌと現生人類の間には協定あるいは協力関係があり、だからこそ人間とオオカミイヌの遺体が同等に葬られたことを強く示唆している。オオカミイヌは人間にとってあまりに身近な存在だったため、おそらくは他の動物と同様に扱うことができなかったのではないだろうか。

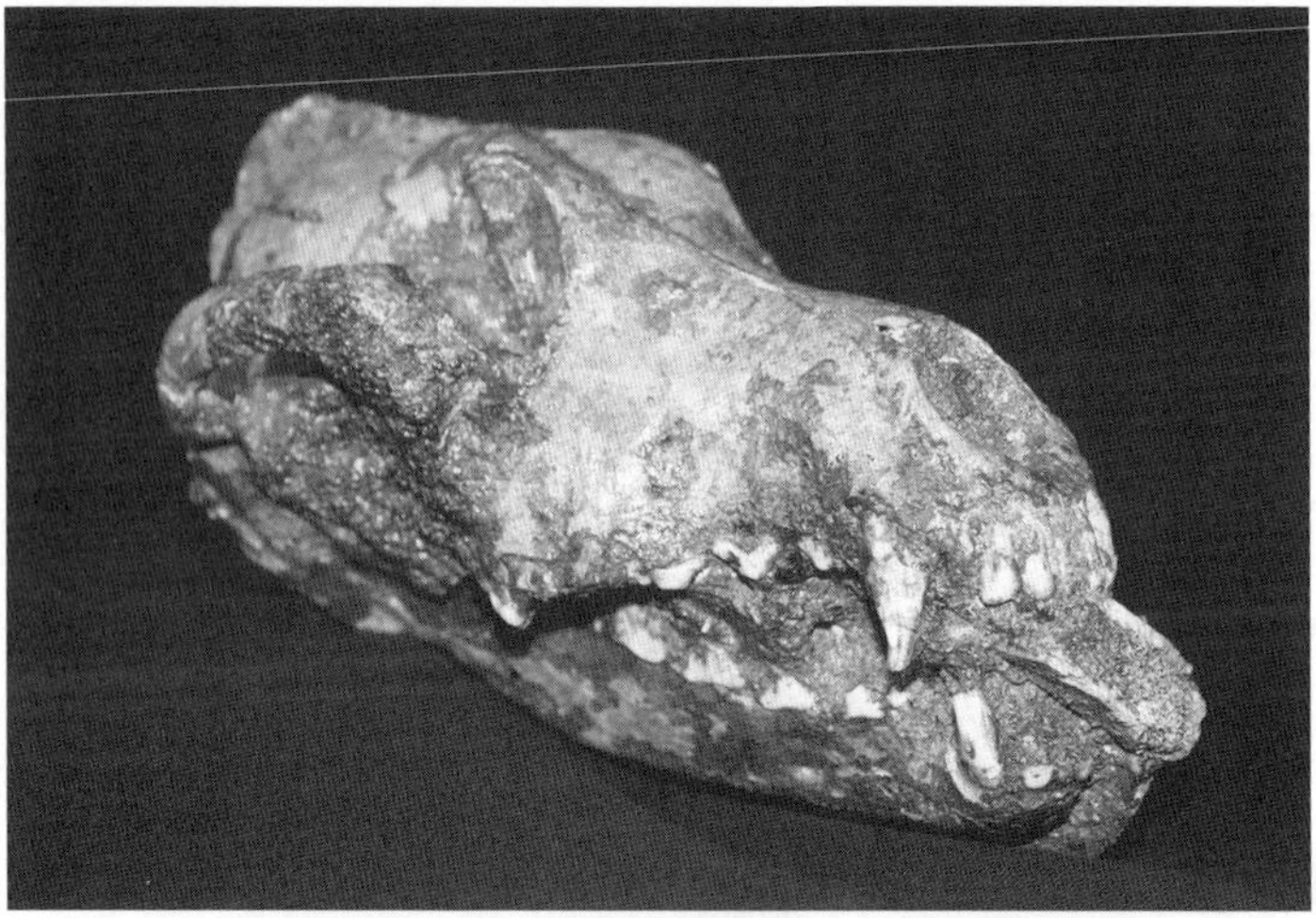

図13-1　プシェドモスティ遺跡から出土したイヌの化石のひとつの口には、死後間もなく、おそらくは埋葬の儀式として、マンモスのものらしい大きな骨の破片が挿入されている。この写真はイヌの頭蓋とマンモスの骨を斜め方向から撮影したもの。

しかし、人間が埋葬されていたプシェドモスティ地区にイヌ科動物も含まれていたことから、この動物が3万年前頃に人間のそばで生活していたと考えられるだろうか？　残念ながら、マシュカはひとつひとつの遺物が発見された空間的配置を記録していないので、どの遺物が人間が生活していた場所から出土したものなのかはわからない。丁寧に埋葬されたイヌ科動物が解剖学的基準と形態計測の基準からみてオオカミイヌなのであれば、弔い方のひとつと仮定する根拠になるのだが、いかんせんどんなイヌ科動物の頭骨がどこに埋葬されていたのかがわからない。

プシェドモスティのオオカミイヌの弔い方には、人間の墓域に埋葬された以上に風変わりな点がある。あるオオカミイヌの頭蓋が別の動物の骨で口にくさびを打つようにして埋葬されているのだ（図13－1参照）。ジェルモンプレとその同僚がおそらくマンモスのものと同定したその骨が口に入れられたとき、このオオカミイヌの下顎はまだ頭部と結合していたはずで、死後長時間たってから入れられたのではないだろう。臨終の際にこのオオカミイヌに施された特別な心遣いのようなものだったのだろうが、正確な意味はとらえどころがないものの、そのイメージは脳裏に焼き付いて離れない。[21]

さらにプシェドモスティで出土するイヌ科動物の頭部化石は、異常に大きい割合（40パーセント以上）で生前に顎あるいは顔に傷を負っていて、生存中に歯が折れるか抜けた個体や、顔面骨折を起こしその後治癒した痕がわかる個体もある。ジェルモンプレのチームはこの外傷の発生する割合は、現生のヨーロッパオオカミ35頭の資料でみられるより著しく大きいことを明らかにした。

北アメリカのダイアウルフや現生人類到着以前に絶滅したその他の肉食動物も歯が折れている頻度が高いが、これまでは食物をめぐる激しいギルド内競争の証拠と考えられてきた。[22] プシェドモスティ遺跡で歯が損傷している割合が高かったのも同じことで、肉食動物同士の競争が激しかったことを意味している可能性はある。しかしギルド内競争で顔に傷がある割合が異常に高いことを必ずしも説明できるわけではない。顔に傷を負ったあとで傷ついたイヌが生存できたということは、現生人類が介護し餌を与えていたことを示唆しているのかもしれない。逆にプシェドモスティのオオカミイヌは現生人類に棒で叩かれていたのかもしれない。どちらの説明が正しいかはわからないが、現生のオオカミの歯が破損している割合はそれほど高くないし、オオカミの頭蓋もそれほど高い割合で損傷していることもない。

同じような発見がアルバータ大学のロバート・ロージーとその同僚によって報告された。彼らはロシア北部、そして北アメリカ、グリーンランド、カムチャツカその他の極北の考古学遺跡から出土した144頭のイヌと400頭のオオカミについて調査した。[23] その結果少なくとも1本歯を失っている割合はオオカミ（17パーセント）よりイヌのほうが圧倒的に多かった（54パーセント）。歯を失う割合はメスとオスではほとんど変わらない。イヌは1個体当たりでオオカミより非常に多くの歯を失っていて、歯が折れている頻度もオオカミとくらべて非常に高かった。民族誌学の資料によると、イヌはとくに海産哺乳動物の脂身や内臓、骨、皮膚または凍り付いた魚を餌として与えられていたらしい。しかし餌として与えられる量はとくに多かったわけではなく、イヌ同士はその餌をめぐって競争したのかもしれない。オオカミは普通ノウサギやワピチ、ヘラジカ、そしてヒツジなど大型または小型の陸上哺乳類を食べる。イヌは頭部の傷もオオカミより著しく多く、とくに前頭骨の損傷が多い。こうしたケガは人間によるしつけと関連するのではないだろうか。

またプシェドモスティ遺跡で出土した2本の犬歯は、現生人類によって装身具に加工され、おそらくペンダントに使われたのだろう。ホッキョクギツネやアカギツネ、オオカミの犬歯を加工した装身具は、オーリニャック文化やグラヴェット文化の時代に当たる現生人類の遺跡ではごく普通にみられる。ニューヨーク大学のランドール・ホワイトは、先史時代の装い（装身具）の専門家だ。ホワイトは、装身具として使うのに選ばれる歯は慎重に選ばれるので、動物骨群で多数を占める動物の歯が選ばれるわけではないと述べている。「装身具に使う歯は、肉を食べる動物の歯ではない。言い換えるなら、食べる動物と装身具用の動物は互いに関連性がないのである。このことが意味するのは、装身具に加工された動物は、主に集団的な象徴的想像力の面から解釈できるということだ[24]」。

いくつかの遺跡の骨にみられるカットマークから、ときどきオオカミやキツネを食べられていたことが示唆されるが、そのオオカミとキツネの歯は個人的装身具としては選ばれなかった。それはありふれていたからだ。しかし実際にはそうではなかった。多くの遺跡では肉食動物よりトナカイなどの草食動物が圧倒的に多く出土しているが、草食動物の歯が装身具を作る素材として選ばれることはめったになかった。実際、オオカミとキツネの歯が稀少で特別なものとして選ばれていた可能性もあり、パヴロフIでは確かにそうだった。オオカミやキツネあるいはオオカミイヌの歯はある意味で強さの象徴だったことから、装身具として選ばれていたのかもしれない。単純な解釈、とはいってもそれほど単純なわけではないが、オオカミやオオカミイヌの歯を加工し着飾っていた人々は「オオカミ族」(People of the Wolf) あるいは「オオカミイヌ族」であって、彼らだけがオオカミやオオカミイヌと特別な関係にあり、オオカミやオオカミイヌのことを理解できた人物だったのではないだろうか。

先史時代の洞窟壁画や線刻画、レリーフ、また粘土や骨、象牙を使った彫像などにイヌ科動物はほとんど描かれていないが、この解釈はその根本的理由の手掛かりとなるかもしれない。明らかにそれとわかるヨーロッパの現生人類による象徴的芸術で最も古いものは約3万2000年前のもので、最も古いマンモス骨出土の大型遺跡の年代とほぼ同じ頃だ。全体としてどの遺跡でも肉食動物とくにイヌ科動物の図像は例外的に少ない。この分野では著名な在野の研究者ポール・バーンは、先史時代の芸術にイヌ科動物が少ないことについて、かつてはわたしと同じ考え方をしていた。「おそらく「イヌ科動物がめったにみられないのは」人間が描かれることも非常にまれであることと同じ理由なのだろう。あるいは何らかの理由でイヌ科動物を描くことがタブーとなっていたのかもしれないし、（もっと蓋然性が高い考え方としては）先史芸術家が描く対象にしていたことと単純に関係がなかったのだろう[25]」。ヴァッサー大学のアン・パイク＝テイも上部旧石器時代の専門家だが、わずかにひねりを加えた解釈をしている。「先史芸術家が肉食動物をめったに描かないのは、「西ヨーロッパの」上部旧石器時代の化石動物相に肉食動物が少なかったことと関連している。イヌが狩猟民の補助者として人間の、家族の一員となっていれば、人間と同じように、絵や彫刻として描かれない（あるいはほとんどない）根拠とならないだろうか[26]？」。

明らかに毛皮を得るために毛皮を剝がれた例外的に多数のイヌ科動物の骨が含まれるマンモス骨出土の大型遺跡でさえ、オオカミもイヌも、またホッキョクギツネも芸術の対象にはなっていない。象牙、骨、石、そして焼いた粘土でマンモスやウマ、バイソン、クマ、ネコ科動物、水鳥、ライオン、女性小立像は表現されている。しかしイヌはみつからない。

オーリニャック文化やグラヴェット文化の遺跡と際立って対照的なのが、ネアンデルタール人の遺跡で、キツネやオオカミの骨はほとんどなく、いままでのところ、ネアンデルタール人の遺跡から出土するイヌ科動物でオオカミイヌと同定されたものはない。ネアンデルタール人の遺跡で芸術と思われるものは非常に稀少だが、それらにもオオカミやキツネなどイヌ科動物を描いたものはない。現生人類がおそらくはオオカミを捕獲し家畜化してオオカミイヌにするのに利用した能力は、それがどのようなものであれネアンデルタール人には未知のものか、その能力を超えるものだった。キツネとオオカミはどちらもネアンデルタール人の生態系に生息していたが、ネアンデルタール人によってそれらの動物が組織的に利用されることはなかっただろう。考え方としてはネアンデルタール人が現生人類から家畜化されたオオカミイヌを奪ったこともあったかもしれないが、その証拠は発見されていない。それにイヌは石器とは違い、使おうとしても誰の言うことでも聞いてくれるわけではない。

ネアンデルタール人はなぜオオカミイヌを盗んだり自分たちで家畜化をすすめなかったのだろうか？　現実的な可能性として、重要な理由のひとつは、正確に年代測定されたネアンデルタール人の遺跡で4万年前より新しいものが存在せず、すべての遺跡はそれより古いという事実にもとづくものだ。今後もっと古い遺跡を発掘してもオオカミイヌが発見できなければ、ネアンデルタール人はオオカミイヌが登場するまでに絶滅していたことになる。ネアンデルタール人が絶滅すると、現生人類の前には互角の競争者としてオオカミが残されることになり、今度は現生人類がオオカミをてなずけ、自分のオオカミイヌやオオカミを助っ人として使うことで、オオカミ支配に取り組んだのではないだろうか。

もうひとつ重要な可能性としては、ネアンデルタール人が動物を家畜化したり動物と協力して作業をするうえで必要な認知能力や知識をもっていなかったか、それらを次世代に伝えていくことができなかったことが考えられる。キム・ステレルニーは、気候変動によりネアンデルタール人は小規模集団に分裂せざるを得なくなり、その結果偶発的な事象によってとくに集団としてもっていた知識を失いやすくなり、したがって絶滅もしやすくなったのではないかと提案している。[27]小規模な孤立集団になれば、構成員ひとりの死により特殊な道具の製造法や狩猟法に関する知識の喪失をもたらすかもしれないし、食用になる植物の分布や、豊かな狩り場や洞窟の位置に関する詳細な知識が失われることにもなるだろう。そしてオオカミを飼い慣らし家畜化するという専門的な知識があったとしても、それは容易に失われただろう。

第14章 オオカミはいつオオカミでなくなったのか？

オオカミはいつオオカミでなくなったのか？

オオカミが家畜化されてイヌになったとする議論において核心にある疑問だ。ダーシー・モーリーが述べているように「行動的な因子を重視すれば、基本的にイヌはオオカミとは生活様式が異なる。イヌはそれぞれの生活様式もさまざまだが、その生活は常に人間と密接な関係がある」[1]つまり、イヌはイヌのように行動し人間と良い関係を結べるオオカミということになる。

オオカミをイヌにするためには正確に何を変える必要があるのだろうか？　大きな問題は動物の人間への関心とつながりだ。オオカミの間では、社会化を身に着ける重要な期間があって、生まれてからおよそ2週間後に始まり、この頃の仔オオカミはまだ目は見えないし耳も聞こえないので、仔オオカミのほとんどの感覚入力は嗅覚あるいは触覚が基本となる。4週間ある社会化の適期の間に仔オオカミは、出会う物事を恐れることなく確かめ、出会ったものを生涯親しみ深く安全なものと理解するようになる。イヌの場合この期間は2週間遅れて始まり、その頃仔イヌは目も見え耳も聞こえ臭いもかげるようになっている。こうした発達の遅れがイヌの家畜化において非常に重要だったのかもしれない。というのもこの期間における人間との相互作用あるいはその欠如が、明らかにその後のイヌに恒久的な影響を与えることになるからだ[2]。

今のところ「イヌらしさ」という属性を測定する簡単な方法は存在しないが、ひょっとするとそれは単なる性格であって、遺伝的に制御された性格なのではないだろうか。簡単に要約すれば、社会化という重要な期間に人間とふれあったイヌは人間に強い関心を抱くようになるが、オオカミはそうはならないということだ。化石と考古学的記録にあらわれたものを、形態学と遺伝学からわたしたちはイヌと判断しているが、オオカミでなくイヌであることは、その行動と人間との関係からしかわからない。

イヌであるということは、すなわち人間とのコミュニケーションが基本であるということであるので、以前わたしが発表した、不確かではあるが興味深いアイデアをここで繰り返しておこう[3]。人間には眼球の一部として、色のついた虹彩を囲む白い強膜があるが、これは際立った特徴だ。東京工業大学の幸島司郎〔現・京都大学教授〕と小林洋美〔現・九州大学准教授〕は実際にこの特徴を分析し、現生人類に非常に目立つ白い強膜〔いわゆる「白目」〕と強膜のほとんどを露出させる瞼があることは、現存する霊長類のなかでも独特であることを明らかにした[4]。この日本の研究チームによれば、他の霊長類の強膜は暗色で、同じように暗色の皮膚をもちさらに瞼で強膜はほとんどが覆われているため、視線方向を悟られにくい。しかし人間の場合は、白い強膜に開いた瞼があるので注視している方向が遠方からもはっきりわかり、見ている方向がおおよそ水平ならなおさらよくわかる。そこで幸島らは、こうした人間の目の変化は、目で合図を送る効果を高めるための適応だと提案する。わたしは仮説として、5万〜4万5000年前頃、つまり現生人類が初めてユーラシアに侵入した頃に、現生人類の間ではこうした眼球の変異が非常に多く見られるようになったのではないかと考えている。視線方向がわかりやすいことは、オオカミイヌと協力して狩猟をする場合、非常に有効だった可能性がある。

植田彩容子は、幸島司郎、そして同僚らとの共同研究で、強膜の色の追跡観察をし、25種のイヌ科動物320個体の目の周りの色彩パターンを調査した[5]。測光の方法を使って、研究チームは顔面のふたつの部位を対にして瞳孔と虹彩のコントラスト（IP）、瞼と虹彩のコントラスト（IE）、目の周りの毛色と瞼の（CE）、目の周りの毛色と顔のコントラスト（CF）を測定した。それからチームは顔のなかの目の位置のわかりやすさをもとにイヌ科動物を3つのタイプに分けた（図14-1参照）。

Aタイプの種は虹彩の色が明るく、瞳孔は黒く、目の周りの毛色は明るい。こうした色彩のコントラストによって、視線と瞳孔そのものも観察者からよく目立つ。Bタイプの種は目の周りの毛色が明るく、顔のなかで目の位置がよくわかるが、虹彩が暗いので注視している対象がわかりにくい。Cタイプのイヌ科動物は目の周りの毛色が明るくないため目の輪郭がはっきりせず、目の位置がわかりにくいし、暗い虹彩のせいで視線と瞳孔の位置もよくわからない。そして植田のチームは、顔の色彩パターンがイヌ科動物の狩猟行動や社会性によって大きく異なることを見出した。概ね群れで狩りをしたり生活する種は色彩パターンがAタイプの顔であることが多く、単独かペアで生活し

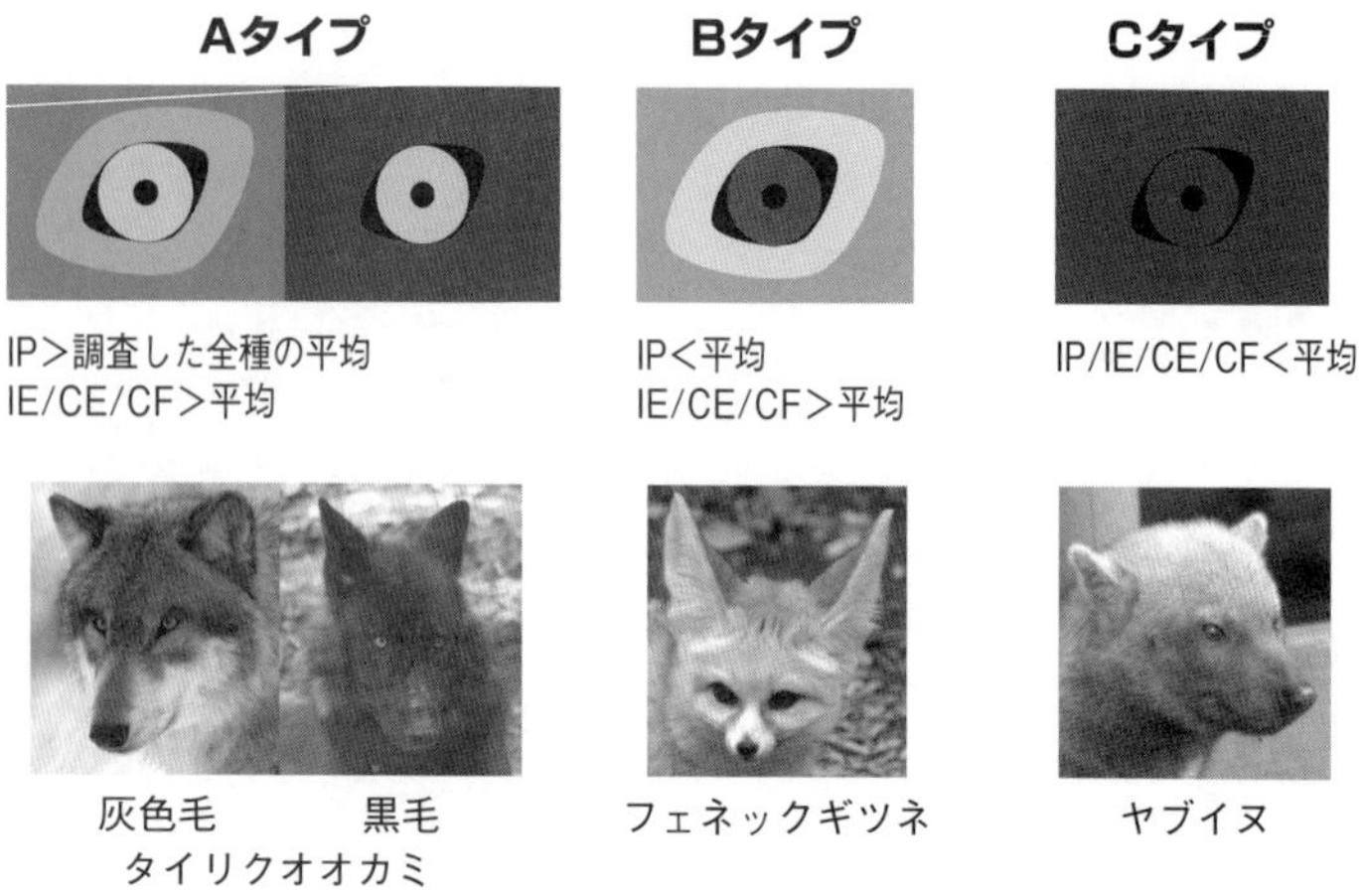

図14-1　植田彩容子らは、現生のイヌ科動物25種の顔の色彩を測定、分析した。同チームは顔を3つのタイプに分類している。Aタイプの顔は目と目のまわりの毛色と瞳と虹彩の間のコントラストが強く、視線方向がとくによくわかる。こうした特徴はオオカミやキツネ、ジャッカル、コヨーテ、ドールなど、群れで狩りをするイヌ科動物に見られる。その他の色彩パターンでは、視線方向がわかりにくくなったり（Bタイプ）、視線の方向がまったく目立たなくなったりする（Cタイプ）。BタイプとCタイプは単独で狩りをする種によく見られる。

狩りをする種はCタイプの顔つきをしている。

　Aタイプの種は色彩パターンのおかげで視線方向がはっきりし、視線による合図が強化され、その大部分はオオカミのクレイドに属する。この研究でオオカミのクレイドに含まれているのはタイリクオオカミ、コヨーテ、アビシニアジャッカル、アメリカアカオオカミ、ディンゴ、ドール、リカオン、キンイロジャッカル、ヨコスジジャッカル、セグロジャッカルである。オオカミに似たイヌ科動物のなかで群れで狩りをする種はすべてAタイプの顔面色彩だが、吠え声でコミュニケーションをとるディンゴと、同種の仲間の先端が白い尾を振って合図を送るリカオンは例外だ。ディンゴとリカオンはBタイプになる。オオカミに似たイヌ科動物でCタイプの顔をもつ種はない。

タイリクオオカミの場合は体毛が黒色か灰色で、生息地は亜熱帯（メキシコ）から温帯さらに高緯度北極圏にまで広がっているので、植田の研究チームは虹彩の明るさが生息地と紫外線への曝露で変化するかどうかを調べた。その結果調査したすべてのタイリクオオカミで、生息地による虹彩の明るさに統計的な差異は見られなかった。

キツネに似た10頭のイヌ科動物のうち5頭がBタイプの顔で、キツネのなかでも社会性の強い3種、ホッキョクギツネ、コルシカギツネ、ベンガルギツネはAタイプ、残りの3頭がタイプCだ。前記の日本チームは、Aタイプの色彩パターンはおそらく狩猟様式と関連しつつキツネに似た種とオオカミでは独立して進化したのではないかと結論している。

Cタイプの色彩パターンの顔はヤブイヌだけに見られ、イヌ科動物で3番目に大きい集団である南米クレードに属する。このクレードに属する他のイヌ科動物はBタイプの色彩パターンをもつ。

顔がAタイプの色彩パターンにより、そのイヌ科動物の凝視によるコミュニケーション能力が強化されるとすれば、日本人研究者らが仮説を立てているように、Aタイプの種は他の色彩パターンの種よりも長期間にわたり集団内で互いに目で合図を送っていたはずだ。植田と幸島、そして同僚らは、群れで生活するタイリクオオカミ（Aタイプ）、フェネックギツネ（Bタイプ）とヤブイヌ（Cタイプ）に注目し、動物園でこれらの動物の凝視行動の継続時間を観察した。研究者らの予想通り、タイリクオオカミ（Aタイプ）はフェネックギツネ（Bタイプ）やヤブイヌ（Cタイプ）より見つめ合う時間が顕著に長かった。

人間の場合なら白い強膜が凝視によるコミュニケーション能力を高めているように、オオカミの顔と目の色彩パターンも、凝視コミュニケーションに適応しているように思える。またイエイヌがこうした凝視によるコミュニケーション能力をオオカミと共有するだけでなく、平均するとオオカミより2倍も長く人間を見つめていることから、研究チームは凝視の継続時間は家畜化の過程で選択されたのではないかと述べている。イヌと人間双方が視線を使ったコミュニケーションを発達させて適応してきたとは、相棒として互いにうってつけではないか！

他の個体の視線を追うことの重要性は、別の研究者によっても研究されてきた。2007年、マックスプランク進化考古学研究所のマイケル・トマセロとその同僚は「協力の眼の仮説」(cooperative eye hypothesis) という仮説を展開した[6]。彼らは、人間同士の協調性は他者がどこを見ているかを認知する能力によって高められたと推定した。人間の赤ん坊は実験する者の視線を追い、人間ほどではないが類人猿も同じ行動をすることをトマセロらは発見した。また、実験者の視線の方向と顔の方向が違う場合、類人猿には顔の方向を追う傾向があった。余談だが、トマセロらのチームはチンパンジー14頭、ゴリラ4頭、ボノボ4頭、オランウータン5頭で実験を試みたが、チンパンジー3頭と全オランウータン5頭分の実験結果は除外することになったという。なぜなら「[このチンパンジーやオランウータンは]凝視の合図に注意を払わず［相手の視線を追う］能力を十分評価できなかった」からだ。この類人猿にとっては人間の視線を追うことに何の利益もないから、従って優先度も高くなかったのだろう。

白い強膜の原因となる変異は現生人類に共通しているが、類人猿にもたまに生じることがある。

タンザニアのゴンベ国立公園で数十年にわたり観察を続けているジェーン・グドールのチームは、おそらく兄弟と思われる2頭のチンパンジーが白い強膜をもっていたと述べている。[7] 3番目のメスのチンパンジーは成獣になって白い強膜が現れている。しかしこの個体群で同じ形質は拡散せず再現されていない。白い強膜の利点、それはかつて古代型人類が頻繁に行っていた重要な行為と関係していたはずで、チンパンジーはそうした行為をほとんど行わなかったのではないだろうか。ひとつの可能性は、狩猟の違いにあるのだろう。チンパンジーが狩る獲物は小型で互いに協力して狩りをすることもしばしばだが、食物のうち肉の占める割合は2パーセント以下にしかならず、一方最も初期の現生人類が狩っていたのはもっと大きな獲物で、おそらくそれらの肉が食物のかなりの部分を占めていたはずだ。ハンター同士が黙ったままコミュニケーションをとれれば、人間やイヌ科動物が集団あるいは群れで狩りをする場合に確かに有利だろうが、類人猿の狩猟にはたいして重要ではなかったのだろう。

幸島と植田らによる研究で示されたように、おそらくタイリクオオカミも同じ理由で視線を読む能力が優れているに違いない。しかし人間以外の生物で視線を読む能力が最も優れている生物となれば、それはイエイヌだろう。

ブダペストにある中央ヨーロッパ大学のエルノ・テグラスとその同僚が発表した実験結果によれば、実験で人がイヌに話しかけ、視線を向けてイヌの関心を引くようにすると、ビデオに映る人を見てもその視線を追うようになる。確かに、イヌは話者が頭を動かさないようにして実験をしても人間の幼児と同じくらい巧みに話者の視線を追う。

フリーダリカ・レンジとゾフィア・ヴィラニーによると、社会化された、飼育下のオオカミは、トレーナーが視線で対象を指示し、その対象が障害物で遮られて見えない場合、その対象が見える位置に自ら移動するという[8]。この障害物を使ったテストは、視線を追うことが単にトレーナーを見るより高度で洗練された行為であることを実証しているとみられている。この種の視線を追う行為は、複雑で協力的かつ競争的相互作用を伴うオオカミのような種にとって最も有益になるのではないかと考えられている。

ブダペストにあるエトヴェシュ・ロラーンド大学のアダム・ミクロージのチームはイヌとオオカミで実験をし、オオカミが社会化されていたとしても、イヌのほうが圧倒的に人間の顔に注意を向けることを明らかにした[9]。視線を追う課題によってはオオカミが卓越していることもあり、これはおそらく人間とコミュニケーションをとるための「前適応」〔環境に適応する形質を発達させる過程で、別の機能を持つ既存の形質を転用すること〕ではないかと思われるが、イヌのほうはまったく新しい状況でも合図を求めて人間の顔を見る傾向があるが、オオカミにそういったことはみられない。ミクロージのチームはこの大きな行動上の相違が、家畜化によってオオカミをイヌに変えてゆく選抜育種の結果だったと考えている。

イヌは指示を求めて人間を見る。イヌは人間の行動をまねて問題を解決する。イヌは人間の指さしや体位、視線などのジェスチャーに従う。さらに、イヌは自分の視線を人間のほうに向け、コミュニケーションの合図としてアイコンタクトを取るようにもなる。これは野生のオオカミにはできない。実際に野生のオオカミが人間にじっと見つめられれば、オオカミはそれを威嚇の意思表示と解釈するだろう。

ほとんどの人間が白い強膜をもつようになったのは、人間の間とだけでなく共に生活し狩りをしたオオカミイヌとのコミュニケーションもうまくいったからではないだろうか、とわたしは考えている。オオカミイヌが人間の視線での合図を読み取れるようになれば、ただ足が速く現生人類より嗅覚が鋭いというだけのイヌ科動物とくらべ、狩猟パートナーとして格段に役立っただろう。イヌの祖先であるオオカミは他のイヌ科動物よりも視線をうまく追う能力を進化させ、イヌも人間にとくに注意を払うなど行動を変えることでさらに適応してきたのだろう。

白い強膜の遺伝的根拠を同定する研究はわたしはまだ見つけられないでいる。この遺伝的根拠が明らかになれば、ネアンデルタール人と現生人類のゲノムを調査することで、白い強膜の有無が明らかになるだろう。しかし白い強膜の変異が現生人類の間で頻繁に起きていたとすれば、おそらく偶然だろうが、この特性がイヌ科動物と人間とのコミュニケーションを強化し、イヌ科を家畜へと進ませたとも考えられる。ネアンデルタール人が白い強膜をもっていなかったとすれば、オオカミイヌや彼ら同士で共同作業をする能力の発達を妨げることになったかもしれない。

今日の人間は飼い犬の目を見てその感情を「読み取る」のが大好きだ。それは心のふれあいでもある。イヌも同じように人間を思い、コミュニケーションをとろうとして人間の目を見つめるのだろう。もともとは白い強膜という形質を生む変異だったわけだが、それはイヌと人間の双方向コミュニケーションにとって重要な補助機能となったと考えられ、現生人類がネアンデルタール人を凌駕して生き残るうえでも役立ったのではないだろうか。

化石や考古学的記録からわかるのは、約3万6000年前（較正年）頃には独特の大型イヌ科動物のグループが出現し、異常なほどの頻度で現生人類によって作られた遺跡に姿を見せ、とくにマンモスなどの大型動物をそれ以前にはあり得ないような成功率で狩りをしていた人間の周りに現れているということだ。そして何らかの因子のおかげで、十中八九はオオカミイヌの存在によるのだろうが、人間は大型動物の死体を数週間からひょっとすると数か月間も確保しておけるようになった。こうした遺跡に残された動物群の化石はもっと古い遺跡とは異なり、マンモスの骨が劇的に増加し、それだけでなくホッキョクギツネやアカギツネ、ノウサギそして大量の野生オオカミも出土し、初めてオオカミが特別お気に入りの獲物となっていた。オオカミやキツネの歯はペンダントなどの装身具の素材としても好まれ、現生人類がこれらの種を新たな視点からとらえるようになっていたこともうかがえる。遺跡は大きく複合的になり、作業場と長期的な居住場所が明確に区別されるようになった。こうして遺跡の密度は高くなり、それは時とともにより多くの空間、住居、食物そして石器が着実に増大していったことを示している。

現生人類が到着した頃からネアンデルタール人のテリトリーは縮小し、その遺跡も数少なくなった。遺跡そのものも小規模になり、石器や獲物の化石の密度も小さくなっていた。さらに、ネアンデルタール人の遺伝的多様性も減少していた。また、ウルスス・イングレッスス、小型の剣歯虎、ホラアナライオン、ホラアナハイエナの数も減少していてるが、これらはすべて現生人類狩猟民の事実上の競争相手あるいはその可能性のある肉食動物である。ホラアナグマ個体群の遺伝的変異は減少し、現生人類と共存する地域に生息し続けるホラアナグマは、おそらく現生人類との競争を避けるためだろうが、植物性の食物を多く摂取するように変化した。温暖な森林地帯の実質面積が縮小し、マンモス・ステップの生息地が広がって動物群が膨らむにつれ、ホラアナグマの生息地ははるか南方へ制限されるようになる。

約5万~4万5000年前、現生人類がユーラシア生態系に入ったとき、侵入捕食者として振る舞っていたとすれば、化石記録にみられる多くの特異性にも説明がつく。現生人類をことさら強力な頂点捕食者としたのは、別の頂点捕食者と連帯したからであった。現生人類ほど他の動物との協力関係を深めた捕食者は他に存在しない。もちろん現生人類以外の捕食者のなかにも、合図や別の動物の存在を利用して新鮮な死肉の位置を特定することはある。たとえばハイエナならハゲワシを確認すると吠え声をあげて仲間に合図をし、ライオンがその吠え声に気付くといった具合だ。ところが、人間とかつてのオオカミが生活を共にし、共に働き、異種間コミュニケーションという強力な意思伝達手段を発展させることを可能にさせた「変化」については誰も取り組んでこなかった。現生人類がオオカミイヌと協力することで頂点捕食者としての役割を強化したとする仮説が、さらに証拠が積み上がって支持されるようになったら、現生人類の到着とネアンデルタール人の絶滅に関して残された疑問はほとんどすべて解決する。

気候変動は間違いなくネアンデルタール人の絶滅と同時に進行してはいたが、絶滅の根本的な駆動力とまでは言えない。なぜなら気候変動が原因だとするなら、ネアンデルタール人がＭＩＳ３期に匹敵するほど厳しくしかも長期にわたった、それ以前の寒冷期を克服できたという重要な問題に答えられないからだ。気候変動がネアンデルタール人絶滅の駆動力だったとした場合に推定されたことだが、ネアンデルタール人はＭＩＳ３期に温暖な気候の南方へ撤退したというシナリオは、さまざまな遺跡が再年代測定されたことで否定された。ネアンデルタール人が絶滅していく頃、絶滅を後押しするような特別なことがあったのだ。それはネアンデルタール人と激しく競争した侵入的な頂点捕食者の存在と、その捕食者が第三の頂点捕食者と手を組んだことだ。現生人類の出現により、ネアンデルタール人だけでなく捕食者ギルド全体が脅かされ、圧力がかかり、多くの捕食者が地域によってあるいは全面的に絶滅した。

オオカミイヌが最初に出現したときにまだネアンデルタール人が存在していたとすれば、現生人類と別の頂点捕食者（オオカミイヌ、つまりある種のオオカミ）との前例のない連帯が最後の一押しとなり、ネアンデルタール人やその他多くの種を急坂から転げ落ちるように絶滅へと向わせたのではないだろうか。確かに気候が寒冷化し乾燥化したことで、ネアンデルタール人やその他大部分の捕食者が利用していた生息地は、重大な影響を受けていた。ただし、現在のタイリクオオカミは寒冷な地域にも生息している。おそらくＭＩＳ３期の激しい気候変化も影響し、ネアンデルタール人や古代の生物はその個体群の規模と地理的分布を縮小せざるを得なかったのだろう。たとえば世界規模の長期的気候変動の研究から、最終氷期の最寒冷期（ＬＧＭ）により過酷で厳しい寒冷化に遭遇した大陸ほど大規模な絶滅が生じたことが明らかにされている。[10] しかし気候変動それだけでは、ネアンデルタール人が絶滅に追いやられることはなかった。気候変動にギルド内競争の激化が加わり、しかも寒冷気候に適応したネアンデルタール人の基礎代謝量が非常に大きかったことが災いした。わたしたちが目にしているのは、現生人類の出現で引き起こされた典型的な栄養カスケードであり、それがユーラシア生態系の全生物に影響を与えていたのである。

第15章　なぜ生き残り、なぜ絶滅したか

本書でまとめたアイデアと証拠を振り返ってみれば、きわめて一貫したストーリーがみえてくるのだが、しかしまだ欠点や不明な点でいっぱいだ。

おそらく4万2000年前かそれより少し前に始まったと考えられるが、ネアンデルタール人のテリトリーが縮小し始め、遺跡の数や規模、石器の密度、獲得していた獲物の量も伸びが止まり、事実上減少していた。ゲノム分析によると、この頃ネアンデルタール人は多様性の点で遺伝的なびん首状態にあったのだが、これはネアンデルタール人が小規模な集団に分裂し、人口が激減したことを反映しているのはほぼ確実だ。(1)

また東部のホラアナグマのミトコンドリアDNAやホラアナライオン、ホラアナハイエナにも、おおよそ4万年前以降に遺伝的なびん首状態があった証拠があり、約3万2000年前頃には最も激しい個体数減少が何度か起きていた。小型の剣歯虎は約2万8000年前まで生存し、その後絶滅したが、この種の存在は20万年前以降のふたつの標本だけでしか知られていない。したがってこ

の剣歯虎の絶滅年代については確証が必要だ。2万8000年前の標本とそれ以前の化石との間にあまりに大きな時間的ギャップがあるからだ。小型剣歯虎は現生人類が到着するずっと前に絶滅していたのかもしれないし、最も新しい小型剣歯虎を報告した古生物学者が示唆しているように、この動物の遊離歯がホラアナライオンの歯と誤認されていた可能性もある。[2] ユーラシアでドールが絶滅した時期ははっきりしないが、おそらく4万年前から3万5000年前の間だろう。[3]

絶滅の時期が大まかに一致していることから、ヒト族と捕食者にこうしたパターンが見られるのはいくつか共通原因があるはずだとわたしは考えた。ほとんど、いや可能性としてはすべての肉食動物が現生人類ハンターと同じ獲物めぐって競争し、また多くの場合、ユーラシアでの生息地あるいは住処として最適な洞窟をめぐっても競争していたのだろう。ホラアナグマ個体群の遺伝的多様性はネアンデルタール人と同じく低下していたが、現生人類が生活する地域で生息し続けたホラアナグマは、以前より草食的な採食に移行することで適応し、競争を回避した。一方で、ネアンデルタール人はますます厳しくなる競争のもとでもホラアナグマのように食生活を変えて対応した形跡はみられない。森林や多少見通しのよい場所で、ネアンデルタール人は相変わらず同じ獲物に強く依存していたらしい。この頃は温暖な森林地帯の総面積が縮小し続けていて、北方のマンモスステップ〔ステップツンドラともいう寒冷草原地帯〕の生息地とそこに生息する動物群が拡大してくると、競合する肉食動物のなかにはずっと南方に追いやられたものもあった。こうした流れのなかで例外だったのがオオカミだ。大胆に要約してしまうと、約4万年前に肉食動物ギルドの大規模な崩壊が始まり、最後の数種の断末魔とともについに絶滅にいたるのがおよそ3万2000年前ということになる。

これらの種はどれも、これまでにMIS3期に匹敵する激しい気候変動期を生き延びてきたものばかりで、寒冷化と植生の変化も生き抜いてきたはずだ。遺伝的研究によれば、こうした種の中には小集団化し、孤立した避難所で生き延びたものもあったと考えられる。彼らは気候が良くなると、やっと広い地域に再移動できたのだ。

ネアンデルタール人や更新世の他の捕食者の絶滅と同時に気候変動が生じ、これらの絶滅の後押しとなったことは間違いないが、気候変動説ではいくつかの重要な問題に答えられず、絶滅の主要な駆動力としては満足のいく候補ではない。以前にもMIS3期と同じくらい長期的で厳しい寒冷期があったにもかかわらず、なぜそのときネアンデルタール人が絶滅しなかったのかが説明できない。気候変動がネアンデルタール人を南方に追いやったとするならば（現在ではこの説を支持する確かな証拠は存在しない）、なぜ気候が回復してから北方に戻り、生存・繁栄できなかったのだろうか？　ネアンデルタール人にはなく現生人類が手に入れたもの、それは進歩、つまり新しい技術的能力だが、この技術のおかげで現生人類はネアンデルタール人が生存できなかった状況を生き残ることができたのだろう。しかし気候変動ではそうした進歩が何だったのかを明らかにできない。また気候変動ではヒト族のひとつが他を凌駕して生き残ったことを説明できないし、しかも4万年〜3万年前の現生人類による考古学遺跡に生じた驚くべき変化とのはっきりした関連性もうかがうことができない。

5万年前から今日に至るまで、現生人類が圧倒的な侵入者となり得たのは、家畜化という前例のない他種との連帯形成能力が要因のひとつだったとわたしは考えている。わたしたちはオオカミを家畜化してイヌを生み出し、ずっと後には野生ムフロンをヤギにし、オーロックスをウシに、リビアネコをイエネコに、さらにウマを高速輸送システムに変えた。わたしたちは他の種の形質を借り受ける能力を独力で生み出し、それらを利用して地球上のどんな生息地でも生き残れる能力を身に着けた。

気候変動と新たな能力を身につけた現生人類の到着が重なりその影響が同時に作用したこと、それがネアンデルタール人絶滅の原因だとわたしは考えている。グレアム・プレスコットとその同僚が、5つの領域での大型動物の絶滅を説明するために、気候変動と人間の活動、あるいはその両者がともに作用した場合の影響について構成した複雑なモデルからも、同じ結論が得られている。[5] プレスコットらはそもそも気候の点からみた絶滅の要因は、一定期間における平均気温の低下ではなく、最大の気温低下率であることを見出した。つまり問題なのは変化の速度であって変化の大きさではない。生物学的適応は気候変動に対する長期的なゆっくりとした対応手段だが、行動の柔軟性と技術革新ならば急速な変化にも迅速に対応できる。プレスコットらが実際との適合性を検証していたモデルは、変数として最大気温低下率の他にも現生人類の到着と競争も加えることで、適合性が一貫して改善された。MIS3期は気候が予想不可能なほど揺らいだ時期であり、世界規模の長期的気候変動の研究から、最終氷期の最寒冷期（LGM）に、より過酷で厳しい寒冷化に遭遇した大陸ほど大規模な絶滅が生じたことが明らかにされていることからも、[6] ネアンデルタール人や古生物の個体群規模と地理的分布がこの時期に縮小した可能性は高い。しかし、気候変動だけでネアンデルタール人の絶滅を説明するには不十分だ。もし気候変動だけでネアンデルタール人が絶滅したとするなら、何万年も前にすでに絶滅していただろう。

ネアンデルタール人の食生活や石器が絶滅前の数十万年間まったく変わっていなかったことを考えれば、ネアンデルタール人は自らの独自世界にこだわり、新たな技術を開発することにも生活様式を変えることにも積極的ではなかったらしい。現生人類と他の頂点捕食者（オオカミイヌ）との他に類を見ない連帯は、ネアンデルタール人と他の多くの捕食者の生存を不可能とする最終戦略となったのかもしれない。気候変動に新たな激しいギルド内競争が組み合わさったことが、ネアンデルタール人らに重大な困難をもたらしたのだ。考古学的また古生物学的記録からみえてくる状況は、頂点捕食者の出現による典型的な栄養カスケードにそっくりだ。この栄養カスケードが起きたからこそ、気候変動によって生態系の他のすべての種の間の相互関係が変化することになったのではないだろうか。

「現生人類が生き残れてネアンデルタール人が絶滅したのはなぜか？」という問いに本書でわたしが提案した仮説にはいくつもの強みがある。

第一に、わたしのシナリオは侵入者である新たな頂点捕食者が原因となるギルド内競争の重要性を考慮に入れると同時に、気候変動に適応する手段としてオオカミイヌと協力することの重要性も考慮に入れている。さらにこのアプローチによって、ヒト族の進化を哺乳類進化の文脈および生態学的理論と実践の文脈に位置づけることができる。証拠解釈の指針として侵入生物学の知識を利用することで、わたしたちの祖先が生態学的、生物学的法則を免れた、わたしたちとまったく異なる動物だったのではなく、彼らも自然の一部であり、生態学コミュニティーの不可欠な存在だったとわたしは見ている。人間は動物であり、わたしたちは哺乳類であって、食物を食べ、生存し、繁殖し、子孫を育てるといった基本的生活は他の哺乳類と変わらない。しかしわたしたちはこうした生活を維持する特異な方法をいくつか発展させてきた。言語を操り、広い意味での道具を使い、人間同士ばかりか他の生物とも連帯したのである。視線を使ったコミュニケーションを（その他のコミュニケーション形式も含め）効果的に行う新たな方法を進化させ、遺伝的にも身体能力を強化してきたのだろう。コミュニケーション手法の進歩により、生存に必要な資源の獲得も改善されたはずだ。もちろん、そうはいっても時として生じる生存上の厳しい現実から完全に解放されたわけではない。資源の限界を超えれば、これまでに多くの種が耳にしたのと同じく、死を告げる鐘が聞こえてくるだろう。わたしたちは多くの陸上生態系のなかにあって影響力の大きい存在であり、他の種に対する役割と責任を自覚しなければならない。これは絶対的に重要な態度だと思う。

第二に、わたしのシナリオはネアンデルタール人の絶滅と捕食者ギルド内での衝突、そしてグラヴェット文化期にマンモス骨が大量出土する大型遺跡が突然出現したことを説明できる可能性がある。オオカミイヌの既知の最古の化石（現在のところ較正年で約３万６０００年前）より数千年前に、すでにオオカミイヌと現生人類との連携が始まっていたとすれば、この行動の変化は、ギルド内競争と気候変動に対応するための初期現生人類による適応の本質的要素だったかもしれない。オオカミからイヌへの家畜化がいつ始まったにしろ、その過程のはじめのうちはたいして進展は見られず、長期にわたる試行錯誤があっただろう。しかし初めての動物の家畜化は、現生人類が進化の過程で踏み出した大いなる階段の第一歩で、最初の石器の発明にも匹敵する偉大な一歩である。動物の家畜化は人間が利用できる機会と選択に計り知れない恩恵をもたらした。たとえば、すばしこい獲物を捕らえるために高速で走る能力を発達させる必要はなくなった。速く走れる動物と連帯すればいいからだ。また嗅覚や視覚をもっと敏感にする進化も必要なかった。そうした能力はオオカミから借りることができたからだ。家畜動物のおかげで多様な生息地、多様な大陸で人間の侵入と人口増加が可能になった。

第三に、ゲノムや遺伝学の研究の最新の発見を組み入れることができた（問題の解決になりそうな発見もあれば、新たに多くの問題を生む発見もあった）。たとえばネアンデルタール人と現生人類の交雑のような問題は、かつては絶対にあり得ないと考えられていたが、最近になってまれにではあるが交雑があったことが明らかにされた。男性の繁殖能力に関与する遺伝子は、ネアンデルタール人と現生人類との間の異種交配において厳しく排除されてしまうらしく、このことからネアンデルタール人にとって異種交配が長期的戦略として成功しなかった理由を説明できるかもしれない。ゲノム研究者による知識と高度な技術の蓄積により、人類の行動の指標としてこれまで利用してきた多彩で複雑な骨や石器の研究とは次元の異なる、動物の基礎生物学という新たな手法が加えられるようになったのだ。

第四に、他の捕食動物との同盟に加え気候変動の影響を検討することで、わたしは仮説にもとづく一連の予測をたて、その予測が正しい可能性について評価できる証拠をいくつか示すこともできた。この重要な期間のネアンデルタール人と早期現生人類の生活様式に関する新たな証拠は、日ごとにその数を増している。わたしたちは新たな知見を得、新たな比較を行い、新たな発見をし、新たな分析法を開発し、これまでの全体像に大なり小なり変更を迫ることができた。

最後に、年代測定技術の大きな進歩は決定的に重要だった。それによって信頼できる年代的枠組みが得られ、さまざまな仮説を評価し、検証できるようになった。さらに情報を新たに統合し、新旧の仮説を検証するには、資料の再年代測定が不可欠の要素となっている。

古人類学が進歩すれば、わたしたちを驚かせ、衝撃を与えるような新しい資料が必ず現れるはずだ。わたしはネアンデルタール人も早期現生人類も、普通考えられている以上にずっと有能で洗練されていたとのではないかと思っている。もちろん、わたしたちの過去に関する研究と発見は現在進行中ではある。数年後に本書を読み返したとき、わたしは（そして誰もが）なんと無知だったのかと思えることを願っている。

本書でわたしが提起した議論には弱点がある。たとえば答えられていない問題や測定されていないパラメーター、証拠がなくまだ何もわかっていない部分もある。多くの遺跡の年代測定もまだ信頼できるとは言えない。それでも、一般的レベルでも研究者レベルでも興奮の輪が広がり、議論も活発になっている昨今の様子をみると、多種多様な証拠が収束しはじめているようにわたしは感じている。そうなれば、世界の生態系におけるわたしたちの役割をもっと正確に、もっと客観的に理解できるようになるだろう。人間の要求と地球上の他の生物の要求のバランスをうまくとるためには、こうした視点をもつことが第一歩だ。そうすれば多様性や自然を減少させてきた要因をはっきりと認識でき、生物多様性と本来の自然をもっとうまく保全できるようになるだろう。そして地球上の全生物のためにも、わたしたち自身を自然のなかにもっと正確に位置づけられるようになるのではないだろうか。

もうお気づきのことと思うが、わたしたち現生人類の正体は「侵入者」なのである。将来、地球の敵と遭遇したとき、それがわたしたちでなかったとすれば大成功だ。だがそれにはまず、わたしたちの行動を大きく変えていかなければならない。

監訳者あとがき

きわめて刺激的な本である。一般の人にも強い関心があり、永遠のテーマでもある「ネアンデルタール人はなぜ絶滅したのか？」の謎に、最新かつ総合的なアプローチで、原著者パット・シップマンはこれまで想定されたことのなかった推論を導き出した。

アフリカから中東をへてヨーロッパに進出した現生人類は、気候変動や遺伝的多様性の欠失で衰退しつつあったネアンデルタール人を、意図せざる結果として滅ぼした。それには、この頃にいち早く家畜化されるようになったイヌ（原著者の言う「オオカミイヌ」）の存在があった——という説である。

この説を提起したパット・シップマンがベースにしたのは、おおまかに言ってふたつの発見である。

ベルギーのゴイエ洞窟のイヌ科動物が実は家畜化されつつあったオオカミイヌであり、その年代がそれまで想定されていたよりもはるかに古い3万6000年前頃（較正年代）という早さであったこと、そして昨年（2014年）の英科学週刊誌『ネイチャー』8月21日号で報告され、考古学と古人類学の研究者に衝撃を与えた、オックスフォード大学のトーマス・ハイアムらのチームによるネアンデルタール人の絶滅と現生人類のヨーロッパへの拡散と制覇の新たな年代的見直しである。こうした最新知見を基に、動物考古学者として生態学の観点から、上記の説を説得力をもって論述しているのが本書である。

本書の魅力は、前半の部分でネアンデルタール人と現生人類に関する最新研究成果がたっぷりと盛り込まれていることだ。その点に関する限り、日本語になった本としては本書は最も新しい。

えてして研究の進歩が速い分野の翻訳書は、原著の刊行から数年遅れ、その原著も数年前の研究成果に基づいて書かれるので、邦訳出版された頃にはいくつかアウト・オブ・デイトになっていることが多い。ところが本書を読むと、前記の2014年のトーマス・ハイアムらのチームの成果が根幹的成果として取り入れられている。ヨーロッパ先住民のネアンデルタール人とアフリカ起源のニューカマーである現生人類の交代劇のシナリオを大幅に見直させたこの成果は特段に重要で、それによってこのテーマで5～6年前に書かれた本はほとんどが時代遅れとなってしまったと言えるものだ。

だから長年、この分野に関心を寄せていた監訳者としても、興奮を抑えきれずに読み進んだのである。

そして後半では、原著者の得意領域である動物考古学に基づく古代イヌこと「オオカミイヌ」の誕生の謎を考察し、それを交代劇と結びつけたのも、妙手と言える。

原著者によれば、狩りの際にオオカミイヌを助手にできたことにより、マンモス骨の大量出土する遺跡が中東欧各地に出現したことに代表されるような革新的狩猟が始まり、それが衰微しつつあった同一捕食者ギルド内のネアンデルタール人の最後のとどめになったということのようだ。それは、ネアンデルタール人に限られない。ホラアナグマやホラアナライオン、ホラアナハイエナなどの同じ捕食者ギルドに属する氷河時代大型肉食獣をも絶滅させたという。

ただこのふたつの関連は、たまたまネアンデルタール人絶滅時期がハイアムらの研究で大幅に古く繰り上がった時期（4万1030～3万9260年前＝較正年代）と3万6000年前頃（較正年代）のオオカミイヌの登場時期が接近しただけの見かけのものなのかもしれない。著者の仮説により確からしさを与えるには、オオカミイヌの出現年代をさらに数千年は繰り上げる発見を待たねばならないだろう。

したがって監訳者としては、いささか折衷主義的ではあるが、オオカミイヌ家畜化に伴う革新的狩猟法の登場という要因もあったかもしれないが、やはり気候変動と現生人類登場によるストレスなどの諸要因により、既に大幅に遺伝的多様性を失っていたネアンデルタール人は自然消滅していったとする考えは変わらない。ただし、シップマンの説がきわめて興味深いということも確かだ。この刺激的な推論がさまざまに検証され、鍛えられてゆくことを期待している。

なおネアンデルタール人のもう一種の同時代者であった「ジェニソヴァ人」について本書で一言も触れられていないのは、ヨーロッパが主舞台にしろいささか物足りない。ジェニソヴァ人の素性とその消滅の謎を、原著者に尋ねてみたいと思ったのは監訳者ばかりではないと思うのだが。

監訳者が、原著者パット・シップマンの著作に関係するのは、これが3冊目になる(邦訳本はこれが4冊目)。夫君の古人類学者アラン・ウォーカーとの共著の『人類進化の空白を探る』(朝日新聞社、2000年)、単著の『アニマル・コネクション——人間を進化させたもの』(同成社、2013年)に続くが、いつもながら周辺諸科学を取り入れた該博な知識に驚嘆させられる。

本文でもちょっと触れられているが、原著者パット・シップマンは研究キャリアを、古人類学者ルイス・リーキー、メアリー・リーキー夫妻がフィールドにしたオルドゥヴァイ峡谷で夥しく発見された獣骨群のカットマーク研究で始めている。獣骨のカットマークの先駆的な成果から、ホモ・ハビリスが石器で死肉から高栄養の肉と骨髄を得ていたことを確証した。これによって人類は、あらゆる面で同時代者の猿人を凌駕する大きな飛躍を得ることになった。

この他、原著者は、邦訳されていないがジャワ原人の発見者であるユージン・デュボワの優れた評伝も残している。多芸・偉才の人である。

なお優れた研究者でも、時には思い違いはあるものだ。そのような明白な思い違いの個所が本書に数カ所あり、これは特に注記を付すことなく、監訳者の河合の判断で訂正しておいたことを付記しておく。

最後に、日本の研究者の貢献が末部に2件だけ紹介されているが、本書には触れられてはいないものの、東京大学の佐野勝宏氏らのグループも、ハイアムらのグループとほぼ同じころにムスティリアンと早期現生人類の諸遺跡年代を見直し、同様な結果を得ていることも付け加えておく(新学術領域研究=ネアンデルタールとサピエンス交替劇の真相:学習能力の進化に基づく実証的研究=

領域代表者、赤澤威氏）。

また監訳者は、自身のブログ「河合信和の人類学のブログ」でこうした関係のニュースをできるだけ紹介している。ハイラムの成果についても２０１４年８月24日付「最後のネアンデルタールの絶滅年代は４万年前――従来観を１・２万年も古く改定」（http://blog.livedoor.jp/nobukazukawai/archives/4851055.html）で触れておいたので、ご興味のある方は参照されたい。

河合信和

２０１５年11月10日

versity of Tübingen.
図10-3　ホーレ・フェルズ洞窟のクマの化石 . From Susanne C. Münzel, Mathias Stiller, Michael Hofreiter, Alissa Mittnik, Nicholas J. Conard, and Hervé Bocherens, "Pleistocene bears in the Swabian Jura (Germany): Genetic replacement, ecological displacement, extinctions and survival." *Quaternary International* 245:225-237, figure 5. Copyright © 2011 University of Tübingen.
図 11-1　クラコフ=スパジスタ・ストリート遺跡発掘現場のマンモスの骨 Mammoth bones at Kraków-Spadzista Street excavation. Copyright © 2014 Piotr Wojtal. Reprinted with permission.
図11-2　マンモスの骨でできた小屋の分布 . Copyright © 2014 Jeffrey Mathison.
図11-3　マンモスの生息範囲の推移 . Map after E. Palkopoulou et al. (2013), Holarctic genetic structure and range dynamics in the woolly mammoth. *Proceedings of the Royal Society* B 280:20131910. Copyright © 2014 Jeffrey Mathison.
図12-1　ゴイエ洞窟で出土した旧石器時代の犬の頭部 . Reprinted from Mietje Germonpré, Mikhail V. Sablin, Rhiannon E. Stevens, Robert E. M. Hedges, Michael Hofreiter, Mathias Stiller, and Viviane R. Després, "Fossil dogs and wolves from Palaeolithic sites in Belgium, the Ukraine and Russia." *Journal of Archaeological Science* 36 (2009):473-490, figure 11, with permission from Elsevier.
図12-2　化石のイヌ科動物と現生のイヌ科動物との遺伝的関係 . From O. Thalmann et al., "Complete mitochondrial genomes of ancient canids suggest a European origin of domestic dogs." Science (November 15, 2013), 871-874, figure 1. Reprinted with permission from AAAS.
図12-3　イエローストーン国立公園でバイソンを狩るオオカミ . The National Park Service.
図12-4　ドルニー・ヴェストニツェとパヴロフⅠから出土した粘度の小片 . Copyright © 2013 Pat Shipman, courtesy Dolní Věstonice Museum.
図13-1　プレドモスティ遺跡の埋葬されたイヌ化動物の化石 . Copyright © 2014 Mietje Germonpré. Reprinted with permission. Courtesy of the Moravian Museum, Brno, the Czech Republic.
図14-1　イヌ科動物の3つのタイプの顔 . From Sayoko Ueda, Gaku Kumagai, Yusuke Otaki, Shinya Yamaguchi, and Shiro Kohshima, "A comparison of facial color pattern and gazing behavior in canid species suggests gaze communication in gray wolves (*Canis lupus*)." *PLoS ONE* 9(6): e98217, figure 2. Copyright © 2014 Ueda et al. Reprinted with permission.

図版一覧

図1-1　「敵とは顔見知り……」Illustration by Walt Kelly.
図3-1　動物の歯でできた装身具 . From Nicholas J. Conard, "The demise of the Neanderthal cultural niche and the beginning of the Upper Paleolithic in southwestern Germany," in *Neanderthal Lifeways, Subsistence and Technology*, eds. Nicholas Conard and Jürgen Richter (New York: Springer), figure 19.7. Copyright © 2011 University of Tübingen.
図3-2　グロット・デュ・レンヌ遺跡から出土した化石 . Copyright © 2011 F. Carron et al.
図6-1　メジリチのマンモスの骨でできた小屋 . Copyright © 2014 Pavel Dvorsky. Reprinted with permission.
図7-1　頂点捕食者を再導入した影響 . From William J. Ripple, James A. Estes, Robert L. Beschta, Christopher C. Wilmers, Euan G. Ritchie, Mark Hebblewhite, Joel Berger, Bodil Elmhagen, Mike Letnic, Michael P. Nelson, Oswald J. Schmitz, Douglas W. Smith, Arian D. Wallach, and Aaron J. Wirsing, "Status and ecological effects of the world's largest carnivores." *Science* (January 10, 2014), figure 4. Reprinted with permission from AAAS.
図7-2　コヨーテを追うオオカミ . Photograph by Monty DeWald.
図7-3　識別番号06. William Campbell, U.S. Fish and Wildlife Service.
図8-1　現世人類とネアンデルタール人の個体数の変化 . From Paul Mellars and Jennifer C. French, "Tenfold population increase in western Europe at the Neandertal-to-modern human transition." *Science* (July 29, 2011), figure 3. Reprinted with permission from AAAS.
図8-2　ガイセンクレーステレ洞窟の空白層 . From Nicholas J. Conard, "The demise of the Neanderthal cultural niche and the beginning of the Upper Paleolithic in southwestern Germany," in *Neanderthal Lifeways, Subsistence and Technology*, eds. Nicholas Conard and Jürgen Richter (New York: Springer), figure 19.4. Copyright © 2011 University of Tübingen.
図9-1　捕食者の体重によって獲物の大きさが変わる . Copyright © 2014.Jeffrey Mathison.
図10-1　ホラアナグマの脊椎に食い込んだフリント製石鏃 . From Susanne C. Münzel and Nicholas J. Conard, "Cave bear hunting in Hohle Fels Cave in the Ach Valley of the Swabian Jura." *Revue de Paléobiologie* 23(2):877-885, figure 10. Copyright © 2004 University of Tübingen.
図10-2　ホラアナグマの脊椎の拡大 . From Susanne C. Münzel and Nicholas J. Conard, "Cave bear hunting in Hohle Fels Cave in the Ach Valley of the Swabian Jura." Revue de *Paléobiologie* 23(2):877-885, figure 11. Copyright © 2004 Uni-

注

第1章 わたしたちは「侵入」した

(1) W. Kelly, "Pogo," http://www.igopogo.com/we_have_met.htm.

(2) P. Shipman, *The Animal Connection* (New York: Norton, 2012). パット・シップマン 『アニマル・コネクション 人間を進化させたもの』[河合信和訳。同成社。2013年]

(3) T. Flannery and D. Burney, "Fifty Millennia of Catastrophic Extinctions after Human Contact," *Trends in Ecology and Evolution* 20 (2005): 395-401.

(4) 同上 395.

(5) P. Martin and H. Wright, *Pleistocene Extinctions* (New Haven, CT: Yale University Press, 1967).

(6) J. Estes, J. Terborgh, J. Brashares et al., "Trophic Downgrading of Planet Earth," *Science* 333 (2011): 301-306.

(7) I. Davidson, "Peopling the Last New Worlds: The First Colonisation of Sahul and the Americas," *Quaternary International* 285 (2013): 1-29; J. Field, S. Wroe, C. Trueman et al., "Looking for the Archaeological Signature in Australian Megafaunal Extinctions," *Quaternary International* 285 (2013): 76-88; S. Wroe, J. Field, and D. Grayson, "Megafaunal Extinctions: Climate, Humans and Assumptions," *Trends in Ecology and Evolution* 21 (2006): 51-52.

(8) J. Ray, K. Redford, R. Stenecke et al., "An Ecological Context for the Role of Large Carnivores in Conserving Biodiversity," in *Large Carnivores and the Conservation of Biodiversity*, ed. J. Ray, K. Redford, R. Steneck, and the Berger (Washington, DC: Island Press, 2005), 15.

(9) P. Hortolà and B. Martínez-Navarro, "The Quaternary Megafaunal Extinction and the Fate of Neanderthals: An Integrative Working Hypothesis," *Quaternary International* 295 (2013): 69-72.

第2章 出発

(1) Executive Order 13112 of February 3, 1999, *Invasive Species Federal Register* 64, no. 25, February 8, 1999, Presidential Documents 6183.

(2) 同上

(3) G. J. Vermeij, "Invasion as Expectation: A Historical Fact of Life," in *Species Invasions: Insights into Ecology, Evolution, and Biogeography*, ed. D. Sax, J. Stachowicz, and S. Gaines (Sunderland, MA: Sinauer Associates, 2005), 315-339.

(4) L. Traill, J. Corey, C. Bradshaw et al., "Minimum Viable Population Size: A Meta-Analysis of 30 Years of Published Estimates," *Biological Conservation* 1339 (2007): 159-166.

(5) J. O'Connell and Allen, "The Restaurant at the End of the Universe: Modelling the Colonisation of Sahul," *Australian Archaeology* 74 (2012): 5-31.
(6) Davidson, "Peopling the Last New Worlds."
(7) A. Williams, "A New Population Curve for Prehistoric Australia," *Proceedings of the Royal Society* B 280 (2013): 20130486, http://dx.d0i.org/10.1098/rspb.2013.0486; O'Connell and Allen, "Restaurant at the End of the Universe."
(8) T. Watson, "Who Were the First Australians, and How Many Were There?" *Science Now*, April 23, 2013, quoting Alan Williams.
(9) J. Lockwood, M. Hoopes, and M. Marchetti, *Invasion Ecology* (Malden, MA; Blackwell, 2007); T. Blackburn, P. Pyšek, S. Bacher et al., "A Proposed Unified Framework for Biological Invasions," *Trends in Ecology and Evolution* 26 (2011): 333-339, doi:10.1016/j. tree.2011.03.023; P. Hulme, S. Bacher, M. Kenis et al., "Grasping at the Routes of Biological invasions: A Framework for Integrating Pathways into Policy," *Journal of Applied Ecology* 45 (2008): 403-414.
(10) R. Leakey and R. Lewin, *The Sixth Extinction* (New York: Anchor Books, 1996); E. Kolbert, *The Sixth Extinction: An Unnatural History* (New York: Henry Holt, 2014). エリザベス・コルバート『6度目の大絶滅』[鍛原多恵子訳。NHK出版。2015年]
(11) D. Wilcove, D. Rothstein, J. Dubow et al., "(Quantifying Threats to Imperiled Species in the United States," *BioScience* 48 (1998): 607-615; O. Sala, F. S. Chapin III, J. Armesto et al., "G1obal Biodiversity Scenarios for the Year 2100," *Science* 287 (2000): 1770-1774.
(12) M. Clavero and E. García-Berthou, "Invasive Species Are a Leading Cause of Animal Extinctions," *Trends in Ecology and Evolution* 20 (2005): 110.
(13) C. Elton, *The Ecology of Invasions by Animals and Plants* (London: Methuen, 1958). チャールズ・S・エルトン『侵略の生態学』[川那部浩哉ほか訳。思索社。1988年]
(14) M. Krings, H. Geisert, R. Schmitz et al., "DNA Sequence of the Mitochondrial Hypervariable Region II from the Neandertal Type Specimen," *Proceedings of the National Academy of Sciences USA* 96 (1999): 5581.
(15) M. Krings, A. Stone, R. Schmitz et al., "Neandertal DNA Sequences and the Origin of Modern Humans," *Cell* 90 (1997): 19-30; R. Green, J. Krause, S. Ptak et al., "Analysis of One Million Base Pairs of Neanderthal DNA," *Nature* 444 (2006): 330-336; Noonan, "Neanderthal Genomics and the Evolution of Modern Humans," *Genome Research* 20 (2010): 547-553; J. Noonan, G. Coop, S. Kudaravalli et al., "Sequencing and Analysis of Neanderthal Genomic DNA," *Science* 314 (2006): 1113-1118; R. Green, J. Krause, A. Briggs et al., "A Draft Sequence of the Neandertal Genome," *Science* 328 (2010): 710-722, doi:10.1126/science.1188021; K. Prüfer, F. Racimo, N. Patterson et al., "The Complete Genome Sequence of a Neanderthal from the Altai Mountains," *Nature* 505 (2014): 43-

49, doi:10.1038/nature12886.
(16) "Neanderthal Genome Yields Insights into Human Evolution and Evidence of Interbreeding with Modern Humans," *Science News*, May 6, 2010.
(17) 同上
(18) A. Eriksson and A. Manica, "Effect of Ancient Population Structure on the Degree of Polymorphism Shared between Modern Human Populations and Ancient Hominins," *Proceedings of the National Academy of Sciences USA* 109 (2012): 13965-13960.
(19) K. Prüfer, F. Racimo, N. Patterson et al., "The Complete Genome Sequence of a Neanderthal from the Altai Mountains," *Nature* 505 no. 7481 (2014): 43-49, doi: 10.1038/nature12886.
(20) Sarah Tischkoff, 著者への私信(2014年2月5日)
(21) B. Vernot and J. M. Akey, "Resurrecting Surviving Neandertal Lineages from Modern Human Genomes," *Science Express*, January 29, 2014, 1-4, doi 2014/ 0.1126/science.1245938

第３章　年代測定を疑え

(1) A. Froehle and S. Churchill, "Energetic Competition between Neandertals and Anatomically Modern Humans," *Paleoanthropology* (2009): 96-116; C. Ruth E. Trinkaus, and T. Holliday, "Body Mass and Encephalization in Pleistocene Homo," *Nature* 387 (1997):173-176; C. Ruff personal communication to the author, July 25, 2012.
(2) O. Bar-Yosef and J. G. Bordes, "Who Were the Makers of the Châtelperronian Culture?" *Journal of Human Evolution* 59 (2010): 586-S93; T. Higham, R. Jacobi, M. Julien et al., "Chronology of the Grotte du Renne (France) and Implications for the Context of Ornaments and Human Remains within the Châtelperronian," *Proceedings of the National Academy of Sciences USA* 107 (2010): 20234-20239; B. Gravina, P. Mellars, and C. Bronk Ramsey, "Radiocarbon Dating of Interstratified Neanderthal and Early Modern Human Occupations at the Châtelperronian Typesite," *Nature* 438 (2005): 51-56; P. Mellars, B. Gravina, and C. Bronk Ramsey, "Confirmation of Neanderthal/ Modern Human Interstratification at the Châtelperronian Type-Site," *Proceedings of the National Academy of Sciences USA* 104 (2006): 3657-3662; J. Zilhão, F. d'Errico, J.-G. Bordes et al., "Ana1ysis of Aurignacian Interstratiiication at the Châtelperronian Type Site and Implications for the Behavioral Modernity of Neandertals," *Proceedings of the National Academy of Sciences USA* 103 (2006): 12643-12648.
(3) F. Caron, F. d'Errico, P. Del Moral et al., "The Reality of Neandertal Symbolic Behavior at the Grotte du Renne, Arcy-sur-Cure, France," *PLoS ONE* 6 (2011): e21545, doi:10.1371/Journal.pone.0021545.
(4) R. Wood, C. Barroso-Ruiz, M. Caparrós et al., "Radiocarbon Dating Casts Doubt

on the Chronology of the Middle to Upper Palaeolithic Transition in Southern Iberia," *Proceedings of the National Academy of Sciences USA* 110 (2013): 2781-2786, doi:10.1073/ *Proceedings of the National Academy of Sciences USA*.1207656110
(5) T. Higham, K. Douka, R. Wood et al., "The Timing and Spatio-Temporal Patterning of Neanderthal Disappearance," *Nature* 512 (2014): 306-309, doi:10.1038/nature13621. Supplementary Methods.
(6) R. Wood, K. Douka, P. Boscato et al., "Testing the ABOx-SC Method: Dating Known-Age Charcoals Associated with the Campanian Ignimbrite," *Quaternary Geochronology* 9 (2012): 16-26.
(7) Wood et al., "Radiocarbon Dating Casts Doubt," 4.
(8) E. Callaway, "Date with History," *Nature* 485 (2013): 27-29; R. Pinhasa, T. Higham, L. Golovanova et al., "Revised Age of Late Neanderthal Occupation and the End of the Middle Paleolithic in the Northern Caucasus," *Proceedings of the National Academy of Sciences USA* 108 (2011): 8616.
(9) Amos, "Last-Stand Neanderthals Queried," BBC News, February 5, 2013, http://www.bbc.co.uk/news/science-envir0nment-21330194.
(10) T. Higham, 著者への私信(2013年6月28日)
(11) L. Golovanova, B. Doronichev, N. Cleghorn et al., "Significance of Ecological Factors in the Middle to Upper Paleolithic Transition," *Current Anthropology* 51 (2010): 655-691.
(12) Pinhasa et al., "Revised Age of Late Neanderthal Occupation."
(13) T. Higham, L. Basell, R. Jacobi, R. Wood et al., "Testing Models for the Beginnings of the Aurignacian and the Advent of Figurative Art and Music: The Radiocarbon Chronology of Geissenklösterle," *Journal of Human Evolution* 62 (2012): 665.
(14) T. Higham, T. Compton, C. Stringer et al., "The Earliest Evidence for Anatomically Modern Humans in Northwestern Europe," *Nature* 479 (2011): S21-S24, doi:10.1038/nature10484.
(15) Higham et al., "Timing and Spatio-Temporal Patterning."

第4章　侵入の勝利者は誰か

(1) P. Savoleinen, T. Leitner, A. Wilton et al., "A Detailed Picture of the Origin of the Australian Dingo, Obtained from the Study of Mitochondrial DNA," *Proceedings of the National Academy of Sciences USA* 101 (2004): 12387-12390.
(2) Shipman, *The Animal Connection* シップマン『アニマル・コネクション』.
(3) J. Zalasiewicz, M. Williams, A. Smith et al., "Are We Now Living in the Anthropocene?" *GSA Today* 18, no. 2 (2008): 4-8, doi:10.1130/GSAT01802A.1; J. Zalasiewicz, M. Williams, W. Steffen et al., "The New World of the Anthropocene," *Environmental Science and Technology* 44 (2010): 2228-2231; P. Crutzen and E.

Stoermer, "The 'Anthropocene,'" *Global Change Newsletter* 41 (2000): 17-18.

(4) U. Müller, J. Pross, P. Tzedakis et al., "The Role of Climate in the Spread of Modern Humans into Europe," *Quaternary Sciences Review* 30 (2011): 273-279. National Climatic Data Center, "A Paleo Perspective on Abrupt Climate Change," http://www.ncdc.noaa.gov/paleo/abrupt/data3.html, に概要がまとめられている。

(5) J. Lowe, N. Barton, S. Blockley et al., "Volcanic Ash Layers Illuminate the Resilience of Neanderthals and Early Modern Humans to Natural Hazards," *Proceedings of the National Academy of Sciences USA* 109 (2012): 13532-13537, doi: 10.1073/pnas.1204S79109; J.-J. Hublin, "The Earliest Modern Human Colonization of Europe," *Proceedings of the National Academy of Sciences USA* 109 (2012): 13471-13472.

(6) Lowe et al., "Volcanic Ash Layers," 13532.

(7) 同上 13536.

(8) B. Arensburg, "Human Remains from Geula Cave, Haifa," *Bulletins et mémoires de la Société d'Anthropologie de Paris* 14 (2002): 141-148.

(9) J. Shea, "The Archaeology of an Illusion: The Middle Paleolithic Transition in the Levant," in *The Lower and Middle Palaeolithic in the Middle East and Neighboring Regions*, eds. J.-M. Le Tensorer, R. Jagher, and M. Otte (Basel Symposium, Eraul, Liège, 2008), 169-182.

(10) K. Brown, C. Marean, Z. Jacobs et al., "An Early and Enduring Advanced Technology Originating 71,000 Years Ago in South Africa," *Nature* 491 (2012): 590-593.

(11) Shea, (Archaeology of an Illusion," 177.

(12) F. Demeter, L. Shackelford, A.-M. Bacon et al., "Anatomically Modern Human in Southeast Asia (Laos) by 46 ka," *Proceedings of the National Academy of Sciences USA* 109 (2012): 14375-14380.

(13) A. Pierret, V. Zeitoun, and H. Forestier, "Irreconcilable Differences between Stratigraphy and Direct Dating Cast Doubts upon the Status of Tam Pa Ling Fossil," *Proceedings of the National Academy of Sciences USA* 109 (2012): E3523, www.pnas.0rg/cgi/doi/10.1073/pnas.1216774109; 次の論文も参照のこと F. Demetera, L. Shackleford, K. Westaway et al., "Reply to Pierret et al.: Stratigraphic and Dating Consistency Reinforces the Status of Tam Pa Ling Fossil," *Proceedings of the National Academy of Sciences USA* 109 (2012): E3524-E3525.

(14) C. Bae, W. Wang, J. Zhao et al., "Modern Human Teeth from Late Pleistocene Luna Cave (Guangxi, China)," *Quaternary International* (発行前)、著者校正済み原稿は2014年7月28日オンラインで入手可。

(15) Higham et al., "Earliest Evidence for Anatomically Modern Humans"; S. Benazzi, K. Douka, C. Fornai et al., "Early Dispersal of Modern Humans in Europe and Implications for Neanderthal Behavior," *Nature* 479 (2011): 525-528; T. Higham, C. Stringer, and K. Douka, "Dating Europe's Oldest Modern Humans," British

Archaeology, January-February 2012, 24-29.
(16) E. Trinkaus, O. Moldovan, S. Milota et al., "An Early Modern Human from the Pestera cu Oase, Romania," *Proceedings of the National Academy of Sciences USA* 100 (2003): 11231-11236; Higham et al., "Dating Europe's Oldest."

第5章　仮説を検証する

(1) C. Finlayson, *Neanderthals and Modern Humans.: An Ecological and Evolutionary Perspective* (Cambridge: Cambridge University Press, 2004).
(2) 同上 153.
(3) 同上 154.
(4) A. Cahill, M. Aiello-Lammens, M. Fisher-Reid et al., "How Does Climate Change Cause Extinction?" *Proceedings of the Royal Society B* 280 (2013): 2-3.
(5) Finlayson, *Neanderthals and Modern Humans*, 153.
(6) E. Trinkaus and P. Shipman, The Neanderthals (New York: Knopf 1992). の議論を参照
(7) C. Marean, 著者への私信(2014年1月25日)
(8) G. F. Gause, *The Struggle for Existence* (Baltimore: Williams & Wilkins, 1934).『生存競争』[吉田敏治訳。思索社。1981年]
(9) G. Hardin, "The Competitive Exclusion Principle," Science 131 (1960): 1292-1297.
(10) J. Terborgh, R. Holt, and J. Estes, "Trophic Cascades: What They Are, How They Work, and Why They Alter," in *Trophic Cascades: Predators, Prey, and the Changing Dynamics of Nature*, eds. J. Terborgh and J. Estes (Washington, DC: Island Press, 2010), 7.
(11) R. MacArthur and E. O. Wilson, *The Theory of Island Biogeography* (1967; repr., Princeton, NJ: Princeton University Press, 2001)参照 .
(12) A. Portmann, A Zoologist Looks at Humankind (New York: Columbia University Press, 1990); T`. Smith, P. Tafforeau, D. Reid et al., "Dental Evidence for Ontogenetic Differences between Modern Humans and Neanderthals," *Proceedings of the National Academy of Sciences USA* 107 (2010): 20923-20928.

第6章　食物をめぐる競走

(1) G. Roemer, M. Gompper, and V. Van Valkenburgh, "The Ecological Role of the Mammalian Mesocarnivore," *BioScience* 59 (2009): 165-173.
(2) J. Grinnell, "The Origin and Distribution of the Chestnut-Backed Chickadee," *The Auk* (American Ornithologists' Union) 21 (1904): 364.
(3) B. Van Valkenburgh, "Tracking Ecology over Geological Time: Evolution within Guilds of Vertebrates," Trends in Evolution and Ecology 10 (1995): 71-76; W. Ripple and B. Van Valkenburgh, "Linking Top-Down Forces to the Pleistocene Megafaunal Extinctions," *BioScience* 60 (2010): 516-526.

(4) M. Patou-Mathis, "Neanderthal Subsistence Behaviours in Europe," *International Journal of Osteoarchaeology* 10 (2000); 379-395; D. Grayson and F. Delpech, "The Large Mammals of Roc de Combe (Lot, France): The Châtelperronian and Aurignacian," *Journal of Anthropological Archaeology* 27 (2008): 338-362; D. Grayson and F. Delpech, "Changing Diet Breadth in the Early Upper Paleolithic of Southwestern France," *Journal of Archaeological Science* 25 (1998): 1119-1130; D. Grayson and F. Delpech, "Specialized Early Upper Paleolithic Hunters in Southwestern France?" *Journal of Archaeological Science* 29 (2002): 1439-1449; D. Grayson and F. Delpech, "Ungulates and the Middle-to-Upper Paleolithic Transition at Grotte XVI (Dordogne, France)," *Journal of Archaeological Science* 30 (2003): 633-640; D. Grayson and F. Delpech, "Pleistocene Reindeer and Global Warming," *Conservation Biology* 19 (2005): 557-562; D. Grayson and F. Delpech, "Was There Increasing Dietary Specialization across the Middle-to-Upper Paleolithic Transition in France?" in *When Neanderthals and Modern Humans Met*, ed. N. Conard (Tübingen: Kerns Verlag, 2006), 377-417; D. Grayson, F. Delpech, J.-Ph. Rigaud et al., "Explaining the Development of Dietary Dominance by a Single Ungulate Taxon at Grotte XVI, Dordogne, France," *Journal of Archaeological Science* 28 (2001): 115-125; M. Stiner, *Honor among Thieves: A Zooarchaeological Study of Neandertal Ecology* (Princeton, NJ: Princeton University Press, 1994).

(5) C. Stringer, J. C. Finlayson, R. Barton et al., "Neanderthal Exploitation of Marine Mammals in Gibraltar," *Proceedings of the National Academy of Sciences USA* 105 (2008): 14319-14324.

(6) O. Bar-Yosef "Eat What Is There: Hunting and Gathering in the World of Neanderthals and Their Neighbors," *International Journal of Osteoarchaeology* 14 (2004): 333-342, doi:10.1002/oa.765.

(7) M. Richards and E. Trinkaus, "Isotopic Evidence for the Diets of European Neanderthals and Early Modern Humans," *Proceedings of the National Academy of Sciences USA* 106 (2009): 16034-16039.

(8) M. Richards, P. Pettitt, M. Stiner et al., "Stable Isotope Evidence for Increasing Dietary Breadth in the European Mid-Upper Paleolithic," *Proceedings of the National Academy of Sciences USA* 98 (2001): 6528-6532, doi:1073/ *Proceedings of the National Academy of Sciences USA*.111155298; S. Kuhn and M. C. Stiner, "What's a Mother to Do? The Division of Labor among Neandertals and Modern Humans in Eurasia," *Current Anthropology* 47 (2006): 953-980.

(9) H. Bocherens and D. Drucker, "Dietary Competition between Neanderthals and Modern Humans: Insights from Stable Isotopes," in When Neandertbals and Modern Humans Met, ed. N. Conard (Tübingen: Kerns Verlag, 2006), 129.

(10) 同上 136.

(11) H. Bocherens, "Diet and Ecology of Neanderthals: Implications from C and N Isotopes," in *Neanderthal Lifeways, Subsistence and Technology: One Hundred Fifty*

Years of Neanderthal Study, eds. N. Conard and Richter (New York: Springer, 2011), 73-85.

(12) V Fabre, S. Condemi, A. Degioanni et al., "Neanderthals versus Modern Humans: Evidence for Resource Competition from Isotopic Modelling," *International Journal of Evolutionary Biology* 2011, Article ID 689315, doi:10.4061/2011/689315.

(13) D. Salazar-Garcia, R. Power, A. Sanchis Serra et al., "Neanderthal Diets in Central and Southeastern Mediterranean Iberia," *Quaternary International* 318 (2013); 3-18; D. Salazar-García, *Isótopos, dieta y movilidad en el País Valenciano: Aplicación a restos humanos del Paleolítico medio al Neolítico final* (Isotopes, Diet and Mobility in the Valencian Region; Application to Human Remains of the Middle Paleolithic and Final Neolithic) Ph.D. diss., Universitat de Valencia, 2012.

(14) Stringer et al., "Neanderthal Exploitation of Marine Mamma1s."

(15) P. Shipman, "Separating 'Us' from 'Them': Neanderthal and Modern Human Behavior," *Proceedings of the National Academy of Sciences USA* 105 (2008): 14241-14242.

(16) カーティス・マリアンが著者への私信(2014年1月27日)で示してくれ見解。

(17) C. Egelund, "Carcass Processing Intensity and Cutmark Creation: An Experimental Approach," *Plain Anthropologist* 48, no. 184 (2003): 39-51.

(18) Kuhn and Stiner, "What's a Mother to Do?"

(19) Higham et al., "Timing and Spatio-Temporal Patterning."

(20) M. Germonpré, M. Udrescu, and E. Fiers, "Possible Evidence of Mammoth Hunting at the Neanderthal Site of Spy (Belgium)," *Quaternary International* (2012) 337: 28-42.

(21) C. Kay, "Are Ecosystems Structured from the Top-Down or from the Bottom-Up?" in *Wilderness and Political Ecology: Aboriginal Influences and the Original State of Nature*, eds. C. Kay and R. Simmons (Salt Lake City: University of Utah Press, 2002), 215-237.

(22) J. Wilczynski, P. Wojtal, and K. Sobczyk, "Spatial Organization of the Gravettian Mammoth Hunters' Site at Krakow Spadzista (Southern Poland)," *Journal of Archaeological Science* 39 (2012): 3627-3642; O. Soffer, *The Upper Paleolithic of the Central Russian Plain* (San Diego: Academic Press, 1985); R. Klein, *Ice-Age Hunters of the Ukraine* (Chicago: University of Chicago Press, 1973).

第7章 「侵入」とはなにか

(1) W. Ripple, J. Estes, R. Beschta et al., "Status and Ecological Effects of the World's Largest Carnivores," *Science* 343 (2014): 152, doi:10.1126/science.1241484

(2) E. Borer, B. Halpern, and E. Seabloom, "Asymmetry in Community Regulation: Effects of Predators and Productivity," *Ecology* 87 (2006): 2813-2820.

(3) Ripple et al., "Status and Ecological Effects."

(4) S. Fritz, R. Stephensen, R. Haynes et al., "Wolves and Humans," in Wolves—*Their*

Behavior Ecology, and Conservation, eds. D. Mech and L. Boitani (Chicago: University of Chicago Press, 2003), 294.

（5） Kay, "Are Ecosystems Structured from the Top-Down?"

（6） Data from D. Smith, R. Peterson, and D. Houston, "Yellowstone after Wolves," *BioScience* 53 (2003): 330-340.

（7） J. W. Laundre, L. Hernandez, and W. Ripple, "The Landscape of Fear: Ecological Implications of Being Afraid," *Open Ecology Journal* 3 (2010): 1-7.

（8） D. Smith and E. Bang, "Reintroduction of Wolves to Yellowstone National Park: History, Values and Ecosystem Restoration," in *Reintroduction of Top-Order Predators*, eds. M. Hayward and M. Somers (London: Blackwell, 2009), 92-124.

（9） C. Wilmers, R. Crabtree, D. Smith et al., "Trophic Facilitation by Introduced Top Predators: Grey Wolf Subsidies to Scavengers in Yellowstone National Park," *Journal of Animal Ecology* 72 (2003): 909-916.

（10） R. Crabtree and S. Sheldon, "The Ecological Role of Coyotes on Yellowstone's Northern Range," in *Carnirvores in Ecosystems: TheYellowstone Experience*, eds. T. W. Clark, A. P. Curlee, S. C. Minta, and P. M. Kareiva (New Haven, CT: Yale University Press, 1999), 127-163.

（11） F. Palomares and T. Caro, "Interspecific Killing among Mammalian Carnivores," *American Naturalist* 153 (1999): 492-508.

（12） Crabtree and Sheldon, "The Ecological Role of Coyotes."

（13） D. Smith, R. Peterson, and D. Houston, "Yellowstone after Wolves."

（14） C. Wilmers, R. Crabtree, D. Smith et al., "Resource Dispersion and Consumer Dominance: Scavenging at Wolf- and Hunter-Killed Carcasses in Greater Yellowstone, USA," *Ecology Letters* 6 (2003): 996-1003, doi:10.1046/j.1461-0248.2003.00522.x; Wilmers et al., "Trophic Facilitation."

（15） P. Zarnetske, D. Skelly, and M. Urban, "Biotic Multipliers of Climate Change," *Science* 336 (2012): 1516-1518.

（16） パラダイスヴァレーの牧場主らから著者への私信（2012年8月2日）; D. Mech, "Wolf Restoration to the Adirondacks and Advantages and Disadvantages of Public Participation in the Decisions," in *Wolves and Human Communities: Biology, Politics, and Ethics*, eds. V. Sharpe, B. Noron, and S. Donnelly (Washington, DC: Island Press, 2000), 13-22; V Geist, "When Do Wolves Become Dangerous to Humans?," September 29, 2007, http://wwwyargfakta.se/wp-content/uploads/2012/05/Geist-when-do-wolves-become-dangerous-to-humans-pt-1.pdf

（17） R. Wood, T. Higham, T. de Torres et al., (A New Date for the Neanderthals from E1 Sidrón Cave (Asturias, Northern Spain)," *Archaeometry* 55 (2013): 148-158, doi:10.1111/j.1475-4754.2012.00671.x; T. de Torres, J. Ortiz, R. Grün et al., "Dating of the Hominid (*Homo neanderthalensis*) Remains Accumulation from El Sidrón Cave (Borines, Asturias, North Spain): An Example of Multi-Methodological Approach to the Dating of Upper Pleistocene Sites," *Archaeometry* 52 (2010):

680-705, doi:10.1111/j/1475-4754.2009.00671.x.
(18) J. Bermudez de Castro and P. Perez, "Ename1 Hypoplasia in the Middle Pleistocene Hominids from Atapuerca (Spain)," *American Journal of Physical Anthropology* 96 (1995): 301-314; D. Guatelli-Steinberg, C. S. Larsen, and D. L. Hutchinson, "Prevalence and the Duration of Linear Enamel Hypoplasia: A Comparative Study of Neandertals and Inuit Foragers," *Journal of Human Evolution* 47 (2004): 65-84.
(19) A. Rosas, E. Martínez, J. Cañaveras et al., "Paleobiology and Comparative Morphology of a Late Neanderthal Sample from El Sidrón, Asturias, Spain," *Proceedings of the National Academy of Sciences USA* 103 (2006): 19266-19271.
(20) A. Defleur, O. Dutour, H. Valladas et al., "Cannibals among the Neanderthals?" *Nature* 362 (1993): 214.
(21) A. Defleur, T. White, P. Valensi et al., "Neanderthal Cannibalism at Moula-Guercy, Ardèche, France," *Science* 286 (1999): 128-131.

第8章　消滅

(1) Bar-Yosef, "Eat What Is There," 338.
(2) P. Mellars and J. French, "Tenfold Population Increase in Western Europe at the Neandertal-to-Modern Human Transition," *Science* 333 (2011): 623-627.
(3) たとえば以下を参照。 O. Bar-Yosef and J.-G. Bordes, "Who Were the Makers of the Châtelperronian Culture?" *Journal of Human Evolution* 59 (2010): 586-593; T. Higham, R. Jacobi, M. Julien et al., "Chronology of the Grotte du Renne (France) and Implications for the Context of Ornaments and Human Remains within the Châtelperronian," *Proceedings of the National Academy of Sciences USA* 107 (2010): 20234-20239.
(4) P. Shipman, 未発表。メラーズとフレンチのデータセットからシャテルペロン文化遺跡に関する数字を除くことで、次のような数値が得られた。遺跡数：N＝ムスティエ文化遺跡26＋オーリニャック文化遺跡147。二次加工された石器の密度/平方メートル/1000年：9件のムスティエ文化遺跡で平均6.6個/平方メートル/1000年。それに対してオーリニャック文化遺跡の場合平均1.76個/平方メートル/1000年。マン・ホイットニーのU検定における両側検定の結果は $p<0.002$ となり〔その結果帰無仮説が棄却され〕、この差が極めて有意な差であることが示された。肉の重さ：オーリニャック文化遺跡では15の遺跡で平均152.8キロだったが、彼らのデータセットにムスティエ文化遺跡の肉の重量は含まれていないため、両文化遺跡の統計的比較はできない。遺跡面積：ムスティエ文化遺跡5件の平均面積は110平方メートルで、オーリニャック文化遺跡12件の平均面積は243.8平方メートル。オーリニャック文化遺跡の方が明らかに広いが、多くの因子(資金、発掘人員数、地理的要因)が遺跡の発掘面積に影響するため統計的評価としてはまったく無意味である。「10倍の人口増加」の手法と比較についてさらに詳しく知

りたい場合はメラーズとフレンチに問い合わせのこと。

(5) B. Hockett and J. Haws, "Nutritional Ecology and the Human Demography of Neandertal Extinction," *Quaternary International* 137 (2005): 21-34, doi:10.1016/j.quaint.2004.11.017; B. Hockett, "The Consequence of Middle Paleolithic Diets on Pregnant Neandertal Women," *Quaternary International* 264 (2011): 78-82; L. Dalén, L. Orlando, B. Shapiro et al., "Partial Genetic Turnover in Neanderthals: Continuity in the East and Population Replacement in the West," *Molecular Biology and Evolution* 29 (2012): 1893-1897.

(6) N. Conard, "The Demise of the Neanderthal Cultural Niche and the Beginning of the Upper Paleolithic in Southwestern Germany," in *Neanderthal Lifeways, Subsistence, and Technology: One Hundred Fifty Years of Neanderthal Study*, eds. N. Conard and J. Richter (New York: Springer, 2011), 228.

(7) N. Conard, "Changing View of the Relationship between Neanderthals and Modern Humans," in *When Neanderthals and Modern Humans Met*, ed. N. Conard (Tübingen: Verlag, 2006), 11.

(8) Higham et al., "The Timing and Spatio-Temporal Patterning."

(9) D. Adler, O. Bar-Yosef, A. Belfer-Cohen et al., "Dating the Demise: Neanderthal Extinction and the Establishment of Modern Humans in the Southern Caucasus," *Journal of Human Evolution* 55 (2008): 817-833; Pinhasa et al., "Revised Age of Late Neanderthal Occupation"; J.-M. López-García, H.-A. Blain, M. Bennàsar et al., "Heinrich Event 4 Characterized by Terrestrial Proxies in Southwestern Europe," *Climate of the Past* 9 (2013): 1053-1064.

(10) Higham et al., "Testing Models for the Beginnings of the Aurignacian."

(11) C. Finlayson, F. Pacheco, J. Rodriguez-Vidal et al., "Late Survival of Neanderthals at the Southernmost Extreme of Europe," *Nature* 443 (2006): 850-853.

(12) Dalén et al., "Partial Genetic Turnover in Neanderthals."

(13) Defleur et al., "Neanderthal Cannibalism at Moula-Guercy", Rosas et al., "Paleobiology and Comparative Morphology of a Late Neanderthal Sample."

(14) S. Churchill, R. Franciscus, H. McKean-Peraza et al., "Shanidar 3 Neandertal Rib Puncture Wound and Paleolithic Weaponry," *Journal of Human Evolution* 57 (2009):163-178, doi:10.1016/jjhevol.2009,05,010.

(15) F. Ramirez Rozzi, F. d'Errico, M. Vanhaeren et al., "Cutmarked Human Remains Bearing Neandertal Features and Modern Human Remains Associated with the Aurignacian at Les Rois," *Journal of Anthropological Science* 87 (2009): 153-185.

(16) C. Finlayson, *The Human Who Went Extinct; Why Neanderthals Died Out and We Survived* (New York: Oxford University Press, 2009), 118-119.『そして最後にヒトが残った―ネアンデルタール人と私たちの50万年史』［上原直子訳。白揚社。2013年］

第9章　捕食者

(1) Froehle and Churchill, "Energetic Competition between Neandertals and Anatomically Modern Humans"; L. Aiello and P. Wheeler, 2003. "Neanderthal Thermoregulation and the Glacial Climate," in *Neanderthals and Modern Humans in the European Landscape during the Last Glaciation*, eds. T. van Andel and W. Davies (Cambridge: McDonald Institute for Archaeological Research, University of Cambridge, 2003), 147-166; S. Churchill, "Bioenergetic Perspectives on Neandertal Thermoregulatory and Activity Budgets," in *Neanderthals Revisited New Approaches and Perspectives*, eds. K. Harvati and T. Harrison (Dordrecht: Springer, 2006), 113-131; M. Sorensen and W. Leonard, "Neanderthal Energetics and Foraging Efficiency," *Journal of Human Evolution* 40 (2001): 483-495; A. Steegmann, F. Cerny, and T. Holliday, "Neandertal Cold Adaptation: Physiological and Energetic Factors," *American Journal of Human Biology* 14 (2002): 566-583.

(2) Sorensen and Leonard, "Neanderthal Energetics and Foraging Efficiency'; Steegmann et al., "Neandertal Cold Adaptation."

(3) Aiello and Wheeler, "Neanderthal Thermoregulation."

(4) J. Gittleman and S. Thompson, "Energy Allocation in Mammalian Reproduction," *American Zoologist* 28 (1988): 863-875.

(5) B. Hockett, "The Consequences of Middle Paleolithic Diets on Pregnant Neanderthal Women," *Quaternary International* 264 (2012): 78-82, p. 79.

(6) 同上 81.

(7) T. Holliday, "Postcranial Evidence of Cold Adaptation in European Neandertals," *American Journal of Physical Anthropology* 104 (1997): 245-258.

(8) C. Carbone and J. Gittelman, "A Common Rule for the Scaling of Carnivore Density," *Science* 295 (2002): 2273-2276.

(9) チャーチルによる秀逸な要約を参照のこと。S. E. Churchill, *Thin on the Ground* (New York: Basic Books, 2014).

(10) C. Hertler and R. Volmer, "Assessing Prey Competition in Fossil Carnivore Communities-A Scenario for Prey Competition and Its Evolutionary Consequences for Tigers in Pleistocene Java," *Palaeogeography, Palaeoclimatology, Palaeoecology* 257 (2008): 67-80; H. Hemmer, O. Owen-Smith, and M. Mills, "Predator-Prey Size Relationships in an African Large-Mammal Food Web," *Journal of Animal Ecology* 77 (2008): 173-183, doi:10.1111/j.1365-2656.2007,01314.x.

(11) S. Münzel, M. Stiller, M. Hofreiter et al., "Pleistocene Bears in the Swabian Jura (Germany): Genetic Replacement, Ecological Displacement, Extinctions and Survival," *Quaternary International* 245 (2011): 225-237.

(12) A. Turner and M. Antón, *The Big Cats and Their Fossil Relatives: An Illustrated Guide to Their Evolution and Natural History* (New York: Columbia University Press, 1997); W. Anyonge, "Body Mass in Large Extant and Extinct Carnivores," *Journal of Zoology London* 231 (1993): 339-350.

(13) R. Guthrie, *Frozen Fauna of the Mammoth Steppe* (Chicago: University of Chicago Press, 1990).
(14) Turner and Antón, *Big Cats*.
(15) Anyonge, "Body Mass in Large Extant and Extinct Carnivores."
(16) Churchill, *Thin on the Ground*, ch. 8.
(17) Hemmer et al., "Predator-Prey Size Relationships."
(18) Data from D. Brook and D. Bowman, "The Uncertain Blitzkrieg of Pleistocene Megafauna," *Journal of Biogeography* 31 (2004): 517-523.
(19) C. Carbone, G. Mace, S. C. Roberts et al., "Energetic Constraints on the Diet of Terrestrial Carnivores," *Nature* 402 (1999): 287, doi:10.1038/46266.
(20) Hertler and Volmer, "Assessing Prey Competition."
(21) Churchill, *Thin on the Ground*, 271-273.
(22) D. Stanford, R. Bonnichsen, and R. Morlan, "The Ginsberg Experiment: Modern and Prehistoric Evidence of a Bone-Flaking Technology," *Science* 212 (1981): 438-440, doi:10.1126/science .212.4493,438.
(23) D. Grayson and F. Delpech, "The Large Mammals of Roc de Combe (Lot, France): The Châtelperronian and Aurignacian Assemblages," *Journal of Anthropological Archaeology* 27 (2008): 359.
(24) H. Bocherens, D. Drucker, D. Bonjean et al., "Isotopic Evidence for Dietary Ecology of Cave Lion (Panthera spelaea) in North-Western Europe: Prey Choice, Competition and Implications for Extinction," *Quaternary International* 245 (2011):249-261.
(25) Churchill, *Thin on the Ground*, 264-276.
(26) N. Carter, B. Shrestha, J. Karki, N. Pradhan et al., "Coexistence between Wildlife and Humans at Fine Spatial Scales," *Proceedings of the National Academy of Sciences USA* 109 (2012): 15360-15365.
(27) E. Ghezzo, A. Palchetti, and L. Rook, "Recovering Data from Historical Collections: Stratigraphic and Spatial Reconstruction of the Outstanding Carnivoran Record from the Late Pleistocene Equi Cave (Apuane Alps, Italy)," *Quaternary Science Reviews* 96 (2014): 168-179.
(28) C. Diedrich, "Late Pleistocene Leopards across Europe: Northernmost European German Population, Highest Elevated Records in the Swiss Alps, Complete Skeletons in the Bosnia Herzegowina Dinarids and Comparison to the Ice Age Cave Art," *Quaternary Science Reviews* 76 (2013): 167-193; G. von Petzinger and A. Nowell, "A Place in Time: Situating Chauvet within the Long Chronology of Symbolic Behavioral Development," *Journal of Human Evolution* 印刷中 doi:10.1016/j.jhevol.2014.02,022.

第10章　競争

(1) Münzel et al., "Pleistocene Bears in the Swabian Jura."

(2) 同上 231.
(3) "True Causes for Extinction of Cave Bear Revealed: More Human Expansion than Climate Change," *Science News*, August 25, 2010.
(4) M. Stiller, G. Baryshnikov, H. Bocherens et al., "Withering Away-25,000 Years of Genetic Decline Preceded Cave Bear Extinction," *Molecular Biology and Evolution* 27 (2010): 975-978.
(5) Mellars and French, "Tenfold Population Increase."
(6) Münzel et al., "Pleistocene Bears in the Swabian Jura," 232-233.
(7) Froehle and Churchill, "Energetic Competition between Neandertals and Anatomically Modern Humans."
(8) P. Wojtal, J. Wilczyński, Z. Bocheński et al., "The Scene of Spectacular Feasts: Animal Remains from Pavlov I South-east, Czech Republic," *Quaternary International* 252 (2012): 122-141.
(9) S. Kuhn and M. C. Stiner, "What's a Mother to Do? The Division of Labor among Neandertals and Modern Humans in Eurasia," *Current Anthropology* 47 (2006): 953-980.
(10) G. Haynes, Mammoths, Mastodonts, and Elephants: *Biology, Behavior, and the Fossil Record* (Cambridge: Cambridge University Press, 1991).
(11) E. Wing and A. Brown, *Paleonutrition* (New York: Academic Press, 1979).
(12) Hortolà and Martínez-Navarro, "Quaternary Megafaunal Extinction and the Fate of Neanderthals."

第11章　マンモスの骨は語る

(1) K. Richards and M. Jagger, "You Can't Always Get What You Want." *Let It Bleed*, ABKCO Records, 2002.
(2) Mellars and French, "Tenfold Population Increase."
(3) N. Conard, "The Cultural Niche"; N. Conard, M. Bolus, P. Goldberg et al., "The Last Neanderthals and the First Modern Humans in the Swabian Jura," in *When Neanderthals and Modern Humans Met*, ed. N. Conard (Tübingen: Kerns Verlag, 2006), 305-342.
(4) 密度に関するデータは以下による。Haynes, Mammoths, Mastodonts, and Elephants; G. Haynes, "Mammoth Landscapes: Good Country for Hunter-Gatherers," *Quaternary International* 142/143 (2006): 20-29; F. De Boer, F. van Langevelde, H. Prins et al., "Understanding Spatial Differences in African Elephant Densities and Occurrence, a Continent-Wide Analysis," *Biological Conservation* 159 (2013): 468-476; IUCN African Elephant Specialist Group, www.elephant database.org.
(5) Wilczyński et al., "Spatial Organization of the Gravettian Mammoth Hunters' Site," 3638.
(6) L. Demay, S. Péan, and M. Patou-Mathis, "Mammoths used as food and building

resources by Neanderthals: Zooarchaeological study applied to layer 4, Molodova I (Ukraine)," *Quaternary International* 276/277 (2012): 212-226.
(7) R. H. Gargett, "One Mammoth Steppe Too Far," Subversive Archaeologist (blog), December 21, 2011, http://www.thesubversivearchaeologist.com/2011/12/one-mammoth-steppe-too-far.html.
(8) Higham et al., "The Timing and Spatio-Temporal Patterning."
(9) H. Bocherens and D. Drucker, "Dietary Competition between Neanderthals and Modern Humans: Insights from Stable Isotopes," in *When Neanderthals and Modern Humans Met*, ed. N. Conard (Tübingen: Kerns Verlag, 2006), 129-143; Germonpré et al., "Possible Evidence of Mammoth Hunting", P. Semal, H. Rougier, I. Crevecoeur et al., "New Data on the Late Neandertals: Direct Dating of the Belgian Spy Fossils," *American Journal of Physical Anthropology* 138 (2009): 421-428.
(10) N. McDermott, "Did Climate Change Drive the Woolly Mammoth to Extinction? Genetic Tests Reveal Species Declined as Weather Warmed," *Daily Mail*, September 11, 2013.

第12章　イヌを相棒にする

(1) M. Germonpré, M. Sablin, R. E. Stevens et al., "Fossil Dogs and Wolves from Palaeolithic Sites in Belgium, the Ukraine and Russia: Osteometry, Ancient DNA and Stable Isotopes," *Journal of Archaeological Science* 36 (2009): 473-490.
(2) M. Germonpré, M. Lázničková-Galetová, and M. Sablin, "Palaeolithic Dog Skulls at the Gravettian Předmostí Site, the Czech Republic," *Journal of Archaeological Science* 39 (2012): 184-202.
(3) M. Germonpré, J. Räikönnen, M. Lázničková-Galetová et al., "Mandibles from Palaeolithic Dogs and Pleistocene Wolves at Předmostí, the Czech Republic," in *The World of Gravettian Hunters*, ed. P. Wojtal, Institute of Systematics and the Evolution of Animals, Polish Academy of Sciences (2013), 23-24; M. Germonpré, M. Lázničková-Galetová, R. Losey et al., "Large Canids at the Gravettian Předmostí site, the Czech Republic: The Mandible," *Quaternary International* (印刷中): 1-19.
(4) Germonpré et al., "Fossil Dogs and Wolves," 482.
(5) N. Ovodov, S. Crockford, Y. Kuzmina et al., "A 33,000-Year-Old Incipient Dog from the Altai Mountains of Siberia: Evidence of the Earliest Domestication Disrupted by the Last Glacial Maximum," *PLoS ONE* 6, no. 7 (2011): e22821.
(6) O. Thalmann, B. Shapiro, P. Cui et al., "Complete Mitochondrial Genomes of Ancient Canids Suggest a European Origin of Domestic Dogs," *Science* 342 (2013): 871-874.
(7) 同上 872.
(8) R. Wayne, 著者への私信(2012年)。
(9) J. Avise, *On Evolution* (Baltimore: Johns Hopkins University Press, 2007), 49-50.

(10) E. Ostrander and R. Wayne, "The Canine Genome," Genome Research 15 (2005): 1706-1716, doi:10.1101/gr. 3736605.
(11) R. Wayne, "Cranial Morphology of Domestic and Wild Canids: The Influence of Development on Morphological Change," Evolution 40 (1986): 243-261; R. Wayne, "Limb Morphology of Domestic and Wild Canids. The Influence of Development on Morphologic Change," *Journal of Morphology* 187 (1986): 301-319.
(12) 概要については以下を参照。 J. Clutton-Brock, *Animals as Domesticates: A World View History* (East Lansing: Michigan State University Press, 2012).
(13) R. Coppinger and L. Coppinger, Dogs: *A Startling New Understanding of Canine Origin, Behavior, and Evolution* (New York: Scribner, 2001).
(14) V. Geist, "When Do Wolves Become Dangerous to Humans?," September 29, 2007, http://www.vargfakta.se/wp-content/uploads/2012/05/Geist-when-do-wolves-become-dangerous-to-humans-pt-1.pdf.
(15) O. Soffer, 著者への私信(2013年3月15日)
(16) L. Marquer, V. Lebretona, T. Otto et al., "Charcoal Scarcity in Epigravettian Settlements with Mammoth Bone Dwellings: The Taphonomic Evidence from Mezhyrich (Ukraine)," *Journal of Archaeological Science* 39 (2012): 109-120.
(17) 以下を参照。 S. Leshchinshy and O. Bukharova, "Geochemical Stress of the Kraków-Spadzista Street Mammoth Population Demonstrated by Electron Microscopy," in The World of Gravettian Hunters, Institute of Systematics and the Evolution of Animals, ed. P. Wojtal (Kraków: Polish Academy of Sciences, 2013), 45-49; S. Leshchinsky, "Lugovskoye: Environment, Taphonomy, and Origin of a Paleofaunal Site," *Archaeology, Ethnology & Anthropology of Eurasia* 1, no.25 (2006): 33-40, doi:10.1134/S1563011006010026.
(18) N. Bicho, A. Pastoors, and B. Auffermann, eds., *Human's Best Friends-Dogs. . . and Fire! Pleistocene Foragers on the Iberian Peninsula: Their Culture and Environment* (Mettmann: Wissenschaftliche Schriften des Neanderthal Museums 7, 2013): 217-242.
(19) V. Ruusila and M. Pesonen, "Interspecific Benefits in Human (Homo sapiens) Hunting: Benefits of a Barking Dog," *Annals of the Zoologica Fennici* 41 (2004): 545-549.
(20) J. Koster and K. Tankersley, "Heterogeneity of Hunting Ability and Nutritional Status among Domestic Dogs in Lowland Nicaragua, Hunting Ability," *Proceedings of the National Academy of Sciences USA* 109 (2012): 463-470, doi:10.1073/pnas.1112515109.
(21) K. Lupo, "A Dog Is for Hunting," in *Ethnozooarchaeology*, eds. U. Albarella and A. Trentacoste (Oxford: Oxbow Press, 2011), 4-12.
(22) M. Stiner and S. Kuhn, "Paleolithic Diet and the Division of Labor in Mediterranean Eurasia," in *The Evolution of Hominin Diets; Integrating Approaches to the Study of Paleolithic Subsistence*, eds. J.-J. Hublin and M. P. Richards (Springer Sci-

ence and Business Media B.V., 2009): 157-169, p. 161.
(23) C. Arnold, "Possible Evidence of Domestic Dog in a Paleoeskimo Context," *Arctic* 32 (1979): 263.
(24) J. Speth, K. Newlander, A. White et al., "Early Paleoindian Big-Game Hunting in North America: Provisioning or Politics?" *Quaternary International* 285 (2013): 121.
(25) C. Turner, "Teeth, Needles, Dogs and Siberia: Bioarchaeological Evidence for the Colonization of the New World," in *The First Americans: The Pleistocene Colonization of the New World*, ed. N. Jablonski (San Francisco: California Academy of Sciences, 2002), 123-158.
(26) S. Fiedel, "Man's Best Friend and Mammoth's Worst Enemy? A Speculative Essay on the Role of Dogs in Paleoindian Colonization and Megafaunal Extinction," *World Archaeology* 37 (2005): 11-25.
(27) D. Morey and K. Aaris-Sorensen, "Paleoeskimo Dogs of the Eastern Arctic," *Arctic* 55 (2002): 44-56.
(28) "Hunting a Polar Bear with Dogs," October 18, 2012, http://retrieverman.net/2012/10/18/hunting-a-polar-bear-with-dogs/; S. Vilhjalmur, *The Friendly Arctic: The Story of Five Years in Polar Regions* (New York: Macmillan: 1921).
(29) Kuhn and Stiner, "What's a Mother to Do?"
(30) A. Vanak and M. Gompper, "Dogs *Canis familiaris* as Carnivores: Their Role and Function in Intraguild Competition," *Mammalian Review* (2009) 148: 265-283, 281.
(31) Wojtal et al., "The Scene of Spectacular Feasts," 135-137.
(32) Data are from R. Musil, "Palaeoenvironment at Gravettian Sites in Central Europe with Emphasis on Moravia (Czech Republic)." *Quartär* 57 (2010): 95-123.
(33) H. Bocherens, D. Drucker, M. Germonpré et al., "Reconstruction of the Gravettian Food-Web at Předmostí I Using Multi-Isotopic Tracking (13C, 15N, 34S) of Bone Collagen," *Quaternary International*, 印刷中。

第13章　なぜイヌなのか？

(1) F. S. Galton, "The First Steps Towards the Domestication of Animals," *Transactions of the Ethnological Society*, London (1863) n.s. 1: 122-138; J. Clutton-Brock, *A Natural History of Domesticated Animals*, 2nd edition (Cambridge: Cambridge University Press, 1999).
(2) A. Sherratt, "The Secondary Exploitation of Animals in the Old World," *World Archaeology, Transhumance and Pastoralism* 15, no. 1 (1983): 90-104; A. Sherratt, "Plough and Pastoralism: Aspects of the Secondary Products Revolution," in *Pattern of the Past: Studies in Honour of David Clarke*, eds. I. Hodder, G. Isaac, and N. Hammond (Cambridge: Cambridge University Press, 1981): 261-305.
(3) P. Shipman, "And the Last Shall be First," in *Animal Secondary Products: Archaeo-*

logical Perspectives on Domestic Animal Exploitation in the Neolithic and Bronze Age, ed. H. Greenfield (Oxford: Oxbow Books, 2014), 40-54.

(4) L. Lord, "A Comparison of the Sensory Development of Wolves (*Canis lupus lupus*) and Dogs (*Canis lupus familiaris*)," *Ethology* 119 (2013): 110-120, doi:10.1111/eth.12044.

(5) B. Hare and W. Woods, *The Genius of Dogs: How Dogs Are Smarter than You Think* (New York: Dutton, 2013), 76-77. ブライアン・ヘア、ヴァネッサ・ウッズ『あなたの犬は「天才」だ』［古草秀子訳。早川書房。2013年］

(6) L. Trust, "Early Canid Domestication: The Farm-Fox Experiment," *American Scientist* 87 (1999): 160, doi:10.1511/1999.2.160; L. Trut, E. Naumenko, and D. Belyaev, "Change in Pituitary-Adrenal Function in Silver Foxes under Selection for Domestication," Genetika 5 (1972): 35-43 (in Russian, English abstract).

(7) Shipman, *The Animal Connection* シップマン『アニマル・コネクション』;Shipman, "And the Last."

(8) J. Bohannon, "Who's (Socially) Smarter: The Dog or the Wolf?" *Science Now*, May 28, 2013.

(9) P. Smith and C. Litchfield, "How Well Do Dingoes, Canis dingo, Perform on the Detour Task?" *Animal Behaviour* 80 (2010): 155-162.

(10) Geist, "When Do Wolves Become Dangerous?"

(11) Hare and Woods, *Genius of Dogs*, 14. ヘア、ウッズ『あなたの犬は天才だ』

(12) Soffer, *Upper Paleolithic of the Central Russian Plain*, 258, 187.

(13) Palomares and Caro, "Interspecific Killing."

(14) Vanak and Gompper, "Dogs *Canis familiaris* as Carnivores."

(15) Wojtal et al., "The Scene of Spectacular Feasts."

(16) G. Haynes, "Utilization and Skeletal Disturbances of North American Prey Carcasses," *Arctic* 35 (1982); 266-382.

(17) M. Stiner, "Comparative Ecology and Taphonomy of Spotted Hyenas, Humans, and Wolves in Pleistocene Italy," *Revue de Paléobiologie, Génève* 23 (2004): 771-785.

(18) D. Morey, "Burying Key Evidence: The Social Bond between Dogs and People," *Journal of Archaeological Science* 33 (2006): 159.

(19) R. Losey, S. Garvie-Lok, J. Leonard et al., "Burying Dogs in Ancient Cis-Baikal, Siberia: Temporal Trends and Relationships with Human Diet and Subsistence Practices," *PLoS ONE* 8, no. 5 (2013): 63740-63763; R. Losey, V. Bazaliski, S. Garvie-Lok et al., "Canids as Persons: Early Neolithic Dog and Wolf Burials, Cis-Baikal, Siberia," *Journal of Anthropological Archaeology* 30 (2011): 174-189.

(20) K. Maška, "Maška's Diary: The Text of Maška's Diary," in *Early Modern Humans from Predmostí Near Prerova, Czech Republic: A New Reading of Old Documentation*, eds. J. Veleminská and J. Brůžek (Prague: Academia, 2008), 181-188 (English translation).

(21) Germonpré et al., "Mandibles from Palaeolithic Dogs."

(22) V. Van Valkenburgh and F. Hertel, "Tough Times at La Brea: Tooth Breakage in Large Carnivores of the Late Pleistocene," *Science* 261 (1993): 456-459.
(23) R. Losey, E. Jessup, T. Nomokonova et al., "Craniomandibular Trauma and Tooth Loss in Northern Dogs and Wolves: Implications for the Archaeological Study of Dog Husbandry and Domestication," *PLoS ONE* 9, no. 6 (2014): e99746, doi:10.1371/journal. pone.0099746.
(24) R. White, "Systems of Personal Ornamentation in the Early Upper Palaeolithic: Methodological Challenges and New Observations," in *Rethinking the Human Revolution: New Behavioural and Biological Perspectives on the Origin and Dispersal of Modern Humans*, eds. P. Mellars, K. Boyle, O. Bar-Yosef, and C. Stringer (Cambridge: McDonald Institute for Archaeological Research, University of Cambridge, 2007), 299.
(25) P. Bahn, 著者への私信(2011年).
(26) A. Pike-Tay, 著者への私信(2011年).
(27) K. Sterelny, *The Evolved Apprentice: How Evolution Made Humans Unique* (Cambridge, MA: MIT Press, 2012).『進化の弟子:ヒトは学んで人になった』[田中泉吏他訳。勁草書房。2013年]。

第14章　オオカミはいつオオカミでなくなったのか?

(1) D. Morey, "Burying Key Evidence: The Social Bond between Dogs and People," *Journal of Archaeological Science* 33 (2006): 167.
(2) Lord, "Comparison of the Sensory Development of Wolves."
(3) P. Shipman, "Do the Eyes Have It?" *American Scientist* 100 (2012): 198-201.
(4) H. Kobayashi and S. Kohshima, "Unique Morphology of the Human Eye and Its Adaptive Meaning; Comparative Studies on External Morphology of the Primate Eye," *Journal of Human Evolution* 40 (2001): 419-435.
(5) S. Ueda, G. Kumagi, Y. Otaki et al., "A Comparison of Facial Color Pattern and Gazing Behavior in Canid Species Suggests Gaze Communication in Gray Wolves (*Canis lupus*)," *PLoS ONE* 9, no. 6 (2014):98217-98223, doi:10.1371/journal. pone.0098217.
(6) M. Tomasello, B. Hare, H. Lehmann et al., "Reliance on Head Versus Eyes in the Gaze Following of Great Apes and Human Infants: The Cooperative Eye Hypothesis," *Journal of Human Evolution* 52 (2007): 314-320.
(7) Anne Pusey, 著者への私信(2012年7月27日)。
(8) F. Range and Z. Virányа, "Development of Gaze Following Abilities in Wolves (Canis lupu)," *PLoS ONE* 6, no. 2 (2012); e16888, doi:10.1371/journal. pone.0016888.
(9) P. Pongrácz, Á. Miklósi, K. Timár-Geng et al., "Verbal Attention Getting as a Key Factor in Social Learning between Dog (*Canis familiaris*) and Human," *Journal of Comparative Psychology* 118 (2004): 375-383; B. Hare and M. Tomasello, "Hu-

man-Like Social Skills in Dogs?" *Trends in Cognitive Sciences* 9 (2005): 439-444; B. Hare and M. Tomasello, "Domestic Dogs (*Canis familiaris*) Use Human and Conspecific Social Cues to Locate Hidden Food," *Journal of Comparative Psychology* 113 (1999): 173-177; K. Soproni, A. Miklósi, J. Topál et al., "Dogs' (*Canis familiaris*) Responsiveness to Human Pointing Gestures," *Journal of Comparative Psychology* 116 (2002): 27-34; Á. Miklósi, E. Kubinyi, J. Topál et al., "A Simple Reason for a Big Difference: Wolves Do Not Look Back at Humans but Dogs Do," *Current Biology* 13 (2003): 763-766.

(10) D. Nogués-Bravo, R. Ohlemüller, P. Batra et al., "Climate Predictors of Late Quaternary Extinctions," *Evolution* 64 (2010): 2442-2449, doi:10.1111/j.1558-5646.2010.01009.x.

第15章　なぜ生き残り、なぜ絶滅したか

(1) Dalén et al., "Partial Genetic Turnover in Neanderthals."

(2) J. Reumer, L. Rook, K. Van Der Borg et al., "Late Pleistocene Survival of the Saber-Toothed Cat *Homotherium* in Northwestern Europe." *Journal of Vertebrate Paleontology* 23 (2003): 260, doi:10.1671/0272-4634(2003)23|260:LPSOTS] 2.0.CO;2.

(3) L. Rook, 著者への私信(2014年7月31日)

(4) A. Stuart and A. Lister, "New Radiocarbon Evidence on the Extirpation of the Spotted Hyaena (Crocuta crocuta (Erxl.)) in Northern Eurasia," *Quaternary Science Reviews* 96 (2014): 108-116; H. Bocherens, M. Stiller, K. A. Hobson et al., "Niche Partition between Two Sympatric Genetically Distinct Bears from Austria (*Ursus spelaeus* and *Ursus ingressus*)," *Quaternary International* 245 (2011): 238-248, A. Stuart and A. Lister, "Extinction Chronology ofthe Cave Lion *Panthera spelaea*," *Quaternary Science Reviews* 30 (2011): 2329-2340; Münzel et al., "Pleistocene Bears", Stiller et al., "Withering Away"; R. Barnett, B. Shapiro, I. Barnes et al., "Phylogeography of Lions (*Panthera leo ssp.*) Reveals Three Distinct Taxa and a Late Pleistocene Reduction in Genetic Diversity," GRED ITS *Molecular Ecology* 18 (2009): 1668-1677, doi:10.1111/j. 1365-294X.2009.04134.x; M. Hofreiter, G. Rabedder, V. Jaenicke-Després et al., "Evidence for Reproductive Isolation between Cave Bear Populations," *Current Biology* 14 (2004): 40-43; M. Hofreiter, Ch. Capelli, M. Krings et al., "Ancient DNA Analyses Reveal High Mitochondrial DNA Sequences Diversity and Parallel Morphological Evolution of Late Pleistocene Cave Bears," *Molecular Biology and Evolution* 19 (2002): 1244-1250.

(5) G. Prescott, D. Williams, A. Balmford et al., "Quantitative Global Analysis of the Role of Climate and People in Explaining Late Quaternary Megafaunal Extinctions," *Proceedings of the National Academy of Sciences USA* 109, no. 12 (2012): 4527-4531.

(6) Nogués-Bravo et al., "Climate Predictors of Late Quaternary Extinctions."

パット・シップマン（Pat Shipman）

ペンシルヴァニア州立大学名誉教授。古人類学の専門家。著書に『人類進化の空白を探る』（ローヌ・プーラン科学図書賞受賞／アラン・ウォーカーとの共著／河合信和訳／朝日新聞社），『ネアンデルタール人』（エリック・トリンカウスとの共著／中島健訳／青土社），『アニマル・コネクション』（河合信和訳／同成社）ほか多数あり。

河合信和（かわい・のぶかず）

1947年，千葉県生まれ。1971年，北海道大学卒業。同年，朝日新聞社入社。2007年，定年退職。進化人類学を主な専門とする科学ジャーナリスト。旧石器考古学や民族学，生物学全般にも関心を持つ。主著に『ヒトの進化　七〇〇万年史』（ちくま新書／2010年），『人類進化99の謎』（文春新書／2009年），主な訳書にダリオ・マエストリピエリ著『ゲームをするサル——進化生物学からみた「えこひいき（ネポチズム）」の起源』（雄山閣／2015年），パット・シップマン著『アニマル・コネクション——人間を進化させたもの』（同成社／2013年），アラン・ウォーカー／パット・シップマン著『人類進化の空白を探る』（朝日新聞社／2000年）などがある。

柴田譲治（しばた・じょうじ）

1957年生まれ，神奈川県出身。翻訳業。訳書にアンドルー・ロビンソン『世界の科学者図鑑』，ビル・ローズ『図説世界史を変えた50の食物』（以上，原書房），ジョエル・レヴィ『世界の終焉へのいくつものシナリオ』（中央公論新社），デイヴィッド・スズキ『生命の聖なるバランス』（日本教文社）などがある。

ヒトとイヌがネアンデルタール人を絶滅《ぜつめつ》させた

●

2015 年 *12* 月 *3* 日　第 *1* 刷

著者………パット・シップマン
監訳者………河合信和《かわいのぶかず》
訳者………柴田譲治《しばたじょうじ》
装幀………佐々木正見
発行者………成瀬雅人
発行所………株式会社原書房

〒160-0022　東京都新宿区新宿1-25-13
電話・代表03(3354)0685
振替・00150-6-151594
http://www.harashobo.co.jp

印刷………新灯印刷株式会社
製本………東京美術紙工協業組合

ISBN978-4-562-05259-2 Printed in Japan